會計學
基礎教程（第三版）

主編 姚正海

財經錢線

前言

會計學是經濟與管理類專業的基礎課程。在現代社會，不懂會計知識、不善於利用會計信息的人，是很難從事經濟管理工作的。隨著科學技術與經濟的快速發展，會計學的理論與實踐需要不斷地進行總結和完善。

本書在闡述借貸記帳法原理的基礎上，以產品製造企業為例，系統介紹了企業生產經營過程的會計處理方法，以及填制和審核憑證、登記帳簿、編制財務報表的完整過程。本書既註重理論性，又注意可操作性，還註重實例的運用和知識的更新，內容豐富，結構合理，邏輯性強。本書不僅可以作為會計學、財務管理等經濟管理類專業本科生的教材，以及經濟管理工作人員的培訓教材，還可以作為參加相關專業技術資格考試人員的復習參考用書。

本書由姚正海教授主編。為保證書稿質量，初稿完成後，在主編審閱的基礎上，參編人員進行了交叉審稿，以盡量減少書中的錯誤。本書的編寫分工如下：第一章、第二章、第三章、第六章第四節和附錄由姚正海編寫與收集；第四章、第五章由吳冬梅編寫；第六章第一、二、三、五節和第八章由孫建華編寫；第七章由潘善啟編寫；第九章、第十章由胡亞敏編寫。

由於編者水平有限，書中難免存在錯誤和不足之處，懇請讀者批評指正。

編者

CONTENTS 目 錄

第一章　總論 / 1

　　第一節　會計的產生與發展 / 2
　　第二節　會計目標與會計信息使用者 / 5
　　第三節　會計職能與會計對象 / 8
　　第四節　會計假設與會計一般原則 / 11
　　第五節　會計基本程序與會計方法 / 16
　　第六節　會計學的分類以及與其他學科的關係 / 19
　　第七節　會計準則體系 / 21

第二章　會計要素與會計等式 / 25

　　第一節　會計要素 / 26
　　第二節　會計等式 / 31

第三章　帳戶與復式記帳 / 41

　　第一節　會計科目 / 42
　　第二節　會計帳戶 / 44
　　第三節　復式記帳原理 / 46
　　第四節　借貸記帳法 / 47
　　第五節　總分類帳戶和明細分類帳戶 / 56
　　第六節　會計循環 / 58

第四章　製造企業主要經濟業務核算與成本計算 / 65

　　第一節　製造企業主要經濟業務的內容和成本計算概述 / 66

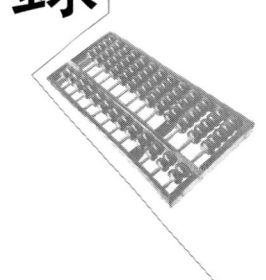

第二節　籌集資金業務的會計核算／68

　　第三節　採購業務的會計核算／72

　　第四節　產品生產業務的會計核算／82

　　第五節　產品銷售業務的會計核算／92

　　第六節　利潤及利潤分配業務的會計核算／98

第五章　帳戶的分類／109

　　第一節　帳戶分類概述／110

　　第二節　帳戶按經濟內容的分類／110

　　第三節　帳戶按用途和結構的分類／112

第六章　會計憑證／121

　　第一節　會計憑證的意義與種類／122

　　第二節　原始憑證的填制與審核／130

　　第三節　記帳憑證的填制與審核／134

　　第四節　會計憑證的傳遞與保管／140

第七章　會計帳簿／145

　　第一節　會計帳簿概述／146

　　第二節　日記帳／151

　　第三節　分類帳／154

　　第四節　對帳和結帳／157

　　第五節　錯帳更正／160

第八章　財產清查／165

　　第一節　財產清查概述／166

　　第二節　財產清查的方法／169

　　第三節　財產清查結果的處理／174

第九章　帳務處理程序／181

　　第一節　帳務處理程序概述／182

　　第二節　記帳憑證帳務處理程序／183

　　第三節　科目匯總表帳務處理程序／201

　　第四節　匯總記帳憑證帳務處理程序／205

第五節　日記總帳帳務處理程序 / 209

第十章　財務報告 / 213

第一節　財務報告概述 / 214

第二節　資產負債表 / 216

第三節　利潤表 / 223

第四節　現金流量表 / 228

第五節　所有者權益變動表 / 231

第六節　財務報表表外信息 / 233

第十一章　會計工作的組織 / 239

第一節　會計工作的組織形式 / 240

第二節　會計機構 / 241

第三節　會計人員 / 243

第四節　會計法規 / 247

第十二章　會計電算化與會計信息化基礎 / 251

第一節　會計電算化概述 / 252

第二節　會計電算化的内容 / 257

第三節　會計電算化的實施 / 260

第四節　會計信息化 / 269

附錄 / 277

基本詞彙英漢對照表 / 278

參考文獻 / 287

第一章

總論

【結構框架】

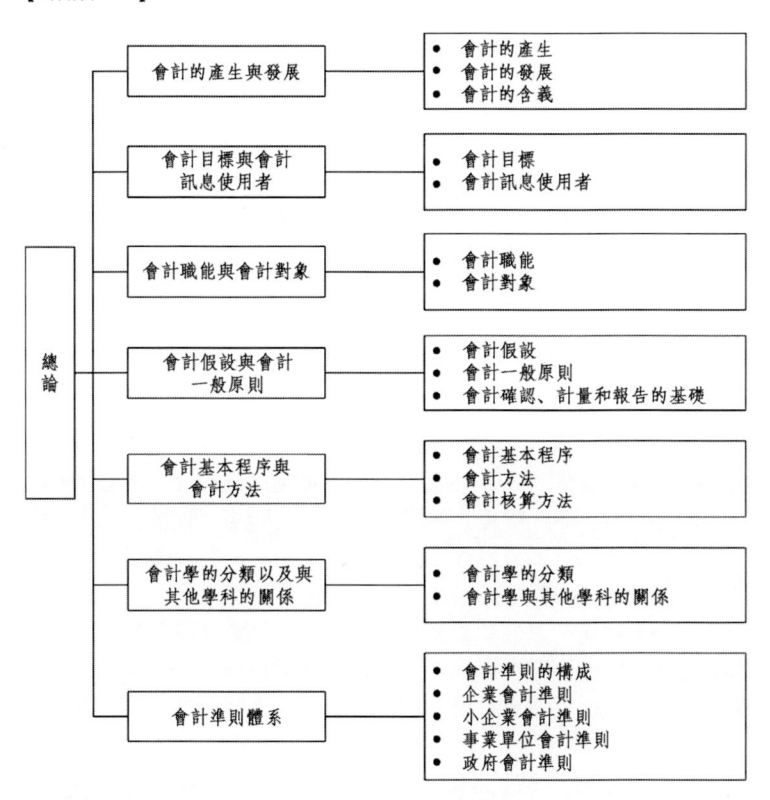

```
                    ┌─ 會計的產生與發展 ─── • 會計的產生
                    │                      • 會計的發展
                    │                      • 會計的含義
                    │
                    ├─ 會計目標與會計 ───── • 會計目標
                    │  訊息使用者          • 會計訊息使用者
                    │
                    ├─ 會計職能與會計對象 ─ • 會計職能
                    │                      • 會計對象
                    │
                    ├─ 會計假設與會計 ───── • 會計假設
           總論 ────┤  一般原則            • 會計一般原則
                    │                      • 會計確認、計量和報告的基礎
                    │
                    ├─ 會計基本程序與 ───── • 會計基本程序
                    │  會計方法            • 會計方法
                    │                      • 會計核算方法
                    │
                    ├─ 會計學的分類以及與 ─ • 會計學的分類
                    │  其他學科的關係      • 會計學與其他學科的關係
                    │
                    └─ 會計準則體系 ─────── • 會計準則的構成
                                           • 企業會計準則
                                           • 小企業會計準則
                                           • 事業單位會計準則
                                           • 政府會計準則
```

【學習目標】

　　通過本章的學習，應理解會計的產生與發展過程、會計的含義；瞭解會計目標、「經管責任論」「決策有用論」以及會計信息使用者的含義；掌握會計職能與會計對象的基本內容；理解會計假設與會計一般原則；對會計基本程序和方法有一

個初步的認識；瞭解會計學科體系的構成以及與其他學科的相互關係；瞭解會計準則體系的構成。

第一節　會計的產生與發展

一、會計的產生

會計（Accounting）是在一定環境中存在和發展的，客觀環境及其變化對會計有著直接的影響。環境是個綜合概念，其中包括諸多要素，在諸環境要素中，政治環境、經濟環境、法律環境和文化教育環境對會計的影響最為直接，其中經濟環境的影響更甚。

物質財富的生產是人類社會生存發展的基礎，其生產過程包括生產、交換、分配、消費四個環節。這一過程既是人力、物力和財力的耗用過程，又是新的物質財富的創造過程。在生產過程中，不僅要消耗一定量的活勞動，而且還要消耗一定量的勞動對象和勞動資料，才能生產出滿足人們某種需要的勞動產品。任何生產者，總是希望以較少的耗費生產出較多的物質資料。為了達到這樣的目的，就必須有一個專門的職能，對物質財富生產過程的占用、消耗及成果進行記錄、計算、分析和考核，實現以最少的占用、最小的消耗取得最滿意的成果，這一專門職能就是會計。會計的記錄和計算是數字和文字的結合，它計量經濟過程中占用的財產物資及勞動耗費，通過價值量的變化來描述經濟過程，度量經濟上的損益。

二、會計的發展

（一）會計在中國的發展

在人類社會初期，會計只是作為生產職能的附帶部分，當時的會計是一些簡單的計量行為。「結繩記事」「刻木求日」「壘石計數」等，都是最初的會計手段，標誌著會計的萌芽。在古代會計階段，會計所具有的專門的方法、對象、職能等還遠遠未形成，會計只是作為生產的一個附帶部分而存在。馬克思在《資本論》中所提到的印度公社的記帳員在生產之餘所從事的簡單的刻畫、記錄行為就是對古代會計特點的生動描繪。當生產力發展到一定水平，出現剩餘產品之後，就需要由專職人員採用專門的方法進行核算活動，於是會計從生產的職能中分離出來，成為一種獨立職能。

在中國，「會」和「計」組成「會計」一詞，最早出現於戰國時代的《周禮》一書。《孟子》一書中曾經出現「會計」一詞：「孔子嘗為委吏矣，曰『會計當而已矣』。」何謂「會計當而已矣」？有四層含義：一是帳務核算要「得當」（明晰）；二是會計結果要「恰當」（公允）；三是事項行為要「正當」（合規）；四是會計人員要「適當」（專業勝任能力適當）。這是關於會計最早最精闢的定義，蘊涵了會計的本質屬性。清代學者焦循在《孟子正義》一書中，對「會」和「計」兩個字的含義作過這樣的解釋：「零星算之為計，總合算之為會」。西周時期已建立起一套比較完整的會計工作組織系統，設有「司書」「司會」等官職，專管王朝的錢糧和賦稅。在中國漫長的奴隸

社會和封建社會時期，各級官府為了管理它們所佔有的錢、糧等物，逐步建立和完善了官廳政府的收付會計，通常稱為「官廳會計」。官廳會計是中國古代會計的主體部分，是古代會計的顯著特徵。

在結算方法上，從秦漢到唐宋，在生產力發展的基礎上，逐步形成了一套記帳、算帳的古代會計的基本模式，即「四柱清冊法」。四柱即「舊管」「新收」「開除」「實在」四個要素。每屆期末，按「舊管」（即上期結存）＋新收（即本期收入）－開除（即本期支出）＝實在（即本期結存）的公式進行試算和平衡，以表示財產物資的增減變動和結餘情況。這是中國會計先輩對會計學術的傑出貢獻，它對世界上許多國家的會計核算都曾產生過重要影響。

在中國，明末清初，隨著手工業、商業的發展和資本主義經濟關係的萌芽，山西商人設計了一套「龍門帳」，將全部帳目劃分為「進、繳、存、該」四大類，分別表示全部收入、全部支出、全部資產和全部負債，其結算關係為：「進－繳＝存－該」。這實際上是雙軌計算盈虧（即從等式兩邊分別計算）和核對帳目的方法，若計算結果是等式兩邊的值相等，就叫「合龍門」。在清代，產生了「四腳帳」，使用「收、來」和「付、去」四個記帳符號，對每一項經濟業務既登記「來帳」，又登記「去帳」，以反映該項經濟業務的來龍去脈。「龍門帳」和「四腳帳」都是中國固有的復式記帳方法，已經運用了復式記帳原理，形成了中式簿記。

中國的會計雖然有過輝煌的歷史，但在經濟不發達的封建社會卻發展緩慢，逐漸與世界先進水平拉大了距離。自19世紀中葉起，中國逐漸淪為半殖民地半封建社會，與這種社會經濟狀況相適應，會計上出現了「中式會計」和「西式會計」並存的情況，在由外國人把持的海關、鐵路和郵政等部門採用西式會計，官廳會計和民間會計則仍採用傳統的中式會計。中華人民共和國成立以後，國家在財政部設置了主管全國會計事務的機構，稱為會計制度處（以後擴大改為會計事務管理司）。會計制度處以及後來的會計事務管理司基於有計劃地進行大規模社會主義經濟建設的需要，先後制定出多種統一的會計制度，強化了對會計工作的組織和指導。改革開放以來，1985年公布了《中華人民共和國會計法》（1993年、1999年分別進行了修訂），這是中國第一部會計法規。1992年，為了適應社會主義市場經濟發展的需要，公布了《企業會計準則》和《企業財務通則》，於1993年7月1日起施行。這是引導中國會計工作與國際流行的會計實務接軌的一個重要里程碑。2001年開始施行的新的不分行業的《企業會計制度》，擺脫了原有計劃經濟對中國會計核算制度的束縛，並朝著適應社會主義市場經濟對會計核算要求的方向邁進。2006年2月15日，財政部發布了以一項基本準則、三十八項具體準則、若干應用指南為核心的企業會計準則體系，基本建立了以基本準則為主導、具體準則和應用指南為具體規範的企業會計標準體系，搭建了中國統一的會計核算平臺，使中國的會計工作和會計理論建設進入一個新的發展階段。

（二）會計在國外的發展

在國外，古巴比倫、古希臘和古羅馬都留存有商業合同、「農莊莊園的不動產帳目」等有關會計的記錄。在原始的印度公社裡，已經有了專門的記帳員，負責登記農業帳目，登記和記錄與此有關的一切事項。

一般認為，近代會計始於復式簿記形成前後，即14世紀前後。會計為適應商業時代的到來，產生了「復式簿記」。復式簿記的最大優點就在於它能正確提供有關資產與

負債的信息，並且能全面反映每一項經濟業務的來龍去脈。1494 年，盧卡·帕喬利（Luca Pacioli）出版了《算術、幾何、比及比例概要》一書，第一次從理論上系統地闡述了借貸復式記帳法。這被會計界公認為會計發展史上一個光輝的里程碑。德國詩人歌德（Goethe）曾讚譽復式簿記為「人類智慧的絕妙創造之一」；數學家凱利（Cayley）贊譽「復式簿記原理像歐幾里得的比率理論一樣是絕對完善的」；經濟史學家索穆巴特（Sombart）認為「創造復式簿記的精神也就是創造伽利略與牛頓系統的精神」。

15 世紀末到 18 世紀，隨著商業在歐洲其他城市的發展，義大利記帳法不斷地傳播並繼續得到完善。18 世紀末和 19 世紀初的產業革命，產生了大機器生產的資本主義工廠制度，出現了股份有限公司這種新的經濟組織形式，其主要特點是資本的所有權和經營權分離，這對會計提出了新的要求，即要求公司的會計報告必須經過獨立第三方的審計，以核查管理層履行職責的情況。為適應這一要求，出現了以查帳為職業的註冊會計師，其後英國的註冊會計師職業得到了迅速發展。1853 年，英國蘇格蘭的註冊會計師成立了第一個會計師協會——愛丁堡會計師公會，標誌著註冊會計師從此成為一門專門的職業，這擴大了會計的服務對象，擴展了會計的內容。

資本主義的機器大工業代替了家庭手工業，促使會計成為工業企業管理的一個重要工具。在這一時期，歐美的工業企業對固定資產普遍開始計提折舊，產生了折舊會計。另外，由於工業製造過程日益複雜，大型設備增加，也促進了成本會計的產生和發展。

隨著社會經濟的發展和管理要求的不斷提高，會計所計算和考核的內容、範圍，以及所要達到的目的，都在不斷發展和變化。進入 20 世紀，企業組織形式實現了革命性變革，股份公司數量激增，投資者和債權人迫切要求公司公開財務報表，政府相應公布了有關法規，會計職業界為此制定了公開會計信息的基本規範——會計準則，於是形成了以提供對外財務信息為主要任務的財務會計，而得到長足發展的服務於內部管理的那一部分會計則被稱為管理會計。此外，科學技術水平的提高也對會計的發展起到了很大的促進作用。現代數學、現代管理科學與會計的結合，特別是電子計算機技術被引入會計領域，使會計在操作方法上有了根本性的變化，促進了現代會計的發展。一般認為，現代會計從 20 世紀 30 年代開始，更確切地講，是從 1939 年第一份代表美國的「公認會計原則」（Generally Accepted Accounting Principles，GAAP）的「會計研究公報」（ARB）的出現為起點。在這一會計發展階段，會計理論與實務都取得了長足的發展，標誌著會計的發展進入成熟時期。

綜觀會計的發展歷史，可以看到，會計的產生是社會發展到一定歷史階段的產物，會計的發展是反應性的。會計是經濟管理的重要組成部分，並隨著經濟社會的發展而不斷完善。經濟越發展，會計越重要。經濟的發展促進了會計理論、方法和技術的進步，而會計理論、方法和技術的進步又推動了社會經濟的發展。

三、會計的含義

對會計進行考察的角度不同，對會計的含義也就有不同的認識。目前主要有兩種觀點，一是「管理活動論」，二是「信息系統論」。

「管理活動論」認為，「會計是指對各單位的經濟業務進行核算與分析，作出預測，參與決策，實行監督，旨在提高經濟效益的一項具有反映的控製職能的經濟管理活

動」。會計除了提供財務會計報告信息以外，還應當為企業管理當局提供經營決策的依據，合理配置和有效利用各種物質資源和人力資源，確保資本保值增值，即發揮管理的職能。

「信息系統論」認為，「會計是為提高微觀經濟效益，加強經濟管理，而在企業（單位）範圍內建立的一個以提供財務信息為主的經濟信息系統」。會計作為一個信息系統，通過會計數據的收集、加工、存儲、輸送及利用，對企業經濟活動進行有效的控製；通過計量、分類和匯總，將多種多樣的、大量重複的經濟數據濃縮為比較集中的、高度重要的和相互聯繫的指標體系，以供各方面人員使用。

會計從本質上說，既是一種經濟管理活動，又是一個信息系統。它是以貨幣為主要計量單位，採用專門的方法和程序，收集、處理和利用經濟信息，對經濟活動進行計量、記錄、匯總、分析和檢查，實行監督，旨在實現最佳經濟效益的一個經濟信息系統。

第二節　會計目標與會計信息使用者

一、會計目標

會計目標（Accounting Objective）是指在一定時空條件下，會計信息系統在運行過程中應達到的境界和標準。它是會計理論的最高層次，是會計準則賴以產生的前提；它是會計系統發揮作用的依據，決定著會計系統的內部結構以及系統要素間的關係。在會計實踐中，人們之所以選擇了某些程序和方法，而擯棄了另一些程序和方法，總是基於一定的動機和理由，由此追溯下去直至最終的理由，就是會計的目標。

西方國家早在20世紀20年代就已經提出「會計的目的」和「會計師的目的」等概念。美國註冊會計師協會1938年的一份研究報告認為，會計的目的是「有助於企業的運行，以達到其既定的目的」。1953年利特爾頓在《會計理論結構》一書中就將會計目標區分為前提目標、中間目標和最高目標。從20世紀70年代起，各國普遍開展以目標為出發點的會計理論體系研究，但至今仍未形成一致性的觀點，其中最具代表性的是「經管責任論」和「決策有用論」。

經管責任論從受託責任論的角度，認為會計目標就是提供受託資源經管責任的信息。這一理論是適應資源經營權與所有權的分離而產生的，管理人員受股東和債權人的委託，承擔了有效合理利用和經營資源並使其保值增值的責任。在這個前提下，會計目標主要是為資源所有者提供借以評估管理人員職能履行情況的依據，這種信息應當是公允的，強調其客觀性。經管責任是一個比較寬泛的概念，既包括對受託資源或財產的經營和管理，實現經營目標等的經濟責任，又包括對企業提供給職工的就業機會與報酬、提供給消費者的產品或服務的質量及政府的稅收以及生態環境保護等具有的測算與監督的社會責任。它要求把企業的經濟資源、義務以及引起資源與義務變化的交易與事項加以記錄、反映，管理者不僅要向股東，而且要向政府、職工、顧客等報告資源的經濟責任和社會責任的履行情況和結果，以滿足信息需要者的需求。

決策有用論是從信息系統論的角度，認為會計目標就是提供對信息使用者決策有

用的信息，強調信息的相關性和有用性，並面向未來關注「潛在的」信息使用者。它要求管理者提供以下三個方面的信息：①提供對現在的和潛在的投資者、債權人以及其他使用者作出合理的投資、信貸決策有用的信息；②提供有助於評估來自於銷售、償付到期證券或借款等的金額、時間分布和不確定性的信息；③提供使企業對經濟資源要求權發生變動的交易、事項和影響情況的信息。決策有用論的出現是對所有權特徵和概念變化的合理反映，是證券市場高速發展、投資可以隨時轉換的必然要求。證券市場是一個信息的聚集地，投資者、債權人以及與企業有方方面面利益關係的個人或集團，均需要瞭解企業的財務狀況和經營成果，據此作出投資和信貸決策，因此會計的目標就是要為決策者提供對決策有用的信息。美國財務會計準則委員會在其財務會計概念框架中明確提出：「財務報告的首要目標是提供投資和信貸決策有用的信息。」要求會計信息必須做到：保證信息的真實性、公允性，並在不同程度上與所有使用者都有一定的相關性。

中國會計理論和實務界缺乏對會計目標的深入研究，迄今為止，還沒有形成一個權威的、被人們所普遍認同的觀點。但中國一直重視對會計職能和任務的討論，與西方的「會計目標」有相似之處，它們都是外界對會計信息系統所提出的要求。葛家澍教授在1988年提出，會計是一個以提供信息為主的經濟信息系統。既然是一個人造的信息系統，就必然有一個目標，以起到指引系統運行方向的作用。

會計的最終目標就是滿足「會計信息需求」。首先，滿足會計信息需求是會計信息系統的價值所在。會計作為一種信息系統，它通過與環境的物質、能量和信息等的交換，不斷對系統要素的運行進行控制，最終產生出符合需要的會計信息。因此，會計信息的需求是會計信息系統運行的前提條件和基本依據。其次，會計信息的供給取決於會計信息的需求。為了達到滿足會計信息需求的目的，盡可能地發揮會計信息系統的作用，在信息需求主體比較少、所需信息內容比較簡單的情況下，這是比較容易實現的。但隨著企業生產經營活動的日益社會化，資本市場日益發達，信息使用者很多、很不固定，並且需求多樣化，此種情況下若要隨時滿足這樣的需求，就有可能造成資源的巨大浪費。因此，會計信息要完全滿足使用者的需求是不現實的。

概括起來講，會計目標包括：誰是會計信息的使用者、會計信息使用者需要什麼樣的會計信息、會計如何提供這些信息。中國《企業會計準則——基本準則》第四條規定：「財務會計報告的目標是向財務會計報告使用者提供與企業財務狀況、經營成果和現金流量等有關的會計信息，反映企業管理層受託責任履行情況，有助於財務會計報告使用者作出經濟決策。」

二、會計信息使用者

會計信息是為各種信息使用者提供的，既包括外部信息使用者，又包括內部信息使用者。主要信息使用者有：

1. 投資者

包括現在的和潛在的投資者，他們是會計信息最主要的使用者。一般來說，投資者為企業經營提供承擔經營風險的資本，同時對企業償還債務後的剩餘資源擁有所有權，提供滿足他們需要的信息，亦可滿足其他使用者的大部分需要。需要指出的是，履行所有者職能的國家與其他投資者在會計信息需求上的權利應是平等的。對投資者

而言，通過對財務報告的閱讀和分析，重點瞭解其投資的預期報酬、資本結構的變化以及企業未來的獲利能力和利潤分配政策等。對於上市公司的股東而言，還會關心自己持有的公司股票的市場價值和走向，以及企業現金流入和流出規模與質量等方面的信息。潛在的投資者根據上市公司對外披露的會計信息進行分析與預測，決定是否對該公司進行投資。

2. 債權人

債權人是指那些向企業貸款或持有企業債券的個人或組織。企業常常出於投資策略或經營上的需要，向債權人借入資金，這是一種重要的籌資途徑。滿足債權人對會計信息的需求，是企業取得信貸資金的前提。債權人主要關注的是企業的長期經營能力、商業信用和償債能力等，其主要目標是評價一個企業承擔與當期或未來債務或其他金融工具有關的義務的能力。

3. 政府及其有關部門

在中國，由於實行社會主義市場經濟，政府在社會與經濟活動中都扮演著十分重要的角色，政府管理社會，進行宏觀經濟調控，制定稅收政策，以及實行對某些特定行業的管制等，都需要掌握企業的會計信息。具體有以下幾個部門：①財政部門。瞭解企業會計準則和其他會計制度的遵守執行情況，便於制定補充規定或採取監督措施，加強準則、制度的執行力度；通過分析企業的財務報告，掌握資金的流向，對國有企業進行資產和財務管理提供制定財政政策的參考。②證券監管部門。中國證監會作為中國證券市場的直接監管機構，其重要職責之一就是監管上市公司的會計信息披露，維持資本經營秩序的公正與穩定。它不僅要求上市公司定期提交財務報告，而且還有權要求其補充提供其他應予披露的相關信息。③國有資產管理部門。其代表國家直接管理各級各類國有控股公司、投資公司等國家股權以及國家出資形式的其他產權，它以投資者的身分直接使用國有企業的會計信息，通過參與投資，分配利益。④稅務部門。它們需要根據企業的財務報告在經過必要的調整後作為稅務徵收、調整或退稅的依據。因為無論是流轉稅、所得稅或其他稅種，其計稅依據無不來源於企業所提供的銷售收入、利潤等會計信息。

4. 供應商與顧客

採取賒銷方式的供應商需要瞭解客戶的有關經營穩定性、信用狀況以及支付能力等方面的信息，以便決定提供給客戶的信用額度。顧客是指企業產品（勞務）的購買者，他們對於信息的需求，包括有關企業及其產品的信息，如價格、性能、企業信譽、企業商業信用方面的政策、支付的到期日以及協議條款中規定的折扣等。

5. 企業管理者

企業管理者受投資者的委託，對投資者投入企業的資本的保值和增值負有責任。正如美國會計學家利特爾頓所說：「會計產生於向業主——投資者提供信息，即在長期的演進之後，它仍然堅持這種用途。然而，這種對業主——投資者的服務，雖然是重要和不可缺少的，但並不會比較為模糊的下列目的——幫助企業發揮經濟職能更為重要。」企業管理者對所有會計信息都需要瞭解，並據以作出決策，從而提高企業的經濟效益。

6. 職工

職工依賴企業發放工資，因而關注企業是否能夠生存下去，要求瞭解與職工利益

密切相關的信息。他們需要根據會計信息進行：企業長期盈利性和資產流動性的分析；評估企業未來的生存能力；與其他企業的財務狀況和經營業績比較；與企業管理當局交涉工資和福利待遇。

第三節　會計職能與會計對象

一、會計職能

職能是指客觀事物本身所固有的功能，它具有客觀性、普遍適用性和相對穩定性的特點。會計的職能則是指會計作為經濟管理工作所具有的功能或能夠發揮的作用。隨著科學技術的進步和經濟社會的發展以及經濟管理水平的提高，會計職能的內涵和外延會不斷變化。馬克思在《資本論》中指出，過程越是按社會的規模進行，越是失去純粹個人的性質，作為對過程的控制和觀念總結的簿記就越是必要。這裡講的「過程」指的是再生產過程；「簿記」指的是會計。所謂觀念總結是指用觀念的貨幣來總括核算生產過程中價值的耗費、形成、交換、補償和分配。所謂控制，是指在觀念總結基礎上，運用已經獲取的會計信息對生產過程進行有效的監督。中國會計界一般認為會計包括核算和監督兩項基本職能。

（一）會計核算

會計核算是會計的首要職能，也是全部會計管理工作的基礎。任何經濟實體從事經濟活動，都要求會計提供準確、完整的會計信息。這就需要對經濟活動進行記錄、計算、分類、匯總，將經濟活動的內容轉換成會計信息，使之成為能夠在會計報告中概括並綜合反映各單位經濟活動狀況的會計資料。因此，會計核算是利用價值形式對經濟活動進行確認、計量、記錄，並進行客觀報告的工作。會計核算職能的基本特點是：

（1）會計核算主要從價值量上反映各單位的經濟活動狀況。從數量方面反映經濟活動，可以採用三種量度：貨幣量度、實物量度和勞動量度。在市場經濟條件下，只有把千差萬別的具體經濟活動，統一轉化為可匯總的價值形式，並通過一定程序進行加工處理後定期公開，才能使人們對經濟活動的全過程及其結果有一個清晰完整的認識。因此，會計核算從數量上反映各單位的經濟活動狀況，是以貨幣量度為主，以實物量度和勞動量度為輔。

（2）會計核算具有完整性、連續性和系統性。會計核算的完整性、連續性和系統性，是會計資料完整性、連續性和系統性的保證。完整性是指對所有的會計對象都要進行計量、記錄、報告，不能有任何遺漏；連續性是指對會計對象的計量、記錄、報告要連續進行，不能中斷；系統性是指要採用科學的核算方法對會計信息進行加工處理，保證所提供的會計數據資料能夠成為一個有序的整體，從而可以揭示客觀經濟活動的規律。

（3）會計核算不僅要記錄已發生的經濟業務，還應面向未來，為各單位的經營決策和管理控制提供依據。會計核算對已經發生的經濟活動進行事後的記錄、核算、分析，通過加工處理後提供大量的信息資料，反映經濟活動的現實狀況及歷史狀況，這

是會計核算的基礎工作。隨著社會經濟的發展、市場規模的擴大和社會經濟活動的日趨複雜，經營管理需要加強預見性。為此，會計要在事後、事中核算的同時進一步發展到事前核算，分析和預測經濟前景，為經營管理決策提供更多的經濟信息，這樣才能更好地發揮會計的管理功能。

（二）會計監督

任何經濟活動都有既定的目的，都要按一定的目的來運行。會計監督就是通過預測、決策、控制、分析、考評等具體方法，促使經濟活動按照規定運行，以達到預期的目的。會計監督職能的基本特點是：

（1）會計監督主要是通過價值指標來進行的。會計監督借助於會計核算提供的價值指標，及時、客觀地引導並控制經濟活動的過程及其結果。會計為了便於監督，有時還需要事先制定一些可供檢查、分析用的價值指標，來控制和監督有關經濟活動，以避免出現大的偏差。會計監督運用價值指標，可以全面、及時、有效地控制各個單位的經濟活動。

（2）會計監督既有事後監督，又有事中監督和事前監督。會計的事後監督是對已經發生或已經完成的經濟業務和核算資料進行合規性、合法性檢查，這是會計監督最基本的內容。事中監督是對正在發生的經濟活動過程及取得的核算資料進行審查，並以此糾正經濟活動進程中的偏差及失誤，使其按照預定的目的及規定進行，發揮控制經濟活動進程的作用。事前監督是在經濟活動開始前進行的監督，即審查未來的經濟活動是否符合有關法令、政策的規定，是否符合市場經濟規律的要求，在經濟上是否可行。

會計的核算職能和監督職能不可分割，兩者的關係是辯證統一的。會計核算是會計監督的基礎，沒有會計核算提供的經濟信息，會計監督就沒有真實可靠的依據；會計監督是會計核算的延伸，如果只有核算而不進行嚴格的監督，那麼所提供的經濟信息也不能在經濟管理中發揮應有的作用。在實際工作中，核算和監督往往是結合在一起進行的。

二、會計對象

（一）會計對象概述

會計對象是指會計所反映和監督的具體內容，即會計的客體。在市場經濟條件下，會計的對象是社會再生產過程中以貨幣表現的經濟活動，即企業、政府與非營利組織中以貨幣表現的經濟活動。在會計工作中通常以經濟業務的形式表現出來。

物質資料的再生產過程包括生產、分配、交換和消費四個環節。在這四個環節中要發生一系列經濟活動，而經濟活動又總是以財產的保值和增值為目的。因此，從價值角度來考察，再生產過程不僅是各種使用價值的再生產過程，而且是價值的耗用、形成、實現、分配和補償的過程。這一整個過程都必須用會計來加以反映和控制，所以一般來說，會計的對象就是再生產過程中能以貨幣表現的經濟運動。當然，各企業、政府與非營利組織的工作性質和任務不同，具體的會計對象也會表現出一定的差異性。

（二）企業的會計對象

企業是以盈利為目的的經濟組織，包括工業企業、商業企業、交通運輸企業等。其會計對象是企業再生產過程中的資金運動，包括資金的投入、週轉和退出。

工業企業的經濟活動在各類企業中最為典型，現以其為例來說明企業會計的具體對象。工業企業生產經營過程可以劃分為採購過程、生產過程和銷售過程，企業的資金運動依次表現為資金籌集、資金使用和資金退出等環節。產品製造企業資金的具體運動過程如圖1－1所示。

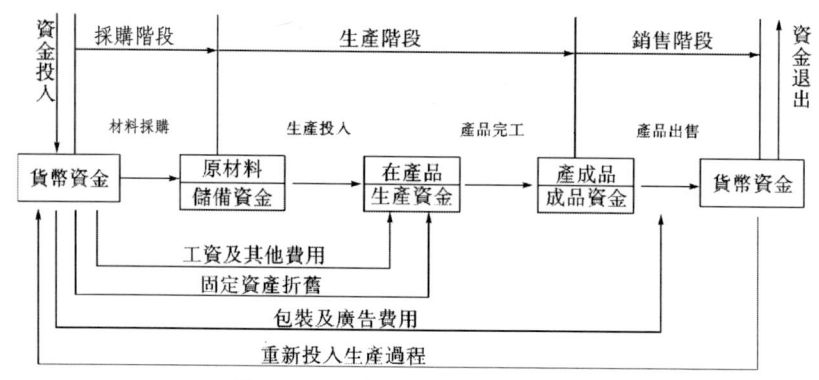

```
           採購階段              生產階段              銷售階段
資金                                                              資金
投入   材料採購      生產投入       產品完工      產品出售        退出
       ┌─────┐  ┌─────┐  ┌─────┐  ┌─────┐  ┌─────┐
       │貨幣 │→ │原材料│→ │在產品│→ │產成品│→ │貨幣 │
       │資金 │  │儲備資金│ │生產資金│ │成品資金│ │資金 │
       └─────┘  └─────┘  └─────┘  └─────┘  └─────┘
            ↑      工資及其他費用
            │      固定資產折舊
            │      包裝及廣告費用
            └──── 重新投入生產過程
```

圖1－1　產品製造企業資金循環週轉圖

1. 資金籌集

企業資金，既可以通過投資者投入的方式（吸收投資、發行股票）籌集，又可以通過向債權人借入的方式（向銀行借款、發行債券）籌集。通過資金籌集可以使企業資金總量增加，資產和權益增加。

2. 資金使用

企業籌集到的資金，一般使用到以下兩個方面：

（1）用於生產過程。用於生產過程的資金叫做生產資金。它是勞動資料和勞動對象占用的資金，包括固定資產（固定資金）、原材料（儲備資金）和在產品（生產資金）等。

（2）用於流通過程。用於流通過程的資金叫做流通資金。它是勞動產品等占用的資金，包括產成品（成品資金）、庫存現金和銀行存款（貨幣資金）、結算過程中的各種應收和暫付款項（結算資金）等。

3. 資金退出

資金退出是指由於償還各種債務，企業部分資金將不再參加週轉而流出企業。例如，企業用銀行存款等資產償還各種應付款、繳納各種稅金、分派股利或利潤、歸還銀行借款等，從而使企業的資產和權益同時減少。

企業資金的籌集、使用和退出表現為資金的循環與週轉，在企業生產經營過程的不同階段表現為不同的形態。在供應過程中，企業用貨幣資金購買各種材料，形成生產儲備，這樣資金就從貨幣資金形態轉化為儲備資金形態。生產過程既是產品的製造過程，又是產品的消耗過程。在生產過程中，一方面，勞動者借助於勞動資料對勞動對象進行加工，製造出各種勞動產品；另一方面，還要發生各種勞動耗費，包括物化勞動和活勞動的耗費，主要有材料耗費、人工耗費、固定資產折舊和其他各項費用等。生產過程中一般先製造出未完工的在產品（其所占用的資金稱為生產資金），這樣資金就從儲備資金形態轉化為生產資金形態。隨著生產過程的結束，在產品進一步加工成

產成品，這樣資金又從生產資金形態轉化為成品資金形態。在銷售過程中，將產成品銷售出去，收回貨幣資金，這樣資金又從成品資金形態轉化為貨幣資金形態。資金形態從貨幣資金開始，經過供、產、銷三個過程，依次由貨幣資金轉化為儲備資金、生產資金和成品資金，又回到貨幣資金，這個過程稱為資金循環。隨著企業生產經營過程的不斷進行，資金周而復始地循環稱為資金週轉。

上述過程中，由於資金的籌集、使用和退出等經濟過程所引起的各項財產和資源的增減變化情況，在經營過程中各項生產費用的支出和產品成本形成的情況，以及企業銷售收入的取得和企業利潤的實現、分配情況，構成了工業企業會計核算的具體對象。

(三) 政府與非營利組織的會計對象

從宏觀角度來看，為了進行社會再生產，社會總資金也要不斷地循環與週轉，即由貨幣到商品，再由商品到貨幣的轉化。社會總資金的這種轉化，也就是社會產品經歷的生產、分配、流通、消費諸經濟過程以及與其相適應的價值運動，政府與非營利組織的資金運動可以看成社會總資金運動的一個環節。

政府與非營利組織為完成自身的任務，同樣需要一定的資源，需要進行貨幣交換。經費收入和經費支出形成的經濟活動構成其會計對象。

第四節 會計假設與會計一般原則

一、會計假設

企業經濟活動具有不確定性，而會計的重要目標之一就是通過連續、系統、全面的記錄、計算和反映，為各方面提供有關經濟活動的會計信息。為此，必須對存在不確定性的經濟活動作出基本規定，建立會計假定或基本前提。所謂會計假設（Accounting Assumptions），是指對未被確切認識的、存在不確定性的會計業務，根據客觀的正常情況或趨勢所作的合乎事理的判斷，形成的一系列構成會計思想基礎的公理。會計假設是建立會計基本概念、會計原則和會計程序的必要條件。按照國際會計慣例，會計假設主要包括會計主體假設、持續經營假設、會計分期假設和貨幣計量假設。

(一) 會計主體假設

會計主體假設（Accounting Entity Assumption）是指從事經濟活動並需要對此進行核算和定期報告的特定單位。明確會計主體實質上等於界定了會計核算的空間範圍。因此，會計主體是指會計工作為其服務的特定單位或組織，其一般應同時具備以下三個條件：①獨立組織會計核算工作；②獨立計算盈虧；③獨立編制財務報表。中國《企業會計準則——基本準則》第五條規定，「企業應當對其發生的交易或者事項進行會計確認、計量和報告」，明確了企業會計工作的空間範圍。會計主體假設要求每個會計主體在處理會計事項時都應與其他會計主體的會計事項相分離，與其所有者相分離，獨立地反映企業本身的財務狀況、經營成果和現金流轉情況，而不能反映與本企業無關的投資者本人的經濟業務或其他單位的經營活動。

「會計主體」與「企業法人」不是同一個概念。法人是指在政府部門註冊登記、

有獨立的財產、能夠承擔民事責任的法律實體，它強調企業與各方面的經濟法律關係。作為法人，必然同時滿足上述會計主體的三個條件。因此，法人一般應該是會計主體，但是構成會計主體的不一定都是法人。例如，從法律上看，獨資和合夥企業所有的財產和債務，在法律上應視為所有者個人財產延伸的一部分，在業務上的種種行為仍視為個人行為，企業的利益與行為和個人的利益與行為是一致的，獨資和合夥企業因此都不具備法人資格。但是，獨資和合夥企業都是會計主體，在會計處理上都要把企業的財務活動與所有者個人的財務活動截然分開。企業在經營中得到的收入不應記為其所有者的收入，發生的支出和損失也不應記為其所有者的支出和損失。

（二）持續經營假設

持續經營假設（Going Concern Assumption）是指會計核算應當以企業持續、正常的生產經營為前提。因此，企業所擁有的資產，將在正常的經營過程中被耗用或出售，所承擔的債務將在正常的經營中償還。持續經營假設明確了會計工作的時間範圍。一方面，為企業會計核算程序和方法的穩定提供了前提；另一方面，企業在持續經營狀態下和處於清算狀態時所採用的會計處理方法是不同的，如固定資產在持續經營下可以採用歷史成本法計價，而在清算狀態下則只能夠採取公允價值計價。

（三）會計分期假設

會計分期假設（Accounting Period Assumption）是指會計核算應當劃分會計期間、分期結算帳目並定期編制財務報表。它是對會計工作時間、範圍的具體劃分。在一般情況下，會計主體的經濟活動連續不斷在進行著，會計對經濟活動的核算和監督，同樣也是連續進行的。但是，為了觀察資金運動過程，考核、分析經營成果，正確處理會計事項，必須將連續不斷的經濟活動過程人為劃分為固定的時間單位，以便結算一定時期的收入、支出，確定財務成果並編制財務報表。

在會計分期假設下，一般以一年作為一個會計期間，稱為會計年度。會計年度的起訖期一般與日曆年度一致，但也可按一個營業週期或財政年度作為會計年度。中國的會計年度採用日曆年度，即公曆每年的1月1日至12月31日。企業單位一般按年編制決算財務報表；中國同時規定，上市公司要提供中期財務報告。

會計期間的劃分對會計核算有著重要的影響。由於有了會計期間，才產生了本期與非本期的區別，從而產生了權責發生制與收付實現制的區別，進而又需要在會計的處理方法上運用預收、預付、應收、應付等一些特殊的會計方法。

（四）貨幣計量假設

貨幣計量假設（Monetary Unit Assumption）是指會計主體在會計核算過程中以貨幣作為綜合的計量單位，反映企業的財務狀況、經營成果和現金流轉情況。企業在日常的經營活動中，有大量錯綜複雜的經濟業務，各種勞動占用和耗用的形態不同、性質各異，可採用的計量方式也多種多樣，實物量度以不同質的實物數量為單位，勞動量度以時間為單位。會計要想連續、系統、全面、綜合地反映企業的經濟業務，就不能運用各種實物或勞動量度進行計量。由於貨幣是商品的一般等價形式，企業的生產要素在價值形式上具有同質性，採用貨幣計量單位可以有效地解決其綜合匯總問題。

會計核算應以人民幣為記帳本位幣。業務收支以外幣為主的企業，也可以選定某種外幣作為記帳本位幣，但編制的財務報表應當折算為人民幣反映。對於境外企業，其日常經營業務自然以外幣為主，其會計核算是以某種外幣作為記帳本位幣。但是，

當這些境外企業向國內有關部門編報財務報表時，應當折算為人民幣反映。

以貨幣作為統一計量單位，包含著幣值穩定的假設，即用做計量單位的貨幣的購買力是固定不變的。需要說明的是，幣值穩定假設，雖然對減少會計信息的主觀隨意性有積極作用，但在物價變動較大的情況下，會計信息就難以準確反映一個會計主體的資產、權益和經營成果，此時應改為物價變動會計。

二、會計一般原則

會計一般原則是對會計核算提供信息的基本要求，是處理具體會計業務的基本依據，是在會計核算前提條件制約下，進行會計核算的標準和質量要求。

1. 客觀性原則

客觀性原則，又稱真實性原則，是指企業應當以實際發生的交易或者事項為依據進行會計確認、計量和報告，如實反映符合確認和計量要求的各項會計要素及其相關信息，保證會計信息真實可靠、內容完整。

客觀性是對會計核算工作的基本要求。會計首先作為一個信息系統，其提供的信息是企業利益相關者進行決策的依據。如果會計數據不能真實客觀地反映企業經濟活動的實際情況，勢必無法滿足有關各方瞭解企業情況、進行決策的需要，甚至可能導致錯誤的決策。客觀性原則要求在會計核算的各個階段必須符合會計真實客觀的要求，會計確認必須以實際經濟活動為依據；會計計量、記錄的對象必須是真實的經濟業務；會計報告必須如實反映情況，不得掩飾。

2. 相關性原則

相關性原則，又稱有用性原則，是指企業提供的會計信息應當與財務會計報告使用者的經濟決策需要相關，有助於財務會計報告使用者對企業過去、現在或者未來的情況作出評價、預測。

會計的目標就是為決策者提供有用的經濟信息，而要充分發揮會計信息的作用，就必須使提供的信息與會計信息使用者的要求相協調。這就要求會計在搜集、處理、傳遞信息的過程中，考慮有關方面對會計信息的要求，以確保提供的信息與信息使用者的要求相關。相關性原則以客觀性原則為基礎，會計信息在可靠的前提下，要盡可能做到相關性，以滿足財務會計報告使用者的決策需要。相關性與客觀性之間並不矛盾。

3. 明晰性原則

明晰性原則，又稱可理解性原則，是指企業提供的會計信息應當清晰明了，便於財務會計報告使用者理解和使用。

提供會計信息的主要目的是為了幫助信息使用者進行決策，那麼企業所披露的會計信息就應該具備簡明、易理解的特徵，使具備一定知識而且也願意花費一定時間與精力分析會計信息的使用者能夠瞭解企業的財務狀況、經營成果和現金流動情況。

明晰性是決策者與決策有用性的連接點。如果信息不能被決策者所理解，那麼這種信息就不會發揮應有的作用。因此，明晰性不僅是信息的一種質量標準，也是一個與信息使用者有關的質量標準。在會計核算工作中堅持明晰性原則，會計記錄應當準確、清晰；填製會計憑證、登記會計帳簿必須做到依據合法、帳戶對應關係清楚、文字摘要完整；在編制財務報表時，項目鉤稽關係清楚，項目完整，數字準確。

4. 可比性原則

中國《企業會計準則——基本準則》第十五條規定:「企業提供的會計信息應當具有可比性。」可比性原則具體包括兩方面的含義:

(1) 同一企業不同時期發生的相同或者相似的交易或者事項,應當採用一致的會計政策,不得隨意變更;確需變更的,應當在附註中說明。這是從縱向方面要求會計信息具有可比性。2007年1月1日開始實施的《企業會計準則——會計政策、會計估計變更和會計差錯的更正》中,針對可以變更企業會計處理方法的情況作了規定:①法律、行政法規或者國家統一的會計制度等要求變更;②會計政策變更能夠提供更可靠、更相關的會計信息。

(2) 不同企業發生的相同或者相似的交易或者事項,應當採用規定的會計政策,確保會計信息口徑一致、相互可比。這是從橫向方面要求會計信息具有可比性。

5. 實質重於形式原則

實質重於形式原則,是指企業應當按照交易或者事項的經濟實質進行會計確認、計量和報告,不應僅以交易或者事項的法律形式為依據。會計信息要想反映其所擬反映的交易或事項,就必須根據交易或事項的實質和經濟現實進行核算和反映。

例如,以融資租賃方式租入的固定資產,雖然從法律形式來講承租企業並不擁有其所有權,但是由於租賃合同中規定的租賃期相當長,接近於該資產的使用壽命,租賃期結束時承租企業有優先購買該資產的選擇權,在租賃期內承租企業有權支配資產並從中受益,從其經濟實質來看,企業能夠控製其創造的未來經濟利益,因此在會計核算上應把它作為企業的資產。

6. 重要性原則

重要性原則,是指企業提供的會計信息應當反映與企業財務狀況、經營成果和現金流量等有關的所有重要交易或者事項。會計核算過程中對經濟業務或會計事項應區別其重要程度,採用不同的會計處理方法和程序。具體來說,對資產、負債、損益等有較大影響,並進而影響會計報告使用者據以作出合理判斷的重要會計事項,必須單獨反映,並在會計報告中進行充分、準確的披露;對於次要的會計事項,在不影響會計信息真實性和不至於誤導信息使用者作出正確判斷的前提下,可適當簡化處理。

在評價某些項目的重要性時,很大程度上取決於會計人員的職業判斷。一般來說,應當從質和量兩個方面綜合進行分析。從性質方面來說,當某一事項有可能對決策產生一定影響時,就屬於重要項目;從數量方面來說,當某一項目的數量達到一定規模時,就可能對決策產生影響。

7. 謹慎性原則

謹慎性原則,又稱穩健性原則,是指企業對交易或事項進行會計確認、計量和報告應當保持應有的謹慎,不應高估資產或者收益而低估負債或者費用。它要求對於企業經濟活動中的不確定性因素,在進行會計處理時要保持謹慎小心的態度,要充分估計到可能發生的風險和損失;要求會計人員對某些經濟業務或會計事項存在不同的會計處理方法和程序可供選擇時,在不影響合理選擇的前提下,盡可能選用一種不虛增利潤和誇大所有者權益的會計處理方法和程序進行會計處理。

從謹慎性原則的應用來看,會計在一定程度上核算經營風險,提供反映經濟風險的信息,有利於企業作出正確的經營決策,有利於保護債權人利益,有利於提高企業

在市場上的競爭能力。謹慎性原則在會計上的應用是多方面的，如應收帳款計提減值準備、期末存貨計價採用成本與市價孰低法、固定資產採用加速折舊法等。但是，不能濫用謹慎性原則，任意設置各種秘密準備，人為調節利潤。

8. 及時性原則

及時性原則，是指企業對於已經發生的交易或者事項，應當及時進行會計確認、計量和報告，不得提前或者延後。失去時效的會計信息會影響會計信息的質量，使得依據其作出的決策失去效用。隨著科技與經濟的快速發展，信息使用者對會計信息的及時性要求越來越高。具體表現在：首先，及時搜集會計信息；其次，及時對所搜集到的會計信息進行加工、處理；最後，及時將會計信息傳遞給信息使用者，以便供其決策所用。

三、會計確認、計量和報告的基礎

會計確認、計量和報告的基礎是確認一定會計期間的收入和費用，從而確定損益的標準。由於會計分期的存在，必然會涉及發生的交易或事項應確認為哪一個會計期間的問題。在確定過程中，注意區別收入和費用的收支期間與應歸屬期間。收入和費用的收支期間，是指收到現款收入（現金或銀行存款）和支付現款費用（現金或銀行存款）的會計期間。收入和費用的應歸屬期間，則是指應獲得收入和應負擔費用的會計期間。

收入和費用的收支期間與應歸屬期間的關係有三種可能：第一種情況是，本期內收到的收入即為本期已獲得的收入，本期已支付的費用即為本期應當負擔的費用；第二種情況是，本期內收到而本期尚未獲得的收入，本期內支付而不應當由本期負擔的費用；第三種情況是，本期內應獲得但尚未收到的收入，本期應負擔但尚未支付的費用。

如果收入和費用的收支期間與應歸屬期間一致，則收入和費用的確認不存在任何問題。如果二者不一致，則有兩種方法來確定其是否為本期的收入和費用：一種是權責發生制，另一種是收付實現制。這是確定本期收入和費用的兩種不同的處理方法。

（一）權責發生制

權責發生制（Accrual Basis），又稱應計制，是指對各項收入和費用的確認應當以「實際發生」（歸屬期）而不是以款項的實際收付作為入帳的基礎。

在權責發生制下，凡是當期已經實現的收入和當期已經發生或應當由當期承擔的費用，不論與收入和費用相聯繫的款項是否已經收到或支付，都應該作為收入或費用進行會計核算；凡是不屬於本期的收入和費用，即使已經收到或付出款項，都不應該作為本期的收入與費用處理。

（二）收付實現制

與權責發生制相對應的另外一種制度是收付實現制（現金制）（Cash Basis）。收付實現制是以款項的實際收到或付出的日期作為會計核算的依據。

中國《企業會計準則——基本準則》規定，企業的會計確認、計量和報告應當採用權責發生制。

現舉例說明兩種處理方法的具體運用。例如：某企業 6 月份賒銷甲產品一批，貨款 30,000 元，此貨款於下月收到，存入銀行；銷售乙產品一批，取得轉帳支票一張，

貨款 70,000 元；另收到上月外單位所欠貨款 50,000 元，存入銀行。按權責發生制確認該企業 6 月份銷售收入為 100,000 元（30,000＋70,000）；按收付實現制確認該企業 6 月份銷售收入為 120,000 元（70,000＋50,000）。又如，某企業 3 月份預付第二季度財產保險費 1,800 元，支付本季度借款利息共 6,000 元（其中，1 月份 2,000 元，2 月份 2,000 元），用銀行存款支付本月廣告費 20,000 元。按權責發生制確認該企業 3 月份費用為 22,000 元（2,000＋20,000）；按收付實現制確認該企業 3 月份費用為 27,800 元（1,800＋6,000＋20,000）。

第五節　會計基本程序與會計方法

一、會計基本程序

會計基本程序，是指會計信息系統在加工數據並形成最終會計信息的過程中所特有的步驟，包括會計確認、計量、記錄與報告等環節。

1. 會計確認

會計確認是將某個項目作為企業的會計要素加以正式的記錄或列入最終財務報表之中的過程。這是會計的初始工作，以確定被確認的事項能不能輸入會計信息系統，也是決定有關經濟數據能不能進行正式會計加工處理的決定性步驟。

當交易或經濟事項發生時，會計人員需要對交易或事項進行識別、判斷和科學分類，以確定是否確認為某一會計要素，什麼時間確認為某一要素，確認為哪些會計要素，並最終選定會計科目和所涉及的帳戶並加以核算。在會計實務中，會計確認分為「初始確認」和「再確認」兩個基本環節。

會計確認應注意：①可定義性。予以確認的項目必須符合某個會計要素的定義。②可計量性。予以確認的項目應具有相關並充分可靠的可計量屬性。③相關性。項目的有關信息應能夠在使用者的決策中產生差別。④可靠性。信息應如實反映、可驗證和不偏不倚。

2. 會計計量

會計計量就是對符合會計要素定義的項目予以貨幣量化。計量的過程包括選擇計量尺度和選擇計量屬性兩個方面。

（1）計量尺度。計量尺度，也稱計量單位，是指對計量對象量化時採用的具體標準。由於只有貨幣單位才具有綜合反映經濟業務的能力，所以在會計核算中廣泛採用其作為統一的計量單位，當然並不排除實物和勞動量單位作為貨幣計量的補充。

（2）計量屬性。計量屬性是指被計量對象的特性，即對被計量對象採用的計價方法。可供採用的計量屬性有：①歷史成本。它是指取得或製造某項財產物資時所實際支付的現金或現金等價物。在歷史成本計量下，資產按照購置時支付的現金或者現金等價物的金額，或者按照購置資產時所付出的對價的公允價值計量。負債按照因承擔現時義務而實際收到的款項或者資產的金額，或者承擔現時義務的合同金額，或者按照日常活動中為償還負債預期需要支付的現金或者現金等價物的金額計量。歷史成本計量是基於經濟業務的實際交易成本，而不考慮以後市場價格變動的影響。②重置成

本。它是指按照當前市場條件，重新取得同樣一項資產所支付的現金或現金等價物。在重置成本計量下，資產按照現在購買相同或者相似資產所需支付的現金或者現金等價物的金額計量。負債按照現在償付該項債務所需支付的現金或者現金等價物的金額計量。實務中，重置成本多應用於盤盈固定資產的計量等。③可變現淨值。它是指在正常生產經營過程中，以預計售價減去進一步加工的成本和銷售所必需的預計稅金、費用後的淨值。在可變現淨值計量下，資產按照其正常對外銷售所能收到現金或者現金等價物的金額扣減該資產至完工時估計將要發生的成本、估計的銷售費用以及相關稅費後的金額計量。可變現淨值經常應用於存貨資產減值情況下的後續計量。④現值。它是指對未來現金流量以恰當的折現率進行折現後的價值，是考慮貨幣時間價值的一種計量屬性。在現值計量下，資產按照預計從其持續使用和最終處置中所產生的未來淨現金流入量的折現金額計量。負債按照預計期限內需要償還的未來淨現金流出量的折現金額計量。融資租賃方式獲得的固定資產入帳時可以採用現值作為計量基礎。⑤公允價值。在公允價值計量下，資產和負債按照市場參與者在計量日發生的有序交易中，出售資產所能收到或者轉移負債所需支付的價格計量。有序交易是指在計量日前的一段時期內，相關資產或負債具有慣常市場活動的交易，清算等被迫交易不屬於有序交易。公允價值主要應用於交易性金融資產和投資性房地產等。

企業對會計要素進行計量時，一般應當採用歷史成本，採用重置成本、可變現淨值、現值、公允價值計量的，應當保證所確定的會計要素金額能夠取得並可靠計量。

3. 會計記錄

會計記錄是對經過確認而進入會計信息系統的各項數據，通過預先設置好的各種帳戶，運用一定的文字與金額，按照復式記帳的有關要求在帳簿中進行記錄的過程。通過會計記錄，可以對價值運動進行詳細、具體的描繪與量化，也可以對數據進行初步的加工、分類與匯總。只有經過會計記錄這個基本的程序，會計才有可能最終生成有助於作出各項經濟決策的會計信息。會計記錄以會計確認和會計計量為基礎，同時也是對會計確認和會計計量工作的深化。

4. 會計報告

會計報告是指把會計信息系統的最終產品——會計信息傳遞給各個會計信息使用者的手段。會計報告是會計信息的物質載體，會計信息通過會計報告的形式傳遞到信息使用者手中。會計報告的編制實質上是對簿記信息的再加工，也是會計的再次確認，即確認哪些數據可以列入會計報告、如何列入會計報告以及怎樣通過會計報告輸出會計系統。

二、會計方法

會計方法是用來反映和監督會計事項、執行和完成會計任務的各種技術手段。會計方法是從會計實踐中總結出來的，並隨著社會經濟的發展和科學技術的進步不斷得到改進和發展。一般認為，會計方法分為會計核算方法、會計分析方法和會計檢查方法。會計核算是會計的基本環節，會計分析和會計檢查都是在會計核算的基礎上，利用會計核算資料進行的。這裡主要介紹會計核算方法，會計分析和會計檢查等方法將在以後章節和相關課程中說明。

三、會計核算方法

會計核算方法是對會計對象進行完整的、連續的、系統的反映和監督所應用的方法。其主要包括以下七種：

1. 填製和審核會計憑證

會計憑證是記錄經濟業務、明確經濟責任的書面證明，是登記帳簿的依據。憑證必須經過會計部門和相關部門審核。只有經過審核並認為正確無誤的會計憑證，才能作為記帳的根據。填製和審核會計憑證，不僅為經濟管理提供真實可靠的數據資料，而且是實行會計監督的一個重要方面。

2. 設置帳戶

設置帳戶是對會計要素的具體內容進行歸類核算和監督的一種專門方法。為了全面、完整地核算和監督企業經濟活動的過程和結果，系統、連續地記錄和反映資產、負債和所有者權益的增減情況以及收入、費用和利潤的實現情況，必須通過設置帳戶對會計對象複雜多樣的具體內容進行科學的分類、匯總和記錄，以便取得經營管理所需要的各種會計信息。

3. 復式記帳

復式記帳是對發生的每一項經濟業務以相等的金額，同時在兩個或兩個以上相互聯繫的帳戶中進行全面登記的方法。通過復式記帳可以完整地反映每一項經濟業務的來龍去脈，從而可以全面地反映和監督會計主體經濟活動的全過程和結果。同時，通過復式記帳，形成帳戶記錄的對應關係和平衡關係，可以檢查有關經濟業務記錄是否正確。

4. 登記帳簿

會計帳簿是由一定格式、相互聯繫的帳頁組成，用來完整、連續、系統地登記經濟業務的簿籍。登記帳簿就是將會計憑證中記載的經濟業務，序時地、分類地記入相關的帳簿之中。通過帳簿登記，可以將分散的經濟業務進行系統的歸類和匯總，為成本計算和編製會計報告等提供總括的和明細的會計數據。

5. 成本計算

成本計算就是按照一定對象歸集和分配生產經營過程中發生的全部費用，從而計算該對象的總成本和單位成本的一種專門方法。成本計算是企業進行經濟核算的中心環節，通過成本計算可以瞭解企業生產經營的耗費水平和經濟效益，找出企業管理中存在的問題，以便採取措施，降低成本，提高經濟效益。

6. 財產清查

財產清查是指通過盤點實物、核對帳目，保持帳實相符的一種方法。通過財產清查，一方面可以增強會計記錄的真實性、正確性，保證帳實相符；另一方面還可以查明資產來源情況，債務、債權的清償情況，以及各項資產的運用情況。

7. 編製財務報告

財務報告是對企業財務狀況、經營成果和現金流量的結構性表述的書面文件，它由基本財務報表和財務報表表外信息（附註、附表等）組成。通過編製財務報告，可以系統地提供財務信息，保證國家宏觀經濟管理和調控的需要，滿足企業加強內部管理的需要，滿足投資者、債權人和其他有關各方的需要。

上述會計核算的各種方法是一個完整的會計核算方法體系，在核算過程中是相互聯繫、密切配合的。一般核算步驟是以貨幣形式對各項經濟業務進行確認為起點，通過填制和審核憑證，記錄核算各項經濟業務，然後在設置的帳戶中採用復式記帳的方法登記帳簿，對生產經營過程中發生的各項費用應當進行成本計算，對帳簿記錄通過財產清查加以核實，最終在財產清查的基礎上根據帳簿記錄編制財務報告。需要說明的是，上述各種方法又是交叉使用的。例如：在採用填制和審核憑證方法時，要運用設置帳戶和復式記帳的方法；在採用復式記帳方法時，要運用設置帳戶的方法；在採用財產清查方法時，要運用復式記帳和登記帳簿的方法。會計核算方法之間的相互關係如圖1-2所示。

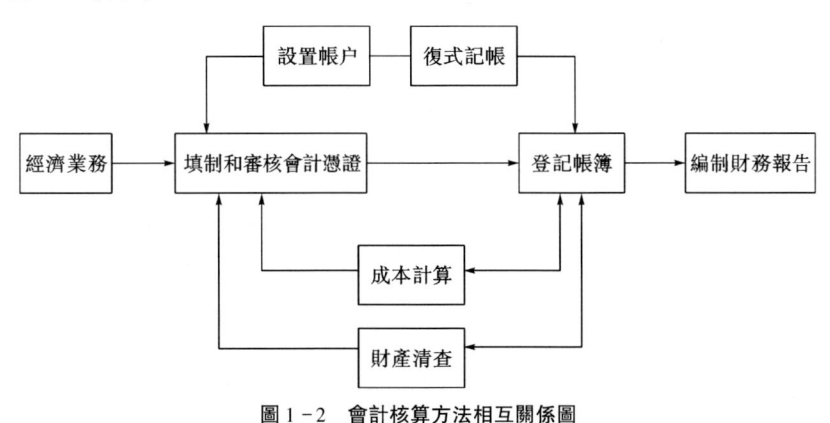

圖1-2 會計核算方法相互關係圖

第六節　會計學的分類以及與其他學科的關係

一、會計學的分類

隨著生產力的不斷發展，會計經歷了一個由簡單到複雜、由低級到高級的不斷發展和完善的過程。會計學這門學科在總結長期會計實踐經驗的基礎上，日益形成了較為完善的理論體系和方法體系。會計學是一門研究會計理論、方法以及會計工作客觀規律的科學。隨著會計學研究領域的不斷擴展，會計學出現了許多分支，每一個分支又形成了一個學科。一般而言，會計學按其研究內容的不同，分為會計學基礎、財務會計學、成本會計學、管理會計學、會計史等。

（1）會計學基礎。主要闡述會計學的基本原理、基本知識和基本方法等內容。在介紹會計基本概念和借貸記帳法的基礎上，系統研究填制和審核憑證、登記帳簿、編制財務報表、財產清查、帳務處理程序等會計基本內容。它為進一步學習後續專業課程奠定了基礎。

（2）財務會計學。主要研究通過財務報表的形式滿足利益相關者對會計信息的需求。具體介紹資產、負債、所有者權益、收入、費用、利潤要素的相關理論和核算方法，以及財務報表的編制原理和方法等。

（3）成本會計學。在介紹成本核算和管理相關基礎理論的前提下，系統研究了各類費用的核算方法、主要產品成本的計算方法、成本報表的編制和分析方法等。

（4）管理會計學。它以現代管理科學為基礎，將會計與管理有機地結合在一起，主要介紹決策會計、責任會計和控製會計等內容，為企業內部各責任單位提供有效經營和最優化決策所需的管理信息。

（5）會計史。會計史是研究會計的發生、發展過程及其歷史運行規律的科學，是會計學科中的一個重要組成部分。其目的在於總結經驗教訓，促進會計的發展。

上述會計學科的分類，主要是從微觀角度來劃分的。宏觀會計是以國家為主體、以社會經濟發展為目標、以國民資本運動為內容，反映和控製國家宏觀經濟活動並提供相關報告的一種會計活動，其主要包括總預算會計、社會會計、環境會計、國際會計等。

二、會計學與其他學科的關係

隨著科學技術與經濟的飛速發展，各門學科之間相互協作、相互滲透的趨勢愈來愈明顯。會計學作為一門研究生產經營活動確認、計量、記錄、分類和報告的科學，它與哲學、數學、經濟學、管理學、社會學以及行為科學等多門科學之間的關係日益緊密。

（一）會計學與哲學

哲學是研究自然界、人類社會和思維發展最一般規律的方法論科學，為各門學科提供了方法論基礎。作為研究經濟管理活動資金運動變化數量關係和規律性的方法論的會計學，不僅在一般的方法論方面，而且在會計確認、計量、記錄和報告的過程中，都要以哲學中的基本原理為指導。哲學的方法論指導作用，要求我們在會計理論研究和實務工作中利用哲學思維解決會計領域中的問題。例如，哲學中發展是事物由低級到高級、由舊質到新質的變化過程，會計學中從傳統簿記到財務會計再到財務會計與管理會計的分化就表現了會計學螺旋式上升的發展思路；哲學中認識與實踐的關係是研究會計理論與會計實務關係的鑰匙，其中科學的邏輯思維方法——歸納和演繹、分析和綜合、抽象和具體正是會計理論研究中廣泛採用的研究方法；哲學中把事物的矛盾分析作為認識和解決問題的基本方法，會計中借與貸、盈與虧、應收與應付、預收與預付、資金來源與資金運用、信息供給與信息需求、相關性與可靠性、成本與效益等需要我們用哲學的思維來正確認識與妥善處理。

（二）會計學與數學

會計學與數學的結合已有悠久的歷史。借貸記帳法誕生以後，人們就試圖從數學上予以解釋。20世紀，會計學與數學再一次進行了成功的結合，產生了具有里程碑意義的一門新學科——管理會計。在會計發展史上，會計學與數學的關係非常密切，會計對企業生產經營活動的數量描述和數學分析都離不開數學，數學已逐步滲透到會計學的多個領域，如基礎會計學中的會計等式、管理會計學中的投資決策方法與最優存貨訂貨量、成本會計學中的本量利分析等。數學作為一種嚴密的分析工具，為現代會計學的發展尤其是實證研究方法的應用奠定了堅實的方法論基礎。

會計學中數學方法的運用，就是要求會計學借助數學方法進行計量、記錄和報告，將複雜的生產經營活動盡可能地用簡明而精確的數學模式表達出來，並進行科學的加工

處理，以揭示其內在聯繫和數量規律，從而為進行最優決策和有效經營提供客觀依據。

（三）會計學與經濟學、管理學

關於會計學的學科屬性問題，學術界一直存在著是屬於經濟學還是屬於管理學的爭論，至今仍無定論。事實上，會計學具有經濟學和管理學雙重學科屬性，會計學的經濟學基礎與管理學基礎並不矛盾，二者相得益彰、相互補充，會計學既要以經濟學又要以管理學作為理論基礎。

經濟學研究的基本問題是在資源有限的條件下，如何通過發展經濟滿足人們不斷增長的需要。經濟及其發展都是一個比較的概念，是一個節約的概念，要比較、要節約，就要計量。會計以其貨幣計量、綜合性、真實性等特徵提供關於經濟資源的流動、分配和配置的有關信息，其運行具有直接的經濟後果。因此，會計學是經濟學研究的基本內容之一。把會計活動和會計成果作為一種經濟行為與特殊商品，研究其在生產、交換、分配、消費過程中產生的各種經濟問題和關係，如資源配置、供給、需求、市場等相關問題，對於促進和完善會計學的發展無疑具有十分重要的現實意義。利特爾頓曾經明確指出，從本質上看，會計不容置疑地帶有經濟學屬性。經濟學中的有關概念確實指導了會計理論的發展，並深入持續地改變或決定著會計實務，如收益、資本、資產、負債等概念。會計學需要運用一系列經濟理論和範疇來建立它的概念和方法。

管理學是研究管理活動基本規律和方法的科學。按照「管理活動論」的觀點，會計是管理活動的一個重要組成部分，會計學理應屬於管理學的一個分支。例如：會計憑證、帳簿和報表的設計要體現管理幅度和管理寬度的管理原理要求；會計要素分類、會計科目設置等要滿足管理學中系統管理的要求；管理會計中大量運用了管理學的內容，充分體現了會計與管理的高度統一。另外，會計的核算、控制、監督、決策都是一種管理的職能，會計需要履行管理活動的一個特定方面，即從事資金和成本兩個方面的管理。

第七節 會計準則體系

一、會計準則的構成

會計準則是反映經濟活動、確認產權關係、規範收益分配的會計技術標準，是生成和提供會計信息的重要依據，也是政府調控經濟活動、規範經濟秩序和開展國際經濟交往等的重要手段。會計準則具有嚴密和完整的體系，中國已頒布的會計準則有《企業會計準則》《小企業會計準則》《事業單位會計準則》和《政府會計準則》。

二、企業會計準則

中國的企業會計準則體系包括基本準則、具體準則、應用指南和解釋公告等。2006年2月15日，財政部發布了《企業會計準則》，自2007年1月1日起在上市公司範圍內施行，並鼓勵其他企業執行。其中，基本準則共十一章，主要內容有財務會計報告目標、會計基本假設、會計基礎、會計信息質量要求、會計要素與確認標準、會計計量屬性與運用原則、財務會計報告等。具體準則是根據基本準則的要求，主要針

對各項具體業務事項的確認、計量和報告做出的規定，分為一般業務準則、特殊業務準則和報告類準則。2006 年 10 月 30 日，財政部發布了企業會計準則應用指南，實現了中國會計準則與國際財務報告準則的實質性趨同。2014 年陸續制定、修訂了 9 項具體準則，其中，制定了《企業會計準則第 39 號——公允價值計量》等 4 項準則，修訂了《企業會計準則第 2 號——長期股權投資》等 5 項準則，這些準則自 2014 年 7 月 1 日起陸續實施。

三、小企業會計準則

2011 年 10 月 18 日，財政部發布了《小企業會計準則》，要求符合適用條件的小企業自 2013 年 1 月 1 日起執行，並鼓勵提前執行。《小企業會計準則》一般適用於在中國境內依法設立、經濟規模較小的企業，具體標準參見《小企業會計準則》和《中小企業劃型標準規定》。《小企業會計準則》共十章，與《企業會計準則》的制定依據和基本原則相同，同時兼顧小企業自身的特點。

四、事業單位會計準則

2012 年 12 月 6 日，財政部修訂發布了《事業單位會計準則》，對中國事業單位的會計工作予以規範，自 2013 年 1 月 1 日起在各級各類事業單位施行。該準則共九章，包括總則、會計信息質量要求、資產、負債、淨資產、收入、支出或者費用、財務會計報告和附則。

五、政府會計準則

2015 年 10 月 23 日，財政部發布了《政府會計準則——基本準則》，自 2017 年 1 月 1 日起，在各級政府部門、單位施行。中國的政府會計準則體系由政府會計基本準則、具體準則和應用指南三部分組成。《政府會計準則——基本準則》共六章 62 條，對政府會計目標、會計主體、會計信息質量要求、會計核算基礎、會計要素定義、確認和計量原則以及列報要求等做出規定。

【本章小結】

會計是通過價值量的變化來描述經濟過程，度量經濟上的損益。會計的產生是社會發展到一定歷史階段的產物，會計的發展是反應性的。關於會計目標最具代表性的是「經管責任論」和「決策有用論」。會計目標包括誰是會計信息的使用者、會計信息使用者需要什麼樣的會計信息、會計如何提供這些信息三個方面的內容。會計具有核算和監督兩項基本職能，企業的會計對象包括資金的投入、週轉和退出，政府與非營利組織的會計對象是經費收入和經費支出形成的經濟活動。由於會計實務存在著不確定性，需要做出一定的假設，會計主體、持續經營、會計分期和貨幣計量形成了會計假設。會計處理具體會計業務需要遵循客觀性等八項一般原則，企業的會計確認、計量和報告應當採用權責發生制。會計核算方法包括設置帳戶、復式記帳、填制和審核憑證、登記帳簿、成本計算、財產清查、編制財務報告。會計學按其研究內容的不同，劃分為會計學基礎、財務會計學、成本會計學、管理會計學、會計史等。

【閱讀材料】

巴菲特最重視的大學課程是會計

　　巴菲特大一、大二讀的是全美排名數一數二的賓夕法尼亞大學沃頓商學院，而大三讀的是全美排名一般的內布拉斯加大學，巴菲特自己也沒有想到，他卻更喜歡這裡的很多老師講的課。在所有的大學課程中，巴菲特最重視的是會計。為什麼巴菲特對會計課程這麼重視呢？原因很簡單，不懂會計別投資。巴菲特說：「你必須懂會計，而且你必須要懂會計的細小微妙之處。會計是商業的語言，儘管是一種並不完美的語言。除非你願意投入時間和精力學習掌握會計，學會如何閱讀和分析財務報表；否則，你就無法真正獨立地選擇投票。」

　　有一次，巴菲特的一個商業合作夥伴問：巴菲特先生，我女兒最近上大學了，她在大學裡應該重點學習哪些課程？巴菲特回答：會計，因為會計是商業的語言。

　　巴菲特學會計，不是為了考個好分數，而是為了用會計。一是用在做生意上。無論做什麼生意，巴菲特都會認認真真記帳，用他學到的會計知識，仔細分析多賺了錢是多在哪裡，少賺了錢是少在哪裡。很多人自己創業做生意，很有創意，很有毅力，卻並不賺錢，一個重要原因是不懂會計。二是用在股票投資上。只有19歲的他，開始用他學習到的會計知識，來分析上市公司的財務報表，判斷公司未來發展前景，在此基礎上做出投資決策。

　　資料來源：劉建偉. 巴菲特最重視的大學課程是會計［N］. 上海證券報，2010-08-16.

第二章

會計要素與會計等式

【結構框架】

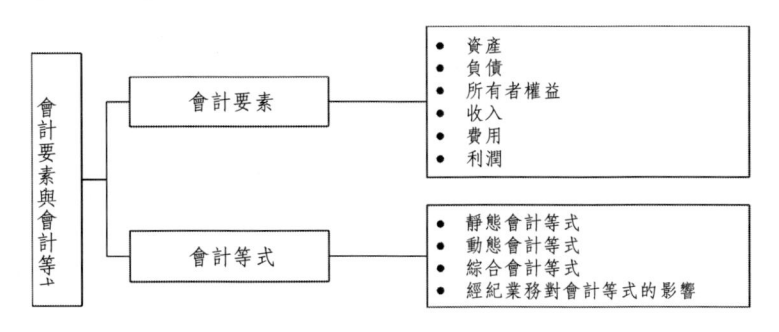

```
                    ┌─ 會計要素 ──┬─ 資產
                    │             ├─ 負債
                    │             ├─ 所有者權益
會計要素與會計等式 ─┤             ├─ 收入
                    │             ├─ 費用
                    │             └─ 利潤
                    │
                    └─ 會計等式 ──┬─ 靜態會計等式
                                  ├─ 動態會計等式
                                  ├─ 綜合會計等式
                                  └─ 經紀業務對會計等式的影響
```

【學習目標】

　　本章主要講述會計要素與會計等式。通過本章的學習，讓學生理解六類會計要素的概念、特徵、確認和分類；掌握會計等式的平衡原理與會計要素之間的相互關係；熟悉經濟業務對會計等式的影響類型。

第一節　會計要素

會計要素（Accounting Elements）是指將會計對象按照其經濟特徵所進行的分類，也就是對會計事項所引起的變化項目加以適當歸類，並為每一類別取一個名稱。就企業而言，在資金運動過程中，引起資金投入、退出企業的會計事項多種多樣，引起資金循環週轉的會計事項也是錯綜複雜的，因這些會計事項的發生而引起的價值量變化的項目更是千變萬化。明確會計要素，不僅有利於根據各個會計要素的性質和特點分別制定對其進行確認、計量、記錄和報告的標準和方法，而且有利於合理地建立會計科目體系和設計會計報告。

中國《企業會計準則》將企業會計要素分為資產、負債、所有者權益、收入、費用和利潤六個要素。其中，資產、負債、所有者權益反映企業特定日期的財務狀況（靜態要素），收入、費用、利潤反映企業一定時期的經營成果（動態要素）。

一、資產

（一）資產的概念和特徵

資產（Assets）是指企業過去的交易或者事項形成的、由企業擁有或者控制的、預期會給企業帶來經濟利益的資源。

資產的主要特徵有：

（1）資產是企業由過去的交易或者事項所形成的。資產的成因是資產存在和計價的基礎。資產必須是現實的資產，包括購買、生產、建造行為或其他交易或者事項所形成的資源。預期在未來發生的交易或者事項不形成資產。

（2）資產必須是企業擁有或控制的。所謂擁有，是指該項資產的法定所有權屬於本企業；所謂控制，是指雖然本企業並不擁有該項資產的所有權，但是該項資產上的收益和風險已經由本企業所承擔，如融資租入的固定資產等。所有權或控制權的存在，對於判斷某項目是否為企業的資產是至關重要的。資產的這種所有權或控制權還說明企業對該項資源具有獨占性和排他性。

（3）資產必須是能給企業帶來經濟利益的資源。預期會給企業帶來經濟利益，是指直接或者間接導致現金和現金等價物流入企業的潛力。例如，陳舊毀損的實物資產、已經無望收回的債權等，都不能再作為資產來核算和呈報。

（二）資產的確認

符合資產定義的資源，在同時滿足以下條件時，確認為資產：①與該資源有關的經濟利益很可能流入企業；②該資源的成本或者價值能夠可靠地計量。符合資產定義和資產確認條件的項目，應當列入資產負債表；符合資產定義、但不符合資產確認條件的項目，不應當列入資產負債表。

（三）資產的分類

企業的資產按流動性分為流動資產和非流動資產。

流動資產是指可以在一年或者超過一年的一個正常營業週期內變現或耗用的資產。正常營業週期通常是指從購買用於加工的資產起至實現現金或現金等價物的期間。正

常營業週期通常短於一年，但是重型機械、造船等行業，其營業週期往往超過一年。資產滿足下列條件之一的，應當歸類為流動資產：①預計在一個正常營業週期中變現、出售或消耗；②主要為交易目的而持有；③預計在資產負債表日起一年內（含一年，下同）變現；④自資產負債表日起一年內，交換其他資產或清償負債的能力不受限制的現金或現金等價物。

流動資產主要包括庫存現金及銀行存款、交易性金融資產、應收帳款、應收票據、預付帳款和存貨等。庫存現金是指存於企業、用於日常零星開支的現鈔，是一種流動性最強的流動資產。銀行存款是指企業存入銀行或其他金融機構的款項。交易性金融資產是指企業為了近期內出售而持有的金融資產，如企業利用閒置資金，以賺取價差為目的購入的股票、債券、基金和權證等。應收帳款是指企業因對外銷售商品、提供勞務等經營活動而應向客戶收取的款項。應收票據是指企業銷售商品或提供勞務而收到的付款人開出並承兌的銀行承兌匯票和商業承兌匯票。其他原因所產生的應收款項，如應收各種賠款、應收各種罰款等，則可用其他應收款項目來表達。預付帳款是指企業按照合同規定向供應單位預付的購料款項。存貨是指企業在日常生產經營過程中持有以備出售的產成品或商品、處在生產過程中的在產品、在生產過程中或提供勞務過程中將消耗的材料等。

非流動資產是指除流動資產以外的其他資產，如可供出售的金融資產、持有至到期投資、長期股權投資、固定資產、在建工程、無形資產和商譽等。可供出售的金融資產是指初始確認時即被指定為可供出售的非衍生金融資產，以及沒有被劃分為以上其他類別的非衍生金融資產，如購入的存在活躍市場的股票、債券等。持有至到期投資是指企業準備持有至到期的長期債券投資等，其需同時滿足以下三個條件：到期日和回收金額固定或可確定；企業有能力持有至到期；企業有明確的意圖持有至到期。長期股權投資是指持有時間超過一年（不含一年）、不能變現或不準備隨時變現的股票和其他投資。企業進行長期股權投資的目的，是為了獲得較為穩定的投資收益或者對被投資企業實施控制或影響。在建工程是指企業正在建設中的工程項目所發生的投資支出。固定資產是指企業使用期限超過一年的房屋、建築物、機器、機械、運輸工具以及與生產、經營有關的設備、器具、工具等。無形資產是指企業擁有或者控制的沒有實物形態的可辨認非貨幣性資產，如專利權、非專利技術、土地使用權、商標權、著作權等。商譽是指企業獲取正常贏利水平以上收益的一種能力，即超額收益能力，是企業擁有或者控制的沒有實物形態的不可辨認非貨幣性資產。

二、負債

(一) 負債的概念和特徵

負債（Liabilities）是指由企業過去的交易或者事項所形成的、預期會導致經濟利益流出企業的現時義務。

負債的主要特徵有：

(1) 負債是企業的現時義務。現時義務是指企業過去的交易或者事項，包括購買、接受勞務或其他交易或者事項所形成的在現行條件下已承擔的義務。未來發生的交易或者事項形成的義務，不屬於現時義務，不應當確認為負債。

(2) 清償負債會導致企業未來經濟利益的流出。負債的實質是將來應該以犧牲資

產為代價的一種受法律保護的責任。負債可以在未來某個時日通過支付現金及現金等價物，或者放棄含有經濟利益的資產（如提供商品或勞務），或者將負債轉為所有者權益等債權人所能接受的方式來清償。

（二）負債的確認

符合負債定義的義務，在同時滿足以下條件時，確認為負債：①與該義務有關的經濟利益很可能流出企業；②未來流出的經濟利益的金額能夠可靠地計量。符合負債定義和負債確認條件的項目，應當列入資產負債表；符合負債定義、但不符合負債確認條件的項目，不應當列入資產負債表。

（三）負債的分類

企業的負債按流動性分為流動負債和長期負債。

流動負債是指償還期限在一年或者超過一年的一個營業週期以內的債務。企業對資產和負債進行流動性分類時，應當採用相同的正常營業週期。負債滿足下列條件之一的，應當歸類為流動負債：①預計在一個正常營業週期中清償；②主要為交易目的而持有；③自資產負債表日起一年內到期應予以清償；④企業無權自主地將清償推遲至資產負債表日後一年以上。

流動負債主要包括短期借款、應付帳款、應付票據、預收帳款、應付職工薪酬、應交稅費、應付利息、應付股利等。短期借款是指企業從銀行或其他金融機構借入的、期限在一年以下的各種借款。應付帳款是指因賒購貨物或接受勞務而產生的應付給供應單位的款項。應付票據是指企業因購進貨物、接受勞務而開出、承兌的，須於約定日期支付一定金額給持票人的商業匯票。預收帳款是指企業在銷售商品或提供勞務前，根據購銷合同的規定，向購貨方預先收取的部分或全部貨款。應付職工薪酬是指企業根據有關規定應付給職工的各種薪酬。應交稅費是指企業在生產經營過程中按稅法規定所計算出應向國家繳納的各種稅費。應付利息是指企業按照合同約定應付未付的利息。應付股利是指企業根據股東大會或類似機構決議確定分配的現金股利或利潤。

長期負債是指償還期在一年或者超過一年的一個營業週期以上的負債，包括長期借款、應付債券、長期應付款等。長期借款是指企業從銀行或其他金融機構借入的、期限在一年以上的各項借款。應付債券是指企業為籌集長期資金而實際發行的長期債券。長期應付款是指除長期借款和應付債券以外的其他應付款項，包括應付引進設備款、融資租入固定資產應付款等。

三、所有者權益

（一）所有者權益的概念和特徵

所有者權益（Owner's Equity）是指企業資產扣除負債後由所有者享有的剩餘權益。公司的所有者權益又稱為股東權益。所有者權益金額取決於資產和負債的計量。所有者權益項目應當列入資產負債表。

所有者權益的主要特徵有：

（1）所有者權益是一種剩餘權益，從數量上講是企業全部資產減去全部負債後的餘額。

（2）所有者權益所代表的資產可供企業長期使用，所有者除依法轉讓其投資外，不得以任何形式抽回投資。

(3) 所有者以其出資額享有獲取企業利潤的權利，但與此同時，也以出資額承擔企業的經營風險。

（二）所有者權益的構成

所有者權益的來源包括所有者投入的資本、直接計入所有者權益的利得和損失、留存收益等。

所有者投入的資本主要指實收資本或股本。企業的實收資本是指投資者按照企業章程，或合同、協議的約定，實際投入企業的資本。如果在資本投入過程中產生了溢價，可計入資本公積（資本溢價或股本溢價）中。

直接計入所有者權益的利得和損失，是指不應計入當期損益、會導致所有者權益發生增減變動的、與所有者投入資本或者向所有者分配利潤無關的利得或者損失。利得是指由企業非日常活動所形成的、會導致所有者權益增加的、與所有者投入資本無關的經濟利益的流入。損失是指由企業非日常活動所發生的、會導致所有者權益減少的、與向所有者分配利潤無關的經濟利益的流出。

所有者權益主要包括實收資本（或者股本）、資本公積、盈餘公積和未分配利潤等。實收資本是企業實際收到所有者交付的出資額。資本公積是指企業在接受投入資本過程中，收到投資者出資額超出其在註冊資本或股本中所占份額的部分，包括資本溢價（或股本溢價）和其他資本公積等，其中資本溢價（股本溢價）可按法定程序轉增實收資本。盈餘公積是指企業從稅後利潤中提取的各種累積資金，包括法定盈餘公積金與任意盈餘公積金，可用以彌補虧損和按規定的程序轉增實收資本。未分配利潤是指企業留待以後年度分配的利潤。

四、收入

（一）收入的概念和特徵

收入（Revenue）是指企業在日常活動中形成的、會導致所有者權益增加的、與所有者投入資本無關的經濟利益的總流入。收入不包括為第三方或者客戶代收的款項。對企業來說，收入是補償費用、取得盈利的源泉，是企業經營活動取得的經營成果。

收入的主要特徵有：

(1) 收入從企業的日常經營活動中產生，而不是從偶發的交易或事項中產生。

(2) 產生收入的事項已經發生或已經成為事實。例如，銷售商品收入，必須是企業已將商品所有權上的主要風險和報酬轉移給購貨方。

(3) 收入的形成總是伴隨著資產的增加或負債的減少。例如，企業可以向貸款人提供商品或勞務，償還所欠的款項，在了結債務的同時產生收入。

（二）收入的確認

收入只有在經濟利益很可能流入從而導致企業資產增加或者負債減少、且經濟利益的流入額能夠可靠計量時才能予以確認。符合收入定義和收入確認條件的項目，應當列入利潤表。

（三）收入的構成

收入包括主營業務收入、其他業務收入和投資收益。主營業務收入是指企業在其主要營業活動中所取得的營業收入，不同行業的主營業務收入所包括的內容各不相同。例如，工業企業的主營業務收入主要包括銷售產成品、半成品和提供工業性勞務作業

的收入；商品流通企業的主營業務收入主要包括銷售商品所取得的收入。其他業務收入是指企業非經常性的、兼營的業務所產生的收入，如工業企業銷售原材料、出租包裝物等業務所取得的收入。投資收益是指企業對外投資所取得的收益減去發生的投資損失後的淨額。

五、費用

（一）費用的概念和特徵

費用（Expense）是指企業在日常活動中發生的、會導致所有者權益減少的、與向所有者分配利潤無關的經濟利益的總流出。費用有多種表現形式，但其本質是資產的轉化形式，是企業資產的耗費。

費用的主要特徵有：

（1）費用表現為企業經濟利益的流出，或者說是企業收入的一種扣除。

（2）費用必須是已經發生或已經成為事實的日常活動所導致的經濟利益流出和為生產產品、提供勞務而發生的耗費。

（二）費用的確認

費用只有在經濟利益很可能流出從而導致企業資產減少或者負債增加、且經濟利益的流出額能夠可靠計量時才予以確認。

企業為生產產品、提供勞務等發生的可歸屬於產品成本、勞務成本等的費用，應當在確認產品銷售收入、勞務收入等時，將已銷售產品、已提供勞務的成本等計入當期損益。

企業發生的支出不產生經濟利益的，或者即使能夠產生經濟利益但不符合或者不再符合資產確認條件的，應當在發生時確認為費用，計入當期損益。

企業發生的交易或者事項導致其承擔了一項負債而又不確認為一項資產的，應當在發生時確認為費用，計入當期損益。

符合費用定義和費用確認條件的項目，應當列入利潤表。

（三）費用的構成

費用按其用途和得到補償的時間不同，可分為計入成本的費用和期間費用。計入成本的費用是指應由具體成本對象承擔的費用，這種耗費的結果形成了企業某項資產的成本。例如，企業採購材料發生的費用，形成了購入材料的成本；購建固定資產發生的費用，形成了固定資產成本；產品生產過程發生的費用，形成了在產品、產成品的成本。在工業企業中，計入成本的費用是通過產品銷售，從主營業務收入中才能補償已銷產品所消耗的費用。期間費用是指與時間消長有著密切關係，而與企業生產、營業收入的實現並無直接關係或關係不密切的費用，包括管理費用、財務費用和銷售費用。期間費用直接計入費用發生的當期損益，從當期營業收入中得到補償。

六、利潤

（一）利潤的概念

利潤（Profit）是指企業在一定會計期間的經營成果。利潤包括收入減去費用後的淨額、直接計入當期利潤的利得和損失等。利潤的實現，會相應地表現為資產的增加或負債的減少，其結果是所有者權益的增值。

直接計入當期利潤的利得和損失，是指應當計入當期損益、會導致所有者權益發生增減變動的、與所有者投入資本或者向所有者分配利潤無關的利得或者損失。

利潤金額取決於收入和費用、直接計入當期利潤的利得和損失金額的計量。利潤項目應當列入利潤表。

（二）利潤的內容層次

利潤包括營業利潤、利潤總額和淨利潤三個層次的內容。

營業利潤是指企業由於經營活動所獲得的利潤，具體包括營業收入減去營業成本、稅金及附加，再減去期間費用及資產減值損失，加上公允價值變動淨收益和投資淨收益後的金額。

利潤總額是指營業利潤加上營業外收支淨額後的金額。

淨利潤是指利潤總額減去所得稅費用後的金額。

第二節　會計等式

會計等式（Accounting Equation）是揭示會計要素之間內在聯繫的數學表達式，又稱為會計恒等式或會計方程式。

上一節我們曾經提到會計對象具體表現為資產、負債、所有者權益、收入、費用和利潤六個會計要素。通過本節的說明，我們將瞭解到這六個要素之間存在著金額相等的關係。

一、靜態會計等式

企業要進行生產經營活動，首先就必須擁有一定數額的資產。最初的資產都是由投資者投資而來，則全部資產代表投資者的權益，表示投資者對企業資產的求償權。除了從投資者處獲得經營所需的資產外，企業也可以通過向債權人借款等方式取得所需資產，那麼，債權人對企業的資產同樣獲得求償權。在會計上，將經濟資源提供者對企業資產所擁有的權利稱為「權益」。

資產和權益是對同一個企業的經濟資源從兩個不同角度進行觀察。前者表明進入企業的資源具體分布在哪些方面，後者表明這些資源的所有者和運用這些資源所產生的利益歸誰所有。顯然，客觀上存在必然相等的關係。即從數量上看，有一定數額的資產，必定有一定數額的權益；反之，有一定數額的權益，也必定有一定數額的資產。也就是說，資產與權益之間在數量上必然相等。其平衡關係用公式表示如下：

資產 = 權益
　　　= 債權人權益 + 所有者權益
　　　= 負債 + 所有者權益

這一平衡公式反映的是資金運動過程中某一時刻資產、負債、所有者權益三個會計要素之間的數量關係，我們稱之為靜態會計等式。

上述等式反映了企業資產的歸屬關係，它是設置帳戶、復式記帳和編制資產負債表等會計核算方法建立的理論依據，在整個會計核算中處於非常重要的地位。

二、動態會計等式

當企業成立後就開始正常營業，運用債權人和投資者所提供的資產，經過生產經營而獲取收入，並以支付費用為代價。將一定期間實現的收入與支付的費用比較後，就能確定該期間企業的經營成果。當收入大於費用時，表示企業實現利潤；當收入小於費用時，則意味著企業發生虧損。其平衡關係用公式表示如下：

收入－費用＝利潤

這一平衡公式反映的是企業經營活動中某一段時期內收入、費用、利潤三個會計要素之間的數量關係，是資金運動的動態表現形式，我們稱之為動態會計等式。

上述等式反映了企業經營成果的計算過程，它是編制利潤表的理論依據。

三、綜合會計等式

在任何一個會計期間的起始時刻，企業的資金都會處於相對靜止的狀態，體現為「資產＝負債＋所有者權益」。隨著生產經營活動的進行，企業會發生各種各樣的費用，並由此引起資產的減少或負債的增加；同時，企業還會通過銷售產品或提供勞務而取得收入，並由此引起資產的增加或負債的減少；另外，企業還可能由於接受追加投資而使所有者權益發生變化。可見，在整個會計期間，各個會計要素都可能發生數量變化。到會計期末，由於企業取得了經營成果，形成了淨利潤，企業的總資產和總權益就在期初資產總額和權益總額的基礎上增加了一個量，這個增長的量就是本期取得的淨利潤（如為虧損則為減少量）。假設會計期內負債總額不變，也沒有追加或減少投資，則會計期末的會計等式為：

期末資產＝期初負債＋期初所有者權益＋（收入－費用）

即：

期末資產＝期初負債＋期初所有者權益＋淨利潤

在上述等式中，企業實現的淨利潤歸投資者所有，因此，淨利潤可以並入所有者權益中，於是綜合的會計等式又變回到原有的靜態會計等式：資產＝負債＋所有者權益，只是等式兩端各要素的金額發生了變化。企業的經營成果最終要影響到企業的財務狀況，企業實現利潤，將使企業資產增加或負債減少；企業出現虧損，將使企業資產減少或負債增加。

該會計等式能夠全面地反映企業資金運動的內在規律性，既反映了資金的靜態運動，又反映了資金的動態運動，是靜態與動態相結合的會計等式，我們稱之為綜合會計等式。

四、經濟業務對會計等式的影響

在企業的生產經營活動中，經常會發生各種各樣的經濟業務，如吸收投資、取得借款、購買材料、支付費用等。在會計上，將這些發生於企業生產經營過程中、引起會計要素增減變化的事項稱為經濟業務，又稱會計事項。

雖然企業在生產經營過程中會發生各種各樣的經濟業務，但是不管發生何種業務，都不會破壞會計等式。

甲工廠201×年7月1日簡化的資產負債表如表2-1所示。

表2-1　　　　　　　　　　　　　資產負債表
編製單位：甲工廠　　　　　　　　201×年7月1日　　　　　　　　　　　　　單位：元

資　產		負債及所有者權益	
項　目	金　額	項　目	金　額
庫存現金	6,000	負債：	
銀行存款	70,000	短期借款	170,000
應收帳款	10,000	應付帳款	50,000
原材料	180,000	所有者權益：	
固定資產	450,000	實收資本	480,000
無形資產	50,000	資本公積	66,000
資產合計	766,000	負債及所有者權益合計	766,000

從表2-1可以看出，甲工廠201×年7月1日擁有的資產總額為766,000元，其中庫存現金6,000元、銀行存款70,000元、應收帳款10,000元、存貨180,000元、固定資產500,000元。負債及所有者權益合計為766,000元，其中短期借款170,000元、應付帳款50,000元、實收資本546,000元。顯然，資產和負債及所有者權益之間保持平衡。

下面以該廠201×年7月份發生的部分經濟業務為例，說明經濟業務的發生對會計等式的影響。

【例2-1】7月3日，購入生產用機器一臺，計30,000元，款項尚未支付。

這筆經濟業務使企業的資產（固定資產）增加30,000元，同時使企業的負債（應付帳款）增加30,000元，資產和權益同時增加30,000元，雙方總額均發生等金額變動，會計等式仍保持平衡。變動結果見表2-2。

表2-2　　　　　　　　　　　　　資產負債表
編製單位：甲工廠　　　　　　　　201×年7月3日　　　　　　　　　　　　　單位：元

資　產		負債及所有者權益	
項　目	金　額	項　目	金　額
庫存現金	6,000	負債：	
銀行存款	70,000	短期借款	170,000
應收帳款	10,000	應付帳款	80,000
原材料	180,000	所有者權益：	
固定資產	480,000	實收資本	480,000
無形資產	50,000	資本公積	66,000
資產合計	796,000	負債及所有者權益合計	796,000

【例2-2】7月5日，接受B投資者投資100,000元，存入銀行。

這筆經濟業務使企業的資產（銀行存款）增加100,000元，同時使企業的所有者權益（實收資本）增加100,000元，資產和權益同時增加100,000元，雙方總額均發生等金額變動，會計等式仍保持平衡。變動結果見表2-3。

表2-3　　　　　　　　　　　資產負債表
編製單位：甲工廠　　　　　201×年7月3日　　　　　　　　　單位：元

| 資　產 || 負債及所有者權益 ||
項　目	金　額	項　目	金　額
庫存現金	6,000	負債：	
銀行存款	170,000	短期借款	170,000
應收帳款	10,000	應付帳款	80,000
原材料	180,000	所有者權益：	
固定資產	480,000	實收資本	580,000
無形資產	50,000	資本公積	66,000
資產合計	896,000	負債及所有者權益合計	896,000

【例2-3】7月5日，以銀行存款償還短期借款40,000元。

這筆經濟業務使企業的資產（銀行存款）減少40,000元，同時使企業的負債（短期借款）減少40,000元，資產和權益同時減少40,000元，雙方總額均發生等金額變動，會計等式仍保持平衡。變動結果見表2-4。

表2-4　　　　　　　　　　　資產負債表
編製單位：甲工廠　　　　　201×年7月5日　　　　　　　　　單位：元

| 資　產 || 負債及所有者權益 ||
項　目	金　額	項　目	金　額
庫存現金	6,000	負債：	
銀行存款	130,000	短期借款	130,000
應收帳款	10,000	應付帳款	80,000
原材料	180,000	所有者權益：	
固定資產	480,000	實收資本	580,000
無形資產	50,000	資本公積	66,000
資產合計	856,000	負債及所有者權益合計	856,000

【例2-4】7月15日，工廠根據有關規定，以銀行存款退還C投資者的資本50,000元。

這筆經濟業務使企業的資產（銀行存款）減少50,000元，同時使企業的所有者權益（實收資本）減少50,000元，資產和權益同時減少50,000元，雙方總額均發生等金額變動，會計等式仍保持平衡。變動結果見表2-5。

表 2-5　　　　　　　　　　　　　資產負債表

編製單位：甲工廠　　　　　　201×年 7 月 15 日　　　　　　　　單位：元

資　產		負債及所有者權益	
項　目	金　額	項　目	金　額
庫存現金	6,000	負債：	
銀行存款	80,000	短期借款	70,000
應收帳款	10,000	應付帳款	80,000
原材料	180,000	所有者權益：	
固定資產	480,000	實收資本	530,000
無形資產	50,000	資本公積	66,000
資產合計	806,000	負債及所有者權益合計	806,000

【例 2-5】7 月 16 日，從銀行提取現金 3,000 元，以備零星使用。

這筆經濟業務使企業的資產（銀行存款）減少 3,000 元，同時使企業的資產（庫存現金）增加 3,000 元，資產內部兩個項目以相等的金額發生一增一減的變動，會計等式仍保持平衡。變動結果見表 2-6。

表 2-6　　　　　　　　　　　　　資產負債表

編製單位：甲工廠　　　　　　201×年 7 月 16 日　　　　　　　　單位：元

資　產		負債及所有者權益	
項　目	金　額	項　目	金　額
庫存現金	9,000	負債：	
銀行存款	77,000	短期借款	70,000
應收帳款	10,000	應付帳款	80,000
原材料	180,000	所有者權益：	
固定資產	480,000	實收資本	530,000
無形資產	50,000	資本公積	66,000
資產合計	806,000	負債及所有者權益合計	806,000

【例 2-6】7 月 20 日，簽發 3 個月的商業匯票 12,000 元，承兌後直接歸還前欠購料款。

這筆經濟業務使企業的負債（應付帳款）減少 12,000 元，同時使企業的負債（應付票據）增加 12,000 元，負債內部兩個項目以相等的金額發生一增一減的變動，會計等式仍保持平衡。變動結果見表 2-7。

表 2-7　　　　　　　　　　　資產負債表

編製單位：甲工廠　　　　　201×年 7 月 20 日　　　　　　　　　　單位：元

資產		負債及所有者權益	
項目	金額	項目	金額
庫存現金	9,000	負債：	
銀行存款	77,000	短期借款	70,000
應收帳款	10,000	應付帳款	68,000
原材料	180,000	應付票據	12,000
固定資產	480,000	所有者權益：	
無形資產	50,000	實收資本	530,000
		資本公積	66,000
資產合計	806,000	負債及所有者權益合計	806,000

【例 2-7】7 月 22 日，用資本公積 20,000 元轉增資本金。

這筆經濟業務使企業的所有者權益（資本公積）減少 20,000 元，同時使企業的所有者權益（實收資本）增加 20,000 元，所有者權益內部兩個項目以相等的金額發生一增一減的變動，會計等式仍保持平衡。變動結果見表 2-8。

表 2-8　　　　　　　　　　　資產負債表

編製單位：甲工廠　　　　　201×年 7 月 22 日　　　　　　　　　　單位：元

資產		負債及所有者權益	
項目	金額	項目	金額
庫存現金	9,000	負債：	
銀行存款	77,000	短期借款	70,000
應收帳款	10,000	應付帳款	68,000
原材料	180,000	應付票據	12,000
固定資產	480,000	所有者權益：	
無形資產	50,000	實收資本	550,000
		資本公積	66,000
資產合計	806,000	負債及所有者權益合計	806,000

【例 2-8】7 月 25 日，B 投資者委託甲工廠代為償還一筆 10,000 元貨款，作為對甲工廠投資的減少，有關手續已辦妥，甲工廠尚未還款。

這筆經濟業務使企業的所有者權益（實收資本）減少 10,000 元，同時使企業的負債（應付帳款）增加 10,000 元，權益內部兩個項目以相等的金額發生一增一減的變動，會計等式仍保持平衡。變動結果見表 2-9。

表 2-9　　　　　　　　　　　　資產負債表

編製單位：甲工廠　　　　　　　201×年 7 月 25 日　　　　　　　　　　單位：元

資　產		負債及所有者權益	
項　目	金　額	項　目	金　額
庫存現金	9,000	負債：	
銀行存款	77,000	短期借款	70,000
應收帳款	10,000	應付帳款	78,000
原材料	180,000	應付票據	12,000
固定資產	480,000	所有者權益：	
無形資產	50,000	實收資本	540,000
		資本公積	66,000
資產合計	806,000	負債及所有者權益合計	806,000

【例 2-9】7 月 28 日，C 投資者代甲工廠償還應付票據 8,000 元，作為對甲工廠的投資。

這筆經濟業務使企業的負債（應付票據）減少 8,000 元，同時使企業的所有者權益（實收資本）增加 8,000 元，權益內部兩個項目以相等的金額發生一增一減的變動，會計等式仍保持平衡。變動結果見表 2-10。

表 2-10　　　　　　　　　　　　資產負債表

編製單位：甲工廠　　　　　　　201×年 7 月 28 日　　　　　　　　　　單位：元

資　產		負債及所有者權益	
項　目	金　額	項　目	金　額
庫存現金	9,000	負債：	
銀行存款	77,000	短期借款	70,000
應收帳款	10,000	應付帳款	78,000
原材料	180,000	應付票據	4,000
固定資產	480,000	所有者權益：	
無形資產	50,000	實收資本	548,000
		資本公積	66,000
資產合計	806,000	負債及所有者權益合計	806,000

可見，不論企業發生何種經濟業務，都可歸納為以下九種類型（如表 2-11 所示）：

表 2－11　　　　　　　　經濟業務對會計恒等式的影響

經濟業務類型	資產	＝	負債	＋	所有者權益
1	增加		增加		
2	增加				增加
3	減少		減少		
4	減少				減少
5	增加、減少				
6			增加、減少		
7					增加、減少
8			增加		減少
9			減少		增加

以上分析結果說明，任何一項經濟業務的發生，都不會破壞資產與負債及所有者權益這一會計等式的平衡關係。會計等式揭示了企業會計要素之間的這種規律性聯繫，因而它是設置帳戶、復式記帳和編制資產負債表的理論依據。

【本章小結】

中國《企業會計準則》將會計要素分為資產、負債、所有者權益、收入、費用和利潤六個要素。前三者稱為靜態要素，後三者稱為動態要素。會計要素之間存在著恒等關係。企業發生的經濟業務都會引起會計要素發生增減變化，但這些變化都不會影響會計要素之間的平衡關係。靜態會計等式是設置帳戶、復式記帳和編制資產負債表的理論依據；動態會計等式是編制利潤表的理論依據。

【閱讀材料】

國際會計要素設置的比較分析

一、國際會計要素設置的概況

（一）國際會計準則理事會（簡稱 IASB）的分類

早在 1989 年國際會計準則委員會頒布的《財務報表編報說明》中，已將會計要素分為五大類：資產、負債、所有者權益、收入、費用。IASB 的前身 IASC（國際會計準則委員會）創立初期，已將「提高國家會計要求與國際會計準則之間的兼容性」確定為它的目標之一。因此，作為《國際財務報告準則》的制定者，IASB 在會計要素的設置上，必然更要考慮各國之間的共性和均衡，使得各國經濟利益可以在一個標準上得到保護。

（二）美國財務會計準則委員會的分類

美國財務會計準則委員會（簡稱 FASB）的設立目標是要建立並改善財務會計及其報告準則，並以此來引導和教育公眾。FASB 提出的美國財務會計概念框架（SFAC NO.6）所涉及的會計要素包括 10 個：資產、負債、所有者權益、收入、費用、利得、

損失、業主提款、業主投資、全面收益。同時，財務會計概念框架（SFAC NO.1）還明確了編制財務報告的核心目標：「為現在和潛在的投資者、債權人以及其他使用者提供有用信息，以便做出合理的投資、信貸和類似的決策。」在這一目標下，美國資本市場的國際主導地位也決定了會計要素的設置較為複雜，也最為完備。

（三）中國《企業會計準則》的分類

中國《企業會計準則——基本準則》第十條規定：「企業應當按照交易或事項的經濟特徵確定會計要素，會計要素包括資產、負債、所有者權益、收入、費用和利潤六類。」中國對會計要素的分類，與美國 FASB 的分類（10 個會計要素）相比，較為粗略，但與 IASB 的分類（5 個會計要素）相當。不同的是 IASB 的會計要素分類中的「收益」包括收入和利得，「費用」包括費用和損失；而中國的會計要素中「收入」僅指營業收入，費用也不包括損失。

二、國際會計要素設置差異的原因分析

（一）會計要素設置的決定因素

會計要素的設置主要受以下三個方面的影響：會計對象、會計基本假設和會計目標。其中會計目標是世界各國財務會計要素設置差異的最主要原因。第一，會計要素是會計對象的具體化這一基本概念，決定了會計對象是會計要素設置的客觀條件。會計對象是指會計所核算和監督的內容，即會計工作的客體。凡是特定主體能夠以貨幣表現的經濟活動，都是會計核算和監督的內容，也就是會計的對象。會計要素就是根據交易或者事項的經濟特徵所確定的財務會計對象而進行的基本分類。第二，會計基本假設對會計要素的設置也有重大影響。會計基本假設包括會計主體、持續經營、會計分期和貨幣計量，是會計確認、計量、記錄和報告的前提，是對會計核算所處時間、空間環境等所做的合理設定。會計各要素的定義對會計主體起到了制約和界定的作用。在持續經營前提下，會計各要素的確認、計量和報告都應當以企業持續、正常生產經營活動為前提。會計分期，即對會計核算對象所處的時間做出的合理設定。而貨幣計量的假設，決定了會計對象必須是特定主體能夠以貨幣表現的經濟活動。第三，會計目標是理解會計要素設置的關鍵所在。目前國際上對於會計目標的設定主要有兩種觀點，即「決策有用觀」和「受託責任觀」。決策有用觀認為財務報告的目的是提供有助於廣大財務報表使用者進行經濟決策的有關企業財務狀況、業績和現金流量的信息。受託責任觀認為財務報表應當反映企業管理層對受託資源保管責任的成果。因此，「誰來使用財務報表」「財務報表需要給使用者提供怎樣的信息」以及「哪些信息能夠反映企業管理層對受託資源保管責任的成果」都是會計要素設置必須考慮的重要因素。

（二）IASB、FASB 和中國會計要素設置差異的主要原因

會計要素的設置儘管受到會計對象、會計基本假設和會計目標等因素的影響，但會計目標仍然是世界各國財務會計要素設置差異的最主要原因。IASB、FASB 和中國在會計目標方面的差異是三者會計要素設置出現差異的主要原因。FASB 財務報表的目標是以決策有用觀為導向，而 IASB 和中國的財務報表目標則是以決策有用觀和受託責任觀的結合為導向。由於各國的經濟發展水平差異很大，資本市場的成熟度也大相徑庭，所以會計信息的使用者對財務報表所提供的會計信息的質量和要求都大不相同。這些因素導致各國財務會計中，具體的會計目標存在著不少差異，因此會計要素的設置也存在差異。國際會計準則理事會旨在制定高質量、易於理解和具可行性的國際會計準

則，準則要求向公眾披露的財務報告應具明晰性和可比性。國際會計準則理事會的這一宗旨使得其在制定國際會計準則的時候，必須考慮到各國間的共性和可比性，所以會計要素的設置相對籠統。美國的資本市場是國際上最發達的，美國的財務會計目標更側重於滿足投資者決策方面的需求，它的會計要素的設置也是最為複雜和最為完善的。為了適應中國企業和資本市場發展的實際需要，實現中國企業會計準則與國際財務報告準則的持續趨同，中國推行了新財務制度改革，並體現在財政部2006年對《企業會計準則》的修訂上。由此看來，中國的會計要素設置和IASB的設置類似也是在情理之中。

（三）對中國會計要素設置的思考

與美國相比，中國會計要素少了「業主提款」和「業主投資」，這兩個要素可以不必增加。鑒於國際會計準則趨同的時代背景和中國經濟及資本市場的發展水平，目前中國的會計要素設置是基本與會計目標相匹配的。儘管如此，與國際會計準則理事會的會計要素設置相比，中國《企業會計準則》僅僅設置了反映企業日常經營活動的「收入」和「費用」要素，而沒有設置反映企業非日常經營活動的「利得」和「損失」兩個要素。雖然《企業會計準則——基本準則》提到了「利得」和「損失」兩個概念，但是並沒有明確地將「利得」和「損失」作為會計要素列出。中國《企業會計準則》將「收入」定義為「企業在銷售商品、提供勞務及讓渡資產使用權等日常活動中所形成的經濟利益的總流入，包括主營業務收入與其他業務收入」，這裡的「收入」即為「營業收入」。中國的「費用」定義為「企業在日常活動中發生的、會導致所有者權益減少的、與向所有者分配利潤無關的經濟利益的流出」。中國的「利潤」定義為「企業在一定會計期間的經營成果」，在利潤表中體現為：「收入－費用＝利潤」。這裡的「利潤」既涵蓋了營業的利潤，還包括了非正常損益，而這部分「損益」並未包含在「收入」和「費用」定義的範圍內。因此，中國在有關收入和費用的會計要素設置上還存在著內在的矛盾，有必要在現有的「收入」和「費用」要素基礎上，增設「利得」和「損失」兩個要素。

綜上所述，國際會計準則理事會、美國財務會計準則委員會和中國財政部頒布的企業會計準則在會計要素的設置上均存在著差異，三者的差異主要是源於具體會計目標的不同，而會計目標的不同又源於經濟發展水平和資本市場發達程度不同。中國在會計要素的設置上與國際是接軌的，基本符合中國的會計目標，但還需在現有要素基礎上增設「利得」「損失」兩個要素。

資料來源：陳王盈. 國際會計要素設置的比較分析［J］. 財會學習，2015（8）：94-95.

第三章

帳戶與復式記帳

【結構框架】

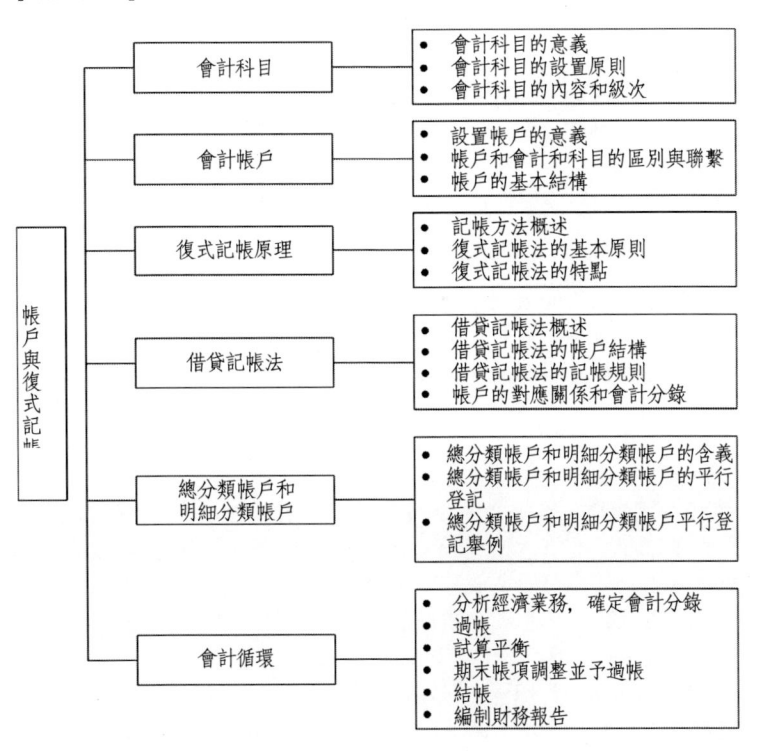

```
帳戶與復式記帳
├── 會計科目
│   • 會計科目的意義
│   • 會計科目的設置原則
│   • 會計科目的內容和級次
├── 會計帳戶
│   • 設置帳戶的意義
│   • 帳戶和會計科目的區別與聯繫
│   • 帳戶的基本結構
├── 復式記帳原理
│   • 記帳方法概述
│   • 復式記帳法的基本原則
│   • 復式記帳法的特點
├── 借貸記帳法
│   • 借貸記帳法概述
│   • 借貸記帳法的帳戶結構
│   • 借貸記帳法的記帳規則
│   • 帳戶的對應關係和會計分錄
├── 總分類帳戶和明細分類帳戶
│   • 總分類帳戶和明細分類帳戶的含義
│   • 總分類帳戶和明細分類帳戶的平行登記
│   • 總分類帳戶和明細分類帳戶平行登記舉例
└── 會計循環
    • 分析經濟業務,確定會計分錄
    • 過帳
    • 試算平衡
    • 期末帳項調整並予過帳
    • 結帳
    • 編制財務報告
```

【學習目標】

通過本章的學習,讓學生明確會計科目的意義、設置原則和內容;掌握會計科目與帳戶的區別與聯繫、帳戶的基本結構;理解復式記帳法的基本原則、種類和特點;重點掌握借貸記帳法的概念、帳戶結構、記帳規則和會計分錄的編制方法等;瞭解總分類帳戶和明細分類帳戶平行登記的含義和要點;掌握會計循環的步驟和試算平衡的原理及方法。

第一節　會計科目

一、會計科目的意義

企業在生產經營過程中，經常會發生各種各樣的經濟業務，企業每個會計要素的增減變動，都是這些經濟業務的發生所引起的。為了系統、分門別類、連續地記錄和反映會計要素的增減變化及其結果，以便向企業利益相關者提供所需要的各類會計信息，就需要按照會計要素的不同內容進行分類。

會計科目（Account Title）是按照經濟內容對各個會計要素所作的進一步的分類。每一個會計科目都應當明確地反映一定的經濟內容。例如，固定資產與原材料都是企業的資產，但它們有著不同的經濟內容，必須分別設置「固定資產」和「原材料」兩個資產類科目。「固定資產」科目是對房屋、建築物、機器設備、運輸工具等勞動資料進行反映與監督；「原材料」科目是對各種原材料、輔助材料、燃料等勞動對象進行反映與監督。又如，所有者權益按照形成來源和性質的不同，分別設置「實收資本」「資本公積」「盈餘公積」等科目進行反映與監督。

確定會計科目是進行會計核算的起點。會計科目的設置是否合理，對於系統地提供會計信息、提高會計工作的效率以及有條不紊地組織會計工作都有很大影響。會計科目是填制會計憑證、設置和登記帳簿、編制財務報表的依據。

二、會計科目的設置原則

1. 會計科目的設置必須結合會計對象的特點

會計科目作為對會計對象具體內容進行分類核算的工具，在設置過程中必須緊密結合不同行業的特點，除各行各業的共性會計科目外，還應根據各行各業會計對象的具體特點設置相應的會計科目。比如，工業企業的會計科目應反映產品的生產過程，需要設置「生產成本」「製造費用」等會計科目；行政事業單位不從事商品生產和流通，則不需要設置成本計算類的科目。

2. 會計科目的設置既要符合對外報告的要求，又要滿足內部經營管理的需要

會計核算資料既要滿足投資者、債權人、政府及其有關部門、供應商及其顧客等外部信息使用者的要求，又要滿足企業管理當局等內部信息使用者的需要。因此，在設置會計科目時要兼顧對外報告信息和企業內部經營管理的需要，並根據需要提供數據的詳細程度，分設總分類科目和明細分類科目。

3. 會計科目的設置要將統一性與靈活性結合起來

統一性是指在遵守企業會計準則的基礎上，對一些主要會計科目的設置及其核算內容進行統一的規定，從而保證會計核算資料在一個部門甚至全國範圍內綜合匯總和分析利用。靈活性是指在能夠提供統一核算指標的前提下，各個單位可以根據自己的具體情況及投資者的要求，增加或合併會計科目。

例如，材料按實際成本計價的工業企業，可以不設「材料採購」和「材料成本差異」科目，而改在「在途物資」科目核算；如果企業在生產經營過程中其他應收款項、其他應付款項業務不多，可以不單設「其他應收款」「其他應付款」科目，而將這兩個科目加以合併，設置一個具有雙重性質的「其他往來」科目。

4. 會計科目的設置既要適應經濟業務發展的需要，又要保持相對穩定

會計科目的設置要適應社會經濟環境的變化和本單位業務發展的需要。例如，隨著金融市場的快速發展，專門設置「交易性金融資產」科目反映企業購入股票、債券、基金和權證等有價證券的變動情況。但是，會計科目的設置應保持相對穩定，以便在一定範圍內綜合匯總和不同時期對比分析其所提供的核算指標。

5. 會計科目的設置要簡單明了，通俗易懂

會計科目作為分類核算的標示，要求簡單明了，字義相符，不能模棱兩可，相互包含，這樣才能避免誤解和混亂。為方便起見，對所設置的會計科目要進行適當分類，給予一定的編號。

三、會計科目的內容和級次

（一）會計科目的內容

會計科目的內容一般依據會計要素各組成部分的客觀性質劃分，並滿足宏觀和微觀經濟管理的要求。在會計實務中，為了便於會計處理，尤其是為了適應會計電算化的需要，可以對會計科目按照一定的標準編號。中國常用會計科目的編號一般為四位數字。企業使用的部分會計科目如表 3-1 所示。

表 3-1　　　　　　　　　　會計科目表

編號	名稱	編號	名稱
	一、資產類	2203	預收帳款
1001	庫存現金	2211	應付職工薪酬
1002	銀行存款	2221	應交稅費
1012	其他貨幣資金	2231	應付利息
1101	交易性金融資產	2232	應付股利
1121	應收票據	2241	其他應付款
1122	應收帳款	2501	長期借款
1123	預付帳款	2502	應付債券
1131	應收股利		三、所有者權益類
1132	應收利息	4001	實收資本
1221	其他應收款	4002	資本公積
1231	壞帳準備	4101	盈餘公積
1401	材料採購	4103	本年利潤
1402	在途物資	4104	利潤分配
1403	原材料		四、成本類
1404	材料成本差異	5001	生產成本
1405	庫存商品	5101	製造費用
1501	持有至到期投資		五、損益類
1503	可供出售金融資產	6001	主營業務收入
1511	長期股權投資	6051	其他業務收入
1601	固定資產	6111	投資收益
1602	累計折舊	6301	營業外收入
1603	固定資產減值準備	6401	主營業務成本
1604	在建工程	6402	其他業務成本
1701	無形資產	6403	稅金及附加
1801	長期待攤費用	6601	銷售費用
1901	待處理財產損溢	6602	管理費用
	二、負債類	6603	財務費用
2001	短期借款	6701	資產減值損失
2111	交易性金融負債	6711	營業外支出
2201	應付票據	6801	所得稅費用
2202	應付帳款	6901	以前年度損益調整

(二) 會計科目的級次

會計科目的級次是指在設置會計科目時要體現會計信息的不同詳細程度，也就是要兼顧各類會計信息使用者的需求，對會計科目進行分級設置。

會計科目按其提供會計核算指標的詳細程度，可以分為以下兩類：

1. 總分類科目

總分類科目也稱為一級科目或總帳科目。它是對會計要素具體內容進行總括分類的會計科目，是進行總分類核算的依據，提供的是總括指標或信息，如「原材料」「固定資產」「應付帳款」等。

2. 明細分類科目

明細分類科目是對總分類科目所作進一步分類的會計科目，是進行明細分類核算的依據，提供的是詳細指標或信息。比如，「應付帳款」總分類科目下按具體單位分設的明細科目，具體反映應付哪個單位的貨款。

在實際工作中，有的總分類科目下設置的明細科目太多，此時可在總分類科目與明細分類科目之間增設二級科目（也稱子目），所提供的指標或信息介於總分類科目和明細分類科目之間，以滿足管理的需要。例如，在「原材料」總分類科目下，可按材料的類別設置二級科目：「原料及主要材料」「輔助材料」「燃料」等。明細分類科目可以進一步分為二級科目（子目）、明細科目（細目）。

總分類科目是企業的基本會計科目，不同企業的總分類科目設置體現出較多的共同之處，但明細分類科目的設置卻更多地體現企業內部經營管理的特殊要求。另外，需要說明的是，並不是企業的所有總分類科目都需要設置明細分類科目，是否需要設置取決於企業的實際情況。

會計科目按提供指標詳細程度所作的分類如表 3-2 所示。

表 3-2　　　　　　　　會計科目按提供指標詳細程度分類

總分類科目（一級科目）	明細分類科目	
	二級科目（子目）	明細科目（細目）
原材料	原料及主要材料	圓鋼 角鋼
	輔助材料	油漆 潤滑油
	燃料	汽油 柴油

第二節　會計帳戶

一、設置帳戶的意義

為了將各單位發生的經濟業務情況和由此引起的各會計要素增減變動及其結果，連續、分門別類地進行反映和監督，以便為信息使用者提供會計信息，就必須根據會

計科目在帳簿中開設帳戶（Account）。帳戶是按照規定的會計科目在帳簿中對各項經濟業務進行分類和連續、系統記錄的一種工具。

設置會計科目只是對會計對象的具體內容所作的分類，它沒有一定的結構，不能對經濟業務進行連續、系統的記錄，因此必須在會計科目的基礎上設置帳戶。設置帳戶是會計核算的方法之一，其作用在於能夠經常提供有關會計要素的變動情況和結果的會計數據。

二、帳戶和會計科目的區別與聯繫

帳戶和會計科目是兩個既有區別又有聯繫的概念。其區別在於：會計科目只是會計要素的具體分類名稱，沒有具體的結構；帳戶則是根據會計科目開設的，具有一定的結構，對由於經濟業務引起的會計要素增減變動情況及其結果進行全面、連續、系統的記錄。其聯繫在於：二者都被用來分門別類地反映會計對象的具體內容。由於帳戶根據會計科目命名，二者完全一致，所以在實際工作中，帳戶與會計科目常被作為同義語來理解，互相通用，不加區別。

三、帳戶的基本結構

一般來說，帳戶的基本結構就是反映會計要素具體內容的增加數、減少數和餘額。通過帳戶的結構，可以反映經濟業務的發生所引起的會計要素在數量上增減變化的過程和結果。採用不同的記帳方法，帳戶的結構是不同的，即使採用同一種記帳方法，不同性質的帳戶結構也是不同的。但是，不管採用何種記帳方法，也不論是何種性質的帳戶，其基本結構總是相同的。

帳戶一般分為左右兩方，一方登記會計要素的增加，一方登記會計要素的減少。至於哪一方記增加、哪一方記減少，則取決於所採用的記帳方法和所記錄的經濟業務內容。帳戶的格式可以有多種形式，但一般來說，應當包括以下內容：①帳戶名稱（即會計科目）；②記帳日期；③憑證號數（說明帳戶記錄的依據）；④摘要（概括說明經濟業務的內容）；⑤增加和減少的金額和餘額。

帳戶的一般格式如表3－3所示。

表3－3　　　　　　　　帳戶名稱（會計科目）

××年		憑證		摘要	增加	減少	餘額
月	日	種類	號數				

上列帳戶格式是手工記帳經常採用的格式。每個帳戶一般有四個金額要素，即期初餘額、本期增加發生額、本期減少發生額和期末餘額。帳戶如有期初餘額，首先應當在記錄增加額的那一方登記，經濟業務發生後，要將增減內容記錄在相應的欄內。增加發生額是指一定期間內帳戶所登記的增加金額的合計；減少發生額是指一定期間內帳戶所登記的減少金額的合計；本期期末餘額轉入下期，即為下期期初餘額。正常

情況下，帳戶四個數額之間的關係如下：

　　期末餘額＝期初餘額＋本期增加發生額－本期減少發生額

　　為了便於說明問題和教學，可將上列帳戶簡化為「T」型帳戶（亦稱為「丁」型帳戶）。其格式如圖3－1所示。

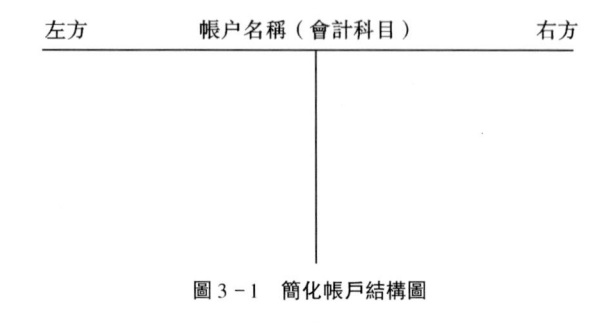

```
         左方            帳戶名稱（會計科目）            右方
                       ┌─────────────┬─────────────┐
                       │             │             │
                       │             │             │
                       │             │             │
```

　　　　　　　　　　　圖3－1　簡化帳戶結構圖

第三節　復式記帳原理

一、記帳方法概述

　　在會計工作中，為了有效地核算和監督會計對象，各會計主體除了要按照規定的會計科目設置帳戶外，還應採用一定的記帳方法。記帳方法是根據一定的原理、記帳規則，運用記帳符號，採用一定的計量單位，利用文字和數字記錄經濟業務的一種專門方法。按記帳方式的不同，可分為單式記帳法和復式記帳法。

　　單式記帳法（Single Entry Bookkeeping）是指對發生的經濟業務只在一個帳戶中進行記錄的記帳方法。例如，用銀行存款購買材料的業務發生後，只在帳戶中記錄銀行存款的減少業務，而對材料的增加業務，卻不在帳戶中記錄。

　　復式記帳法（Double Entry Bookkeeping）是指對發生的每項經濟業務，都要以相等的金額，在相互聯繫的兩個或兩個以上的帳戶中同時進行登記的一種記帳方法。例如，用現金100元支付管理部門辦公用品費用，不僅要在庫存現金帳戶上記減少100元，而且還要在管理費用帳戶上記增加100元。

　　單式記帳法的優點是記帳手續簡單；缺點是各帳戶之間互不聯繫，無法反映各項經濟業務的來龍去脈，也不便於檢查帳戶記錄的正確性。所以，這種記帳方法只適用於經濟業務非常簡單的單位，目前已很少採用。

　　復式記帳法對每筆經濟業務都在相互聯繫的兩個或兩個以上的帳戶中作雙重記錄，這不僅可以瞭解每一筆經濟業務的來龍去脈，而且在把所有經濟業務都相互聯繫地登記入帳後，可以通過帳戶之間的相互關係進行核對檢查，以確定帳戶記錄是否正確。

二、復式記帳法的基本原則

　　復式記帳法的基本原則如下：

1. 以會計等式作為記帳基礎

會計等式是將會計對象的內容即會計要素之間的相互關係，運用數學方程式的原理進行描述而形成的。它是客觀存在的必然經濟現象，同時也是資金運動規律的具體化。為了揭示資金運動的內在規律，復式記帳必須以會計等式作為其記帳的基礎。

2. 清晰地反映資金運動的來龍去脈

經濟業務的發生必然要引起資金的增減變動，而這種變動勢必導致會計等式中有兩個要素或同一要素中至少兩個項目發生等量變動。為反映這種等量變動關係，會計上就必須在來龍與去脈兩個方面的帳戶中進行等額記錄。復式記帳法使有關會計科目之間形成了清晰的對應關係，能夠完整地反映資金運動的來龍去脈，便於瞭解經濟業務的內容，同時可以檢查交易或事項是否合理合法。

3. 經濟業務記錄的結果應符合會計等式的影響類型

儘管企業發生的經濟業務多種多樣，但對會計等式的影響無外乎兩種類型：一類是影響會計等式等號兩邊會計要素同時發生變化的經濟業務。這類業務能夠改變企業資金總額，使會計等式等號兩邊等額同增或等額同減。另一類是影響會計等式等號一邊會計要素發生變化的經濟業務，這類經濟業務不會影響企業資金總額變動，是會計等式等號一邊等額的增減。這就決定了會計上對第一類經濟業務，應在等式等號兩邊的帳戶中等額記同增或同減；對第二類業務，應在等式等號一邊的帳戶中等額記錄有增有減。

三、復式記帳法的特點

復式記帳法是一種科學的記帳方法，可以對一個複雜經濟過程中的價值運動情況作全面、完整、互相聯繫的記錄，有著單式記帳法不可比擬的優點，從而得到廣泛的應用。其主要特點：一是對發生的各項經濟業務都是按確定的會計科目，至少在兩個帳戶中相互聯繫地進行分類記錄；二是對記錄的結果可以進行試算平衡，以便檢查帳戶記錄是否正確。

復式記帳法，按照記帳符號、記帳規則、試算平衡方法的不同，分為借貸記帳法、增減記帳法和收付記帳法。借貸記帳法是最早產生的復式記帳法，也是當今世界各國通用的復式記帳法。中國歷史上曾經使用過增減記帳法和收付記帳法，但目前已不再使用。

第四節　借貸記帳法

一、借貸記帳法概述

借貸記帳法（Debit–Credit Bookkeeping）是以「借」「貸」作為記帳符號，按照「有借必有貸，借貸必相等」的規則，在兩個或兩個以上帳戶中全面地、互相聯繫地記錄每筆經濟業務的一種復式記帳方法。中國1993年實施的基本會計準則明確規定，境內所有企業在進行會計核算時，都必須統一採用借貸記帳法。《企業會計準則——基本準則》第十一條規定：「企業應當採用借貸記帳法記帳。」

借貸記帳法具有以下特點：

1. 以「借」「貸」作為記帳符號

「借」「貸」最早具有其字面含義，同債權債務有關。但隨著社會經濟的不斷發展，借貸記帳法逐漸被推廣應用，不僅應用到金融業，而且應用於工商業及其他行業，這樣「借」「貸」兩字逐漸脫離了原有債權債務字面的含義，變成了純粹的記帳符號。作為純粹記帳符號的「借」和「貸」，應當理解為帳戶上兩個對立的方向或部位，並且，只有聯繫帳戶的具體性質，才能瞭解這兩個符號所代表的經濟內容。需說明的是，就符號這一層面的意義而言，可以用任何兩個字或符號來代替借和貸，其作用不會受到任何影響。

2. 以會計恒等式作為記帳基礎

借貸記帳法以「資產＝負債＋所有者權益」會計恒等式作為記帳的理論依據，按照資金運動的客觀規律來反映資金的增減變動，描述會計要素的運動過程。

3. 以「有借必有貸，借貸必相等」作為記帳規則

借貸記帳法對每項經濟業務的記錄，都按相等的金額，同時記入一個帳戶的借方和一個帳戶的貸方，或一個帳戶的借方和幾個帳戶的貸方，或幾個帳戶的借方和一個帳戶的貸方。由於「借」「貸」是同時出現的記帳符號，而且雙方的金額又是相等的，這就形成了借貸記帳法的「有借必有貸，借貸必相等」的記帳規則。

二、借貸記帳法的帳戶結構

在借貸記帳法下，帳戶的基本結構是：左方為借方，右方為貸方。但哪一方登記增加、哪一方登記減少，則要根據帳戶反映的經濟內容來確定。

（一）資產類帳戶的結構

按照會計等式建立的資產負債表，資產項目一般列在左邊，為此，習慣上在資產帳戶的借方登記增加額，而在帳戶的貸方登記減少額。一般情況下，資產類帳戶的期末餘額與其登記增加的方向是一致的，即餘額在借方。其期末餘額的計算公式為：

資產類帳戶期末借方餘額＝期初借方餘額＋本期借方發生額－本期貸方發生額

資產類帳戶的簡化結構如圖3-2所示（其中×××表示金額，下同）。

借方	資產類帳戶	貸方	
期初餘額	×××		
本期增加額	×××	本期減少額	×××
本期借方發生額 ×××		本期貸方發生額 ×××	
期末餘額	×××		

圖3-2 資產類帳戶的結構

（二）負債和所有者權益類帳戶的結構

負債和所有者權益統稱為權益，負債和所有者權益類帳戶也可以統稱為權益帳戶。由於負債和所有者權益一般列示在資產負債表的右方，同時由「資產＋費用＝負債＋

所有者權益＋收入」綜合平衡式決定，負債和所有者權益類帳戶的結構與資產類帳戶的結構正好相反，其貸方登記增加額，借方登記減少額。負債和所有者權益類帳戶的餘額一般在貸方。其期末餘額的計算公式為：

負債及所有者權益類帳戶期末貸方餘額＝期初貸方餘額＋本期貸方發生額－本期借方發生額

負債及所有者權益類帳戶的簡化結構如圖3－3所示。

借方	負債和所有者權益類帳戶	貸方
	期初餘額	×××
本期減少額　×××	本期增加額	×××
本期借方發生額　×××	本期貸方發生額	×××
	期末餘額	×××

圖3－3　負債和所有者權益類帳戶的結構

(三) 費用成本類帳戶的結構

企業在生產經營過程中所發生的各種耗費，大多由資產轉化而來，所以費用成本在抵消收入之前，可將其視為一種特殊資產，同時由「資產＋費用＝負債＋所有者權益＋收入」綜合平衡式決定，費用成本類帳戶的結構與資產類帳戶的結構基本相同，其借方登記費用成本的增加額，貸方登記費用成本的減少額或轉銷額。由於借方登記的增加額一般都要通過貸方轉出，所以該類帳戶通常沒有期末餘額，如果因某種情況有餘額，一般也表現為借方餘額。

費用成本類帳戶的簡化結構如圖3－4所示。

借方	費用成本類帳戶	貸方
本期增加額　×××	本期減少額或轉銷額	×××
本期借方發生額　×××	本期貸方發生額	×××

圖3－4　費用成本類帳戶的結構

(四) 收入和利潤類帳戶的結構

由「資產＋費用＝負債＋所有者權益＋收入」綜合平衡式決定，收入類帳戶的結構與負債和所有者權益類帳戶的結構基本相同，其貸方登記收入及利潤的增加額，借方登記收入及利潤的減少額或轉銷額。由於借方登記的增加額一般都要通過貸方轉出，所以該類帳戶通常沒有期末餘額，如果因某種情況有餘額，一般也表現為貸方餘額，表示尚未轉銷的收入或利潤。

收入及利潤類帳戶的簡化結構如圖3－5所示。

綜上所述，可以將借貸記帳法下各類帳戶的結構歸納如表3－4所示。

```
借方              收入和利潤類帳戶              貸方

本期減少額或轉銷額    ×××        本期增加額    ×××

本期借方發生額       ×××        本期貸方發生額  ×××
```

圖3-5　收入和利潤類帳戶的結構

表3-4　　　　　　　　各類帳戶的基本結構

帳戶類別	借方	貸方	餘額方向
資產類	增加	減少	一般在借方
負債和所有者權益類	減少	增加	一般在貸方
費用成本類	增加	減少（轉銷）	一般無餘額
收入和利潤類	減少（轉銷）	增加	一般無餘額

三、借貸記帳法的記帳規則

記帳規則是指採用某種記帳方法登記具體經濟業務時應遵循的規律。借貸記帳法的記帳規則是「有借必有貸，借貸必相等」。借貸記帳法的記帳規則是根據以下兩方面的原理來確定的：

第一，在借貸記帳法下，按照復式記帳的原理，任何經濟業務都要以相等的金額在兩個或兩個以上相互聯繫的帳戶中進行記錄。

第二，對每一項經濟業務都應當作借貸相反的記錄。具體來說，如果在一個帳戶中記借方，必須同時在另一個或幾個帳戶中記貸方；或者在一個帳戶中記貸方，必須同時在另一個或幾個帳戶中記借方。記入借方的金額總和必須與記入貸方的金額總和相等。

現以第二章所舉例子，說明借貸記帳法的記帳規則。

【例3-1】7月3日，購入生產用機器一臺，計30,000元，款項尚未支付。

這筆業務使得資產類要素中的「固定資產」和負債類要素中的「應付帳款」發生變化，兩類要素同時增加，應該登記在「固定資產」帳戶的借方，以及登記在「應付帳款」帳戶的貸方，借貸金額相等。

【例3-2】7月5日，接受B投資者投資100,000元，存入銀行。

這筆業務使得資產類要素中的「銀行存款」和所有者權益類要素中的「實收資本」發生變化，兩類要素同時增加，應該登記在「銀行存款」帳戶的借方，以及登記在「實收資本」帳戶的貸方，借貸金額相等。

【例3-3】7月5日，以銀行存款償還短期借款40,000元。

這筆業務使得資產類要素中的「銀行存款」和負債類要素中的「短期借款」發生變化，兩類要素同時減少，應該登記在「短期借款」帳戶的借方，以及登記在「銀行

存款」帳戶的貸方，借貸金額相等。

【例3-4】7月15日，工廠根據有關規定，以銀行存款退還C投資者的資本50,000元。

這筆業務使得資產類要素中的「銀行存款」和所有者權益類要素中的「實收資本」發生變化，兩類要素同時減少，應該登記在「實收資本」帳戶的借方，以及登記在「銀行存款」帳戶的貸方，借貸金額相等。

【例3-5】7月16日，從銀行提取現金3,000元，以備零星使用。

這筆業務使得資產要素中的「銀行存款」和「庫存現金」發生變化，兩類要素一增一減，應該登記在「庫存現金」帳戶的借方，以及登記在「銀行存款」帳戶的貸方，借貸金額相等。

【例3-6】7月20日，簽發3個月的商業匯票12,000元，承兌後直接歸還前欠購料款。

這筆業務使得負債類要素中的「應付帳款」和「應付票據」發生變化，兩類要素一增一減，應該登記在「應付帳款」帳戶的借方，以及登記在「應付票據」帳戶的貸方，借貸金額相等。

【例3-7】7月22日，用資本公積20,000元轉增資本金。

這筆業務使得所有者權益類要素中的「實收資本」和「資本公積」發生變化，兩類要素一增一減，應該登記在「資本公積」帳戶的借方，以及登記在「實收資本」帳戶的貸方，借貸金額相等。

【例3-8】7月25日，B投資者委託甲工廠代為償還一筆10,000元貨款，作為對甲工廠投資的減少，有關手續已辦妥，甲工廠尚未還款。

這筆業務使得所有者權益類要素中的「實收資本」和負債類要素中的「應付帳款」發生變化，「實收資本」減少應該登記在借方，「應付帳款」增加應該登記在貸方，借貸金額相等。

【例3-9】7月28日，C投資者代甲工廠償還應付票據8,000元，作為對甲工廠的投資。

這筆業務使得負債類要素中的「應付票據」和所有者權益類要素中的「實收資本」發生變化，「應付票據」減少應該登記在借方，「實收資本」增加應該登記在貸方，借貸金額相等。

現舉一例，說明借貸記帳法在涉及兩個以上帳戶中的具體應用。

某企業生產產品領用原材料25,000元，生產車間一般耗用原材料3,000元。

這筆業務使得成本類帳戶中的「生產成本」、「製造費用」和資產類帳戶中的「原材料」發生變化，「生產成本」、「製造費用」增加應該登記在借方，「原材料」減少應該登記在貸方。記入借方的金額與記入貸方的金額之和相等。

四、帳戶的對應關係和會計分錄

（一）帳戶的對應關係和對應帳戶

採用借貸記帳法處理經濟業務時，總會使有關帳戶之間產生應借、應貸的關係。這種由於發生經濟業務而使帳戶之間產生的應借、應貸的相互關係稱為帳戶的對應關

係。存在著對應關係的帳戶稱為對應帳戶。在企業所設置帳戶確定的情況下，帳戶之間的對應關係，取決於所發生的經濟業務的性質。反過來，通過帳戶對應關係，又可以瞭解每一筆經濟業務的內容，從而清楚地反映出各會計要素具體項目增減變動的來龍去脈。

(二) 會計分錄

會計分錄（Accounting Entry）是指標明某項經濟業務應借、應貸帳戶的名稱及其金額的記錄。在實務工作中，這項工作是根據經濟業務發生的原始憑證，在記帳憑證上編制會計分錄來完成的。

運用「借貸記帳法」編制會計分錄的步驟如下：

第一步，根據經濟業務的內容，確定所涉及的帳戶名稱及類別；

第二步，根據帳戶的性質，分析其變動引起的是增加還是減少，進而確定應借應貸的方向；

第三步，根據借貸記帳法的記帳規則，確定應記入每個帳戶的金額。

會計分錄在編制過程中，應注意以下兩點：

第一，應先記借方後記貸方，並且貸方記錄不能寫在借方記錄的同一行上，即借項在上，貸項在下。

第二，借方科目及金額與貸方科目及金額的書寫應錯開位置，不可以寫在同一欄。

茲就前面所列舉的9筆經濟業務，編制會計分錄如下：

(1) 借：固定資產　　　　　　　　　　　30,000
　　　貸：應付帳款　　　　　　　　　　　　30,000
(2) 借：銀行存款　　　　　　　　　　　100,000
　　　貸：實收資本　　　　　　　　　　　　100,000
(3) 借：短期借款　　　　　　　　　　　40,000
　　　貸：銀行存款　　　　　　　　　　　　40,000
(4) 借：實收資本　　　　　　　　　　　50,000
　　　貸：銀行存款　　　　　　　　　　　　50,000
(5) 借：庫存現金　　　　　　　　　　　3,000
　　　貸：銀行存款　　　　　　　　　　　　3,000
(6) 借：應付帳款　　　　　　　　　　　12,000
　　　貸：應付票據　　　　　　　　　　　　12,000
(7) 借：資本公積　　　　　　　　　　　20,000
　　　貸：實收資本　　　　　　　　　　　　20,000
(8) 借：實收資本　　　　　　　　　　　10,000
　　　貸：應付帳款　　　　　　　　　　　　10,000
(9) 借：應付票據　　　　　　　　　　　8,000
　　　貸：實收資本　　　　　　　　　　　　8,000

會計分錄根據經濟業務所涉及對應帳戶的多少，可分為簡單會計分錄和複合會計分錄。簡單會計分錄是指一個帳戶的借方只與另一個帳戶的貸方發生對應關係的會計分錄，即一借一貸的會計分錄。前述第一筆至第九筆都是簡單會計分錄。複合會計分錄是指一項經濟業務涉及兩個以上有對應關係帳戶的會計分錄，即一借多貸、一貸多

借或多借多貸的會計分錄。

比如，某企業生產產品領用原材料25,000元，生產車間一般耗用原材料3,000元。該筆經濟業務的會計分錄為：

借：生產成本　　　　　　　　　　　　　　　　　25,000
　　製造費用　　　　　　　　　　　　　　　　　　3,000
　　貸：原材料　　　　　　　　　　　　　　　　　28,000

在實際工作中，如果一項經濟業務涉及多借多貸的帳戶，為全面反映此項經濟業務，可以編制多借多貸的複合會計分錄。但為了保持帳戶之間對應關係清楚，一般不宜將不同類型的經濟業務合併在一起編制多借多貸的會計分錄。

現用第二章所舉例子，分別記錄期初餘額、根據會計分錄登記帳戶發生額以及結出各帳戶的本期發生額和期末餘額（如圖3-6～圖3-16所示）。

借方	庫存現金		貸方
期初餘額	6,000		
（5）	3,000		
本期借方發生額	3,000	本期貸方發生額	0
期末餘額	9,000		

圖3-6

借方	銀行存款		貸方
期初餘額	70,000		
（2）	100,000	（3）	40,000
		（4）	50,000
		（5）	3,000
本期借方發生額	100,000	本期貸方發生額	93,000
期末餘額	77,000		

圖3-7

借方	應收帳款		貸方
期初餘額	10,000		
本期借方發生額	0	本期貸方發生額	0
期末餘額	10,000		

圖3-8

借方		原材料	貸方	
期初餘額	180,000			
本期借方發生額	0	本期貸方發生額	0	
期末餘額	180,000			

圖 3－9

借方		固定資產	貸方	
期初餘額	450,000			
（1）	30,000			
本期借方發生額	30,000	本期貸方發生額	0	
期末餘額	480,000			

圖 3－10

借方		無形資產	貸方	
期初餘額	50,000			
本期借方發生額	0	本期貸方發生額	0	
期末餘額	50,000			

圖 3－11

借方		短期借款	貸方	
		期初餘額	170,000	
（3）	40,000			
本期借方發生額	40,000	本期貸方發生額	0	
		期末餘額	130,000	

圖 3－12

借方		應付帳款	貸方
（6）	12,000	期初餘額	50,000
		（1） 30,000	
		（8） 10,000	
本期借方發生額	12,000	本期貸方發生額	40,000
		期末餘額	78,000

圖 3－13

借方		實收資本	貸方
		期初餘額	480,000
（4）	50,000	（2）	100,000
（8）	10,000	（7）	20,000
		（9）	8,000
本期借方發生額	60,000	本期貸方發生額	128,000
		期末餘額	548,000

圖 3－14

借方		資本公積	貸方
		期初餘額	66,000
（7）	20,000		
本期借方發生額	20,000	本期貸方發生額	0
		期末餘額	46,000

圖 3－15

借方		應付票據	貸方
（9）	8,000	（6）	12,000
本期借方發生額	8,000	本期貸方發生額	12,000
		期末餘額	4,000

圖 3－16

第五節 總分類帳戶和明細分類帳戶

一、總分類帳戶和明細分類帳戶的含義

企業經營管理所需要的會計核算資料是多方面的，不僅要求會計核算能夠提供一些總括的指標，而且要求會計核算能夠提供一些詳細的指標。

總分類帳戶又稱為總帳帳戶，它是按總分類科目開設的帳戶，對總帳科目的經濟內容進行總括的核算，提供總括性指標。一般只使用貨幣計量單位反映經濟業務。

明細分類帳戶又稱為明細帳戶，它是按明細分類科目開設的帳戶，對總分類帳的經濟內容進行明細分類核算，提供具體而詳細的核算資料。除採用貨幣計量單位反映經濟業務外，還可以採用實物計量或勞動量計量單位進行詳細反映，以滿足經營管理的需要。

總分類帳戶和明細分類帳戶的關係是統馭與從屬、控製與被控製的關係。總分類帳戶是所屬明細分類帳戶的統馭帳戶、控製帳戶，對所屬明細分類帳戶起統馭、控製作用；明細分類帳戶是總分類帳戶的從屬帳戶、被控製帳戶，對其所隸屬的總分類帳戶起補充、說明的作用。二者核算的內容相同，提供的資料互為補充。

二、總分類帳戶和明細分類帳戶的平行登記

總分類帳戶和明細分類帳戶的平行登記，是指經濟業務發生後，根據會計憑證，既要登記有關的總分類帳戶，又要登記該總分類帳所屬的各有關明細分類帳戶。平行登記的要點如下：

（1）同時期登記。每一項經濟業務發生後，一方面記入有關總分類帳戶，另一方面記入其所屬明細分類帳戶，並應在同一會計期間記入。在實際工作中，二者登記並非同一時間點，可以有先後，但根據會計核算的會計期間假設，必須是同一會計期間。

（2）同方向登記。每一項經濟業務發生後，在總分類帳戶和明細分類帳戶進行登記時，其記帳方向是相同的。即總分類帳戶如果記入借方，其所屬的明細分類帳戶也需要記入借方；總分類帳戶如果記入貸方，其所屬的明細分類帳戶也需要記入貸方。這是總分類帳與其所屬明細分類帳都按借方、貸方和餘額設專欄登記時的記帳規則。

（3）同金額登記。每一項經濟業務發生後，記入總分類帳的金額必須與記入其所屬明細分類帳的金額之和相等。

經過平行登記以後，總帳和明細帳之間應該具有以下平衡關係：

總帳的期初餘額＝所屬各明細帳期初餘額之和

總帳的本期借方發生額＝所屬各明細帳本期借方發生額之和

總帳的本期貸方發生額＝所屬各明細帳本期貸方發生額之和

總帳的期末餘額＝所屬各明細帳期末餘額之和

在會計核算中，通常利用總分類帳與所屬明細分類帳之間的上述關係，檢查帳簿記錄的正確性。具體通過編制明細分類帳的本期發生額和餘額明細表，同其相應的總

分類帳戶本期發生額和餘額相互核對，以檢查總分類帳與其所屬明細分類帳記錄的正確性。

三、總分類帳戶和明細分類帳戶平行登記舉例

某企業 2009 年 12 月 31 日，原材料總分類帳戶和明細分類帳戶的有關資料如下（增值稅不考慮）：

原材料總分類帳戶期末借方餘額28,800元，其所屬明細分類帳戶餘額如下：甲材料 1,600 千克，單價 10 元，金額 16,000 元；乙材料 800 件，單價 16 元，金額 12,800 元。

2010 年 1 月份該企業發生的與原材料帳戶相關的部分經濟業務如下：

（1）2 日，從光明工廠購入以下材料：甲材料 400 千克，單價 10 元，計 4,000 元；乙材料 1,000 件，單價 16 元，計 16,000 元。材料均已驗收入庫，貨款未付。

（2）15 日，從北方工廠購入甲材料 600 千克，單價 10 元，計 6,000 元。材料已驗收入庫，貨款已以銀行存款支付。

（3）20 日，產品生產過程領用以下材料：甲材料 1,800 千克，單價 10 元，計 18,000 元；乙材料 1,200 件，單價 16 元，計 19,200 元。

根據上述月初餘額和本月發生的經濟業務，在原材料總分類帳戶及其所屬明細分類帳戶中平行登記：

（1）在原材料總分類帳戶中先登記期初餘額，同時在明細分類帳中分別登記期初餘額。

（2）將本期發生的經濟業務登記在原材料總分類帳中，同時以相同的方向在其所屬的明細分類帳中進行登記。

（3）月末對原材料總分類帳及所屬明細分類帳進行結帳，結出本期發生額和月末餘額，並進行核對。

具體登記過程如表 3-5 至表 3-8 所示。

表 3-5　　　　　　　　　　總分類帳

帳戶名稱：原材料　　　　　　　　　　　　　　　　　　　　　　第　　頁

2010 年		憑證	摘要	借方	貸方	借或貸	餘額
月	日						
1	1	略	期初餘額			借	28,800
	2		購進材料	20,000		借	48,800
	15		購進材料	6,000		借	54,800
	20		生產領用材料		37,200	借	17,600
1	31		本月合計	26,000	37,200	借	17,600

表 3-6　　　　　　　　　　　原材料明細分類帳

材料名稱：甲材料　　　　　　　　　　　　　　　　　　　　　　　　計量單位：千克

年		憑證	摘要	收入			發出			結存		
月	日			數量	單價	金額	數量	單價	金額	數量	單價	金額
1	1	略	期初餘額							1,600	10	16,000
	2		購進材料	400	10	4,000				2,000	10	20,000
	15		購進材料	600	10	6,000				2,600	10	26,000
	20		生產領用材料				1,800	10	18,000	800	10	8,000
1	31		本月合計	1,000	—	10,000	1,800	—	18,000	800		8,000

表 3-7　　　　　　　　　　　原材料明細分類帳

材料名稱：乙材料　　　　　　　　　　　　　　　　　　　　　　　　計量單位：件

年		憑證	摘要	收入			發出			結存		
月	日			數量	單價	金額	數量	單價	金額	數量	單價	金額
1	1	略	期初餘額							800	16	12,800
	2		購進材料	1,000	16	16,000				1,800	16	28,800
	20		生產領用材料				1,200	16	19,200	600	16	9,600
1	31		本月合計	1,000	—	16,000	1,200	—	19,200	600		9,600

表 3-8　　　　　原材料明細分類帳本期發生額及餘額明細表　　　　　　單位：元

帳戶	期初餘額	本期發生額		期末餘額
		借方	貸方	
原材料——甲	16,000	10,000	18,000	8,000
原材料——乙	12,800	16,000	19,200	9,600
合計（甲＋乙）	28,800	26,000	37,200	17,600

第六節　會計循環

　　在每一個企業的任何一個會計期間內，都會有諸多經濟業務需由會計人員確認、計量、記錄和報告。為了確保會計工作的順利進行，必須對會計工作劃分出若干程序和步驟，使會計工作按照既定的程序依次進行。所謂會計循環（Accounting Cycle），就是指在一定會計期間內依次完成會計工作的基本步驟。企業的會計循環過程一般可分為以下幾個步驟：

一、分析經濟業務，確定會計分錄

　　經濟業務發生後，會計人員通常根據審核無誤的原始單據所記載的經濟交易或事

項進行分析判斷，確定應記入帳戶的名稱、方向以及金額，也就是確定會計分錄。在會計實務工作中，確定會計分錄，一般通過編制記帳憑證來進行。

二、過帳

過帳（Posting）是指為各項經濟業務編制會計憑證後，根據會計憑證所作的分錄記入有關帳戶（包括總分類帳戶和明細分類帳戶）的過程。其目的是為了完整地反映會計要素的增減變動過程和結果。

三、試算平衡

（一）試算平衡的意義

為了保證一定時期內所發生的各項經濟業務在過帳中的正確性，可以在一定時期結束時，根據會計等式的基本原理，對帳戶記錄進行試算平衡（Trial Balance）。所謂試算平衡，是指在期末對所有帳戶的發生額和餘額進行匯總，以確定借貸是否相等，檢查記帳、過帳中是否存在差錯的方法。編制試算平衡表的目的是檢查記帳是否正確，為編制財務報表提供可靠的依據。

（二）試算平衡的種類和方法

1. 發生額試算平衡法

發生額試算平衡法的理論依據是借貸記帳法的記帳規則，即「有借必有貸，借貸必相等」。在借貸記帳法下，借方與貸方必須相等的這種平衡關係不僅體現在每一筆會計分錄中，而且也體現在全部帳戶的記錄中。因此，一定時期內所有會計分錄過帳以後，全部帳戶的借方發生額合計與貸方發生額合計必然相等。這一平衡關係可以用來檢查本期發生額記錄是否正確。其公式如下：

全部帳戶本期借方發生額合計＝全部帳戶本期貸方發生額合計

將一定時期內各項經濟業務全部登記入帳以後，根據各類帳戶的本期發生額編制本期發生額試算平衡表，其格式如表3－9所示。

表3－9　　　　　　　總分類帳戶本期發生額試算平衡表

　　　　　　　　　　　　　　　　年　月　　　　　　　　　　　　單位：元

帳戶名稱	借方發生額	貸方發生額
合計		

2. 餘額試算平衡法

餘額試算平衡法的理論依據是會計恒等式，即「資產＝負債＋所有者權益」。在借貸記帳法下，資產類帳戶的期末餘額一般在借方，負債和所有者權益類帳戶的期末餘額一般在貸方。因此，期末全部資產類帳戶借方餘額合計與期末負債和所有者權益類帳戶貸方餘額合計必然相等。當然，期初餘額也存在這樣的平衡關係。其公式如下：

全部帳戶期末借方餘額合計＝全部帳戶期末貸方餘額合計
全部帳戶期初借方餘額合計＝全部帳戶期初貸方餘額合計

將一定時期內各項經濟業務全部登記入帳，結算出其餘額以後，根據各類帳戶的餘額編制本期餘額試算平衡表，其格式如表3－10所示。

表3－10　　　　　　　　總分類帳戶餘額試算平衡表

年　月　日　　　　　　　　　　　　單位：元

帳戶名稱	借方餘額	貸方餘額
合計		

在實務中，也可以將本期發生額試算平衡表和餘額試算平衡表結合在一起，編制一張綜合試算平衡表，其格式如表3－11所示。

表3－11　　　　　總分類帳戶本期發生額和餘額試算平衡表

年　月　日　　　　　　　　　　　　單位：元

帳戶名稱	期初餘額		本期發生額		期末餘額	
	借方	貸方	借方	貸方	借方	貸方
合計						

試算平衡只是通過借貸金額是否平衡來檢查帳戶記錄是否正確的一種方法。經過試算平衡，如果期初餘額、本期發生額和期末餘額各欄的借方合計數與貸方合計數分別相等，則說明帳戶的記錄基本正確。如果借貸不平衡，可以肯定帳戶記錄存在錯誤，應當及時查明、糾正。查錯的基本方法如下：

（1）檢查試算平衡表中各帳戶資料是否抄錯，合計數是否加錯，不平衡的差額是哪一帳戶的數字。

（2）檢查各帳戶的發生額和期末餘額的計算是否正確。

（3）檢查帳戶登記過程中是否寫錯數字，是否漏登某一方向的金額，或登反了方向等。

如果查明了登帳、結帳的錯誤，必須按規定的方法及時更正。

但必須指出，記帳結果即使滿足上述試算平衡條件，也不能保證記帳工作完全正確。下述幾類錯誤，通過試算平衡是查找不出的：借貸方同時遺漏過帳、借貸方同時重複過帳、借貸方科目寫錯、顛倒借貸方向等。

現以本章第五節列示的各帳戶期初餘額、本期借貸方發生額和期末餘額，編制綜合試算平衡表（見表3－12）。

表 3-12　　　　　　　總分類帳戶本期發生額和餘額試算平衡表

201×年7月31日　　　　　　　　　　　單位：元

帳戶名稱	期初餘額 借方	期初餘額 貸方	本期發生額 借方	本期發生額 貸方	期末餘額 借方	期末餘額 貸方
庫存現金	6,000		3,000		9,000	
銀行存款	70,000		100,000	93,000	77,000	
應收帳款	10,000				10,000	
原材料	180,000				180,000	
固定資產	450,000		30,000		480,000	
無形資產	50,000				50,000	
短期借款		170,000	40,000			130,000
應付帳款		50,000	12,000	40,000		78,000
應付票據			8,000	12,000		4,000
實收資本		480,000	60,000	128,000		548,000
資本公積		66,000	20,000			46,000
合計	766,000	766,000	273,000	273,000	806,000	806,000

四、期末帳項調整並予過帳

按照權責發生制的要求，各個會計期間的損益是通過應屬本期的收入和應屬本期的費用進行配合比較計算的，但企業的某些經濟業務不止影響一個會計期間，一些應屬本期的收入和費用沒有在日常記錄中登記入帳。因此，每當會計期末，結帳和編制財務報表之前，都應進行帳項的調整並予過帳。

常見的期末帳項調整項目有：

1. 應收應付項目

應收應付項目是指應計入本會計期間但尚未實際收到的各項收入和尚未實際支付的各項費用，如應收未收的利息收入、租金收入，應付利息、應付租金等。

2. 預收預付項目

預收預付項目是指已經收到或支付，但尚未實現的收入和尚未實際發生的費用。預收或預付的款項具有債務或債權性質，在會計上作為遞延收入或遞延費用處理，如預收租金和預付保險費、預付租金等。

3. 估計項目

企業的一些支出，往往能使許多會計期間受益。因此，會計期末，應該將屬於本期受益的部分轉入費用，即在本期攤銷，以正確計算本期損益，如固定資產折舊、無形資產攤銷、壞帳損失的計提等。

五、結帳

企業的生產經營活動是連續不斷的，為了總結某一會計期間經濟活動的情況，考核經營成果，需要定期結帳。所謂結帳（Closing Account），是指按照規定將一定時期內所發生的經濟業務登記入帳，並將各種帳簿結算清楚的帳務處理工作。

總分類帳戶又可以分為實帳戶和虛帳戶兩種。實帳戶又稱永久性帳戶，凡應列在

資產負債表中的各帳戶都為實帳戶。實帳戶一般都有餘額，表示資產、負債、所有者權益的實存價值，這類帳戶的期末餘額應結轉下期。

虛帳戶又稱臨時性帳戶，也就是利潤表中各科目。虛帳戶在期末結帳時，要將歸集的收入與費用相配比，最終結轉到所有者權益帳戶中去，使虛帳戶的期末餘額為零。

六、編制財務報告

完成以上幾個步驟以後，為了集中、概括地反映企業的財務狀況和經營成果，需要編制財務報告（Financial Report）。基本財務報表包括資產負債表、利潤表、現金流量表和所有者權益變動表。

資產負債表是反映企業某一時點財務狀況的會計報表。它是根據「資產＝負債＋所有者權益」的會計等式，依照一定的分類標準和一定的次序，對企業一定日期的資產、負債和所有者權益項目予以適當安排，按一定的要求編制而成的。

利潤表是反映企業在一定期間（如年度、季度或月度）內生產經營成果（或虧損）的會計報表。它一方面利用企業一定時期的收入、成本費用和稅金數據，確定企業的利潤；另一方面按照有關規定將實現的利潤在有關利益相關者之間進行分配。

現金流量表是以收付實現制為基礎編制的，反映企業一定會計期間內現金及現金等價物流入和流出信息的一張動態報表。現金流量表提供了反映企業財務變動情況的詳細信息，為分析、研究企業的資金來源與資金運用情況提供了依據。

所有者權益變動表是反映企業一定期間（如年度、季度或月度）內，所有者權益的各組成部分當期增減變動情況的報表。在所有者權益變動表中，綜合收益和與所有者（或股東）的資本交易導致的所有者權益的變動，應當分別列示。

【本章小結】

確定會計科目是進行會計核算的起點，常用的會計科目表一般分為資產類、負債類、所有者權益類、成本類、損益類等類別。會計科目和帳戶是兩個既有區別又有聯繫的概念。會計科目只是會計要素的具體分類名稱，沒有具體的結構；帳戶是根據會計科目開設的，具有一定的結構。記帳方法包括單式記帳法和復式記帳法。借貸記帳法是常用的一種復式記帳法。在借貸記帳法下，帳戶的基本結構是：左方為借方，右方為貸方。但哪一方登記增加、哪一方登記減少，則要根據帳戶反映的經濟內容來確定。會計分錄是指標明某項經濟業務應借、應貸帳戶的名稱及其金額的記錄，可分為簡單會計分錄和複合會計分錄兩種。總分類帳戶和明細分類帳戶平行登記的要點是同時期登記、同方向登記和同金額登記。試算平衡包括發生額試算平衡法和餘額試算平衡法兩類，它是用來檢查帳戶記錄是否正確的一種方法。

【閱讀材料】

井尻雄士與《三式記帳法的結構和原理》

井尻雄士是著名的美籍日裔會計學家和教育家，曾擔任美國會計學會會長，並入選美國「會計名人堂」，是唯一四次獲得美國註冊會計師協會、美國會計學會聯合頒發

的會計教育突出貢獻獎的會計教育家。1935年，井尻雄士出生於日本神戶一個平民家庭，年少時他就對數學感興趣，21歲時成為日本有史以來最年輕的註冊會計師。大學畢業後，他曾到普華永道國際會計公司就職，但由於感到自身知識缺乏，於是毅然辭職到美國攻讀博士學位，後在斯坦福大學、卡內基－梅隆大學任教。井尻雄士在會計教育方面成績斐然。作為一名會計教師，他工作兢兢業業、誨人不倦，培養出眾多傑出的會計人才，為會計知識的傳播和發展做出了不可磨滅的貢獻。在學術方面，井尻雄士以研究會計理論見長，關於會計計量理論與三式簿記理論的成果不僅是規範會計理論學派的重要理論之一，更是奠定了他在會計理論界的學術地位。他歷經25年積極研究三式記帳法，著有《三式簿記和收益動量》（1982）、《三式簿記結構》（1986）、《動量會計的三大假設》（1987），向風行了500多年的復式記帳法公然宣戰，為會計記帳法的發展提供了一種新模式，中國著名會計學家婁爾行在20世紀80年代將這三篇論文以《三式記帳法的結構和原理》為名介紹給中國的讀者。

資料來源：付麗，李琳．新編基礎會計學［M］．北京：清華大學出版社，北京交通大學出版社，2008：260．

第四章

製造企業主要經濟業務核算與成本計算

【結構框架】

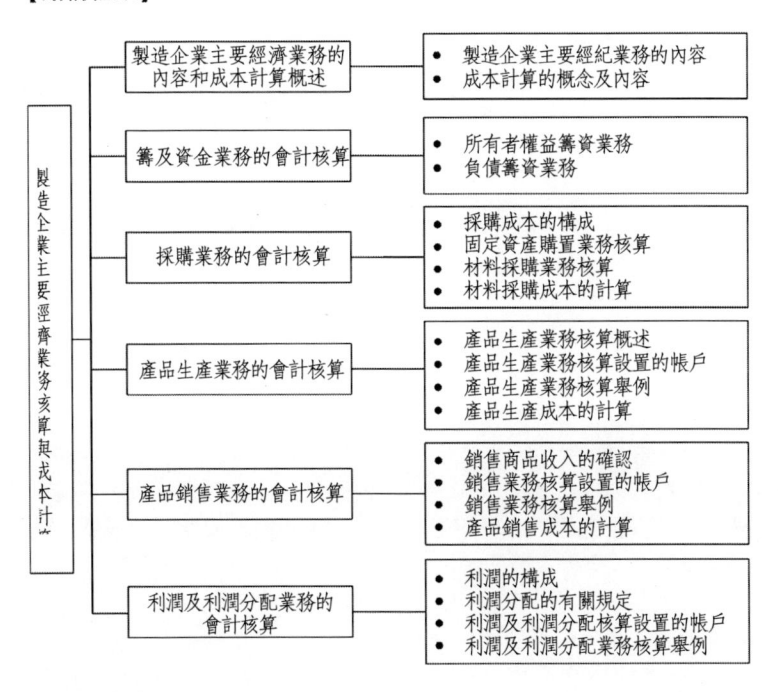

製造企業主要經濟業務核算起成本計算
- 製造企業主要經濟業務的內容和成本計算概述
  - 製造企業主要經紀業務的內容
  - 成本計算的概念及內容
- 籌及資金業務的會計核算
  - 所有者權益籌資業務
  - 負債籌資業務
- 採購業務的會計核算
  - 採購成本的構成
  - 固定資產購置業務核算
  - 材料採購業務核算
  - 材料採購成本的計算
- 產品生產業務的會計核算
  - 產品生產業務核算概述
  - 產品生產業務核算設置的帳戶
  - 產品生產業務核算舉例
  - 產品生產成本的計算
- 產品銷售業務的會計核算
  - 銷售商品收入的確認
  - 銷售業務核算設置的帳戶
  - 銷售業務核算舉例
  - 產品銷售成本的計算
- 利潤及利潤分配業務的會計核算
  - 利潤的構成
  - 利潤分配的有關規定
  - 利潤及利潤分配核算設置的帳戶
  - 利潤及利潤分配業務核算舉例

【學習目標】

　　本章主要以產品製造企業為例，說明如何運用帳戶和借貸記帳法核算企業的主要經濟業務和成本計算。通過本章的學習，使學生在瞭解產品製造企業生產經營過程的基礎上，理解並掌握籌集資金業務、採購業務、產品生產業務、產品銷售業務和利潤及利潤分配業務的會計核算方法，掌握材料採購成本、產品生產成本以及產品銷售成本的計算方法。

第一節 製造企業主要經濟業務的內容和成本計算概述

製造企業是從事產品生產經營的營利性組織。其從事生產經營的過程就是發生各類經濟業務的過程。其主要經濟業務核算的內容與主要經營過程中資金的運動緊密相連，不可分割。因此，要想瞭解製造企業經濟業務核算的內容，首先要瞭解其資金的循環過程。製造企業的主要經營過程主要由籌集資金、採購過程、生產過程、銷售過程和利潤分配構成。在經營過程中，企業的資金不斷地變換其存在形態，形成資金的循環與週轉（見本書第一章圖1-1）。

一、製造企業主要經濟業務的內容

（一）籌集資金過程

企業必須擁有一定的資金，作為從事生產經營活動的物質基礎。資金來源通常分為所有者權益籌資和負債籌資。所有者權益籌資（通常稱為「權益資本」），包括投資者的投資及其增值，這部分資本的所有者既享有企業的經營收益，也承擔企業的經營風險。負債籌資形成債權人的權益（通常稱為「債務資本」），主要包括企業向債權人借入的資金和結算形成的負債資金等，這部分資本的所有者享有按合同或協議收回本金和利息的權利。

（二）採購過程

企業生產需要有勞動手段（如機器設備）和勞動對象（如各種材料）。在採購過程中，企業動用貨幣資金購買機器設備和各種生產所需材料，為生產建立儲備，形成固定資產和原材料。這時貨幣資金就轉化為固定資金和儲備資金。

（三）生產過程

在生產過程中，生產工人借助勞動手段進行勞動，把勞動對象加工成產品。因此，生產過程既是產品的製造過程，又是物化勞動（勞動手段和勞動對象）和活勞動的消耗過程。從實物形態看，材料經過加工逐步形成在產品，進一步加工形成產成品。從價值形態看，生產中的耗費形成企業的生產費用，具體包括消耗的材料費用、耗費的人工費用、使用機器設備等發生的折舊費用等。這些生產費用構成產品的成本。隨著生產費用的發生，固定資金、儲備資金就轉化為在產品存貨和產成品存貨。

（四）銷售過程

銷售過程主要是指從產品發出直到收回貨款的過程。在銷售過程中，企業售出產品：一方面發出產品，結轉銷售產品的成本；另一方面按銷售價格確認收入，收回貨款。因此，在銷售過程中，企業的產成品存貨又轉回到最初的貨幣資金形態。這一過程能否順利實現，對企業再生產過程的順利進行是至關重要的。

（五）利潤及利潤分配

一般情況下，企業的產品銷售價格只有大於產品的生產成本，企業才能獲利，才能持續經營下去。因此，在營業週期結束，企業要根據獲利的情況計算應繳納的企業所得稅；除此之外，還要按照《中華人民共和國公司法》（以下簡稱《公司法》）規定的程序進行利潤分配。利潤分配後，一部分資金退出企業，一部分資金以留存收益等

形式繼續參與企業的資金週轉。

由於企業的經營活動是不間斷進行的，因此，資金存在的形態也在周而復始地循環週轉。由於會計的核算對象簡單地說就是企業再生產過程中資金的運動，因此，下面主要結合產品製造企業的生產經營活動來介紹借貸記帳法的具體運用。

二、成本計算的概念及內容

（一）成本計算的概念及意義

成本計算是對企業生產經營過程中發生的各種費用，按照各種不同的成本計算對象進行歸集、分配，進而計算確定各成本計算對象總成本和單位成本的一種會計專門方法。

製造企業的生產經營過程主要包括採購、生產和銷售三個階段，與此相應，其成本計算也應包括材料採購成本、產品生產成本和產品銷售成本三個方面。在採購業務核算中，材料採購成本的計算應以採購材料品種、類別為成本計算對象，歸集、分配採購費用，並計算驗收入庫材料的總成本和單位成本；在生產業務核算中，產品生產成本的計算主要以產品的品種為成本計算對象①，歸集、分配生產費用，進一步計算完工產品的總成本和單位成本；在銷售業務核算中，需要計算已銷售產品的銷售成本。

通過成本計算，不僅可以核算和監督企業各項費用的消耗，正確確定成本補償標準和損益，還可以與計劃成本作比較，分析成本升降的原因，挖掘降低成本的潛力，有效控製各項費用支出，對企業不斷改進成本管理工作，加強經營管理，提高經濟效益具有重要意義。

（二）成本計算的基本程序

在製造企業，成本計算是一項比較複雜的工作，但大致遵循以下基本程序：

1. 確定成本計算對象

成本是對象化的費用，因此成本計算程序首先要確定成本計算對象。成本計算對象是費用的受益者，它是費用歸集、分配的依據。材料採購成本的計算應以採購材料品種、類別為成本計算對象；生產成本的計算應以產品的品種為成本計算對象；銷售成本的計算應以已經銷售的產品為成本計算對象。

2. 確定成本項目

成本項目可以理解為費用的具體分類項目。對採購過程中發生的費用，可以分為買價、採購費用兩個成本項目；對生產過程中發生的各項生產費用，可以按經濟用途分為若干個不同的成本項目，一般可設置直接材料、燃料動力、直接人工和製造費用等項目。當然，成本項目不是固定不變的，企業可根據自身的生產特點進行增減，比如可以將「燃料動力」並入「直接材料」成本項目，企業產生廢品較多的，可以增設「廢品損失」等等。對銷售過程中發生的各項費用，產品銷售成本是已銷產品的生產成本。

3. 確定成本計算期

成本計算期是指成本計算的間隔期，即需要多長時間計算一次成本。材料採購成本的計算期是從材料採購開始至驗收入庫為止的時間，因此採購成本計算期應與採

---

① 產品的成本計算對象與成本計算方法有直接關係，產品成本計算方法主要包括品種法、分批法和分步法。這在成本會計中有詳細介紹，本章中選用品種法。

週期保持一致。產品生產成本計算期的確定則相對複雜，取決於企業的生產特點和管理要求，與選擇成本計算的方法有密切關係，有的與生產週期一致，有的與會計期間一致。產品銷售成本計算期是產品銷售實現的會計期間。產品銷售實現的當月應確認銷售收入；按照收入與成本配比的原則，產品銷售實現的當月，也必須計算銷售成本。

4. 歸集與分配各種生產經營費用

成本計算應以成本計算對象來歸集各項生產經營費用。費用的受益者只涉及一個成本計算對象的，稱為直接費用，由該成本計算對象直接歸集計入；費用的受益者涉及兩個以上的，稱為共同費用，則需要按照合理的標準在幾個成本計算對象之間分配後計入。在會計實務中，歸集費用主要是按成本計算對象設置的明細帳進行。採購過程中的費用需要設置「在途物資明細帳」或「材料採購明細帳」進行歸集。生產費用需要設置「生產成本明細帳」進行歸集。產品銷售成本需要設置「庫存商品明細帳」進行歸集。

5. 計算總成本和單位成本

成本計算期末，費用歸集完畢，可以匯總計算出總成本，總成本除以實物量就可以計算出單位成本。某種材料的採購總成本為該材料的買價與分攤的採購費用之和，該材料的總成本除以驗收入庫的數量就是單位採購成本。某種產品的生產總成本為該產品從投產至完工驗收入庫消耗的直接材料、直接人工和製造費用之和，該產品的總成本除以完工入庫的產量就是單位生產成本。某種產品的銷售總成本為已銷產品的生產成本，其計算方法為該種產品的銷售數量乘以該產品的單位生產成本。

第二節　籌集資金業務的會計核算

籌集資金活動，簡稱籌資，是導致企業所有者權益和負債構成發生變化的活動。企業通過一定的渠道籌集生產經營所需要的資金，是企業進行生產經營活動的前提條件。企業的籌資主要包括接受投資與向金融機構借款兩個方面。

一、所有者權益籌資業務

（一）所有者投入資本的構成

中國《公司法》中，不論是有限責任公司，還是股份有限公司，均對設立企業規定了註冊資本最低限額。《企業財務通則》也規定，企業可以接受投資者以貨幣資金、實物、無形資產等形式的出資。所有者投入資本按照投資主體的不同，可以分為國家資本、法人資本、個人資本和外商資本等。所有者投資所投入的資本主要包括實收資本（或股本）和資本公積。實收資本（或股本）是指企業的投資者按照企業章程、合同或協議的約定，實際投入企業的資本金以及按照有關規定由資本公積、盈餘公積等轉增資本的資金。資本公積是企業收到投資者投入的超出其在企業註冊資本（或股本）中所占份額的投資。

（二）所有者權益籌資業務涉及的主要帳戶

1.「實收資本」帳戶

實收資本帳戶用來核算企業接受投資者投入的實收資本。股份有限公司可以將該

帳戶改為「股本」帳戶。

該帳戶屬於所有者權益類帳戶，其貸方登記投資者投入企業的資本，借方登記經批准減少的註冊資本，該帳戶的期末餘額在貸方，表示企業資本的實有數額。本帳戶一般按投資者設置明細帳，進行明細分類核算。

中國目前實行的是註冊資本制度，要求企業的實收資本與註冊資本保持一致，收到投資者投入的超出其在企業註冊資本（或股本）中所占份額的部分，限於法律的規定不能以「實收資本」入帳，而是記入「資本公積」帳戶。

企業收到投資者出資超過其在註冊資本或股本中所占份額的部分，作為資本溢價或股本溢價在「資本公積」帳戶核算。

2.「資本公積」帳戶

資本公積帳戶是用來核算企業收到投資者出資超過其在註冊資本或股本中所占份額的部分以及直接計入所有者權益的利得和損失。

該帳戶屬於所有者權益類帳戶，其貸方登記投資者投入企業資本中超出其所占份額的部分以及直接計入所有者權益的利得，借方登記經批准用資本公積轉增實收資本數額以及直接計入所有者權益的損失。該帳戶的餘額在貸方，表示期末企業資本公積的數額。本帳戶應當分別「資本溢價」或「股本溢價」「其他資本公積」進行明細核算。

除了上述兩個帳戶外，還會涉及諸如「銀行存款」「固定資產」「無形資產」等資產類的帳戶。由於這幾個帳戶容易理解，故此處不作詳細闡述。

（三）所有者權益籌資業務核算舉例

【例4-1】201×年12月1日，M有限責任公司收到甲公司投入的貨幣資金50萬元，存入銀行。

分析：該業務表明M公司向甲公司籌集貨幣資金。甲公司投入貨幣資金，一方面會增加M公司的實收資本，記在「實收資本」帳戶的貸方；另一方面也會增加M公司的銀行存款，記在「銀行存款」帳戶的借方。其會計分錄如下：

借：銀行存款　　　　　　　　　　　　　　　　500,000
　　貸：實收資本　　　　　　　　　　　　　　　　500,000

【例4-2】201×年12月1日，M公司收到乙公司投入的一臺設備，經協商確定以300,000元的價格作為投入資本。

分析：該業務表明M公司向乙公司籌集實物資金。乙公司投入機器設備，一方面會增加M公司的實收資本，記在「實收資本」帳戶的貸方；另一方面也會增加M公司的固定資產，記在「固定資產」帳戶的借方。其會計分錄如下：

借：固定資產　　　　　　　　　　　　　　　　300,000
　　貸：實收資本　　　　　　　　　　　　　　　　300,000

【例4-3】201×年12月1日，M公司收到丙公司投入價值200,000元的專利權。

分析：該業務表明M公司向丙公司籌集資金。丙公司投入專利技術，一方面會增加M公司的實收資本，記在「實收資本」帳戶的貸方；另一方面也會增加M公司的無形資產，記在「無形資產」帳戶的借方。其會計分錄如下：

借：無形資產　　　　　　　　　　　　　　　　200,000
　　貸：實收資本　　　　　　　　　　　　　　　　200,000

【例4-4】假設M公司成立三年後，因業務發展的需要，吸收丁公司投資，丁公司出資300,000元，認繳新增註冊資本200,000元，出資款項已轉入企業開戶銀行帳戶。

分析：該業務表明M公司向丁公司籌集資金。由於丁公司所投入資金為300,000元，而按註冊資本相關規定，實收資本新增200,000元，超出部分即100,000元記入「資本公積」帳戶的貸方。其會計分錄如下：

借：銀行存款　　　　　　　　　　　　　　　　300,000
　　貸：實收資本　　　　　　　　　　　　　　　　200,000
　　　　資本公積　　　　　　　　　　　　　　　　100,000

二、負債籌資業務

負債籌資是企業籌資常用的另一種方法，通常是向銀行或其他金融機構等借入資金。根據借款期限的長短，可分為短期借款和長期借款。

短期借款是指企業為了滿足其生產經營對資金的臨時性需要向銀行或其他金融機構等借入的期限在一年以內（含一年）的各種借款，屬於流動負債。長期借款是指向銀行或其他金融機構等借入的期限在一年以上（不含一年）的各種借款，屬於長期負債。因此，在核算借款業務時，應該分別核算。

（一）負債籌資業務設置的主要帳戶

1.「短期借款」帳戶

短期借款帳戶核算企業向銀行或其他金融機構等借入的期限在一年以下（含一年）的各種借款。

該帳戶是負債類帳戶，其貸方核算借入短期借款的本金，借方核算歸還的短期借款；期末餘額在貸方，反映企業尚未償還的短期借款的本金。本帳戶應當按照借款單位和借款種類進行明細核算。

2.「長期借款」帳戶

長期借款帳戶核算企業向銀行或其他金融機構等借入的期限在一年以上（不含一年）的各種借款。

該帳戶是負債類帳戶，其貸方核算借入長期借款的本金以及按合同約定到期還本付息計算的應付利息，借方核算歸還的長期借款；期末餘額在貸方，反映企業尚未償還的長期借款。本帳戶應當按照借款單位和借款種類進行明細核算。

3.「應付利息」帳戶

應付利息帳戶核算企業按照借款合同約定應支付的利息，包括短期借款應支付的利息以及分次付息到期還本的長期借款應支付利息。

該帳戶是負債類帳戶，其貸方核算應支付的利息，借方核算歸還的利息；期末餘額在貸方，反映企業尚未償還的借款的利息。本帳戶應當按照存款人或債權人進行明細核算。

4.「財務費用」帳戶

財務費用帳戶核算企業為籌集生產經營所需資金而發生的籌資費用，包括利息支出（減利息收入）、相關手續費、匯兌損益以及發生的現金折扣等。

該帳戶屬於損益類帳戶，借方核算發生的各種財務費用，貸方核算實現的應衝減財務費用的利息收入、匯兌損益、現金折扣。期末，將本帳戶的餘額結轉至「本年利潤」帳戶。結轉後該帳戶無餘額。本帳戶應當按照費用項目進行明細核算。

由於借入款項往往先存入開戶行，償還借款均動用銀行存款，因此除了以上帳戶外，還會涉及「銀行存款」帳戶。

（二）負債籌資業務核算舉例

【例4-5】M公司因生產經營的臨時性需要，201×年10月1日，向當地工商銀行申請借入資金60萬元，期限為3個月，201×年12月31日一次還本付息，合同約定年利率為6%，借入的款項已存入銀行。

分析：該業務表明M公司向銀行籌集資金。10月1日，借入本金60萬元，反映短期借款增加60萬元，記入短期借款帳戶的貸方，同時借入的款項存入銀行會反映銀行存款增加60萬元。10月31日，根據權責發生制的要求，會計期末要把屬於本期的短期借款利息記入當期財務費用的借方；同時要反映應支付的銀行利息增加，記入應付利息的貸方，金額為$600,000 \times 6\% \div 12 = 3,000$元。11月30日和12月31日，均要重複期末計息的工作。3月1日償還借款的本息時需支付銀行存款609,000元。有關的會計分錄如下：

10月1日借入短期借款時：
借：銀行存款　　　　　　　　　　　　　　　　　　600,000
　　貸：短期借款　　　　　　　　　　　　　　　　　　600,000

10月31日期末計息時：
借：財務費用　　　　　　　　　　　　　　　　　　　3,000
　　貸：應付利息　　　　　　　　　　　　　　　　　　3,000

11月30日期末計息時：
借：財務費用　　　　　　　　　　　　　　　　　　　3,000
　　貸：應付利息　　　　　　　　　　　　　　　　　　3,000

12月31日期末計息時：
借：財務費用　　　　　　　　　　　　　　　　　　　3,000
　　貸：應付利息　　　　　　　　　　　　　　　　　　3,000

到期償還本息時：
借：短期借款　　　　　　　　　　　　　　　　　　600,000
　　應付利息　　　　　　　　　　　　　　　　　　　9,000
　　貸：銀行存款　　　　　　　　　　　　　　　　　609,000

【例4-6】M公司為發展業務，201×年12月31日從銀行借入3年期的借款300萬元，借款合同規定的利率為8%，到期一次還本付息，借入的款項已存入銀行。

分析：該業務表明M公司向銀行籌集長期資金。12月31日借入300萬元，款項存入銀行。一方面反映銀行存款增加300萬元，記在「銀行存款」帳戶的借方；另一方面反映長期借款增加300萬元，記在「長期借款」帳戶的貸方。按照權責發生制原則，每期的利息費用應該計入每個會計期間，因此，第一年的12月31日，要計算借款發生

的利息費用，記在「財務費用」①帳戶的借方，利息＝300萬元×8%＝24萬元；同時，由於利息需要到期才償還，因此屬於長期負債，記在「長期借款」帳戶（注意不能記在「應付利息」帳戶，因為「應付利息」帳戶屬於流動負債）的貸方。在接下來的兩年年末，都要重複同樣的工作。到期償還本息時，通過銀行存款來支付本息。其會計分錄如下：

201×年12月31日，取得借款時：
借：銀行存款　　　　　　　　　　　　　　　　　　3,000,000
　　貸：長期借款　　　　　　　　　　　　　　　　　3,000,000

第一年年末，12月31日計息時：
借：財務費用　　　　　　　　　　　　　　　　　　240,000
　　貸：長期借款　　　　　　　　　　　　　　　　　240,000

第二年年末，12月31日計息時：
借：財務費用　　　　　　　　　　　　　　　　　　240,000
　　貸：長期借款　　　　　　　　　　　　　　　　　240,000

第三年年末，12月31日計息時：
借：財務費用　　　　　　　　　　　　　　　　　　240,000
　　貸：長期借款　　　　　　　　　　　　　　　　　240,000

第三年年末還本付息時：
借：長期借款　　　　　　　　　　　　　　　　　　3,720,000
　　貸：銀行存款　　　　　　　　　　　　　　　　　3,720,000

第三節　採購業務的會計核算

一、採購成本的構成

（一）增值稅相關知識

1. 增值稅類型

增值稅是以在銷售貨物、應稅服務、無形資產以及不動產過程中產生的增值額作為計稅依據而徵收的一種流轉稅。增值稅有三種類型，分別為生產型增值稅、收入型增值稅和消費型增值稅。

（1）生產型增值稅

生產型增值稅，是以納稅人的銷售收入（或勞務收入）減去用於生產經營的外購原料、燃料、動力等物質資料價值後的餘額作為法定的增值額，但對於購入的固定資產及其折舊均不扣除。在這種類型的增值稅下，允許將購置物質資料的價值中所含的稅款抵扣，但對於生產經營的固定資產價值中所含的稅款不能抵扣，要計入固定資產的成本。它屬於一種過渡性的增值稅類型。它對資本有機構成低的行業、企業和勞動

---

①　是否計入財務費用，還要取決於長期借款的費用是否滿足資本化的條件。若滿足資本化，可能要記在「在建工程」等其他科目。具體做法在財務會計中詳細闡述。

密集型生產有利，可以保證財政收入，但是對固定資產存在重複徵稅，不利於投資。中國從 1994 年到 2009 年，一直使用生產型增值稅。

（2）收入型增值稅

收入型增值稅，對於納稅人購置用於生產經營用的固定資產，允許將已計提的折舊的價值額予以扣除。由於這種類型的增值稅要依據會計帳簿中提取的固定資產折舊額來進行抵扣，不能很好地利用增值稅專用發票的交叉稽核功能，具有一定的主觀性和隨意性，因此採用的國家較少，主要有阿根廷、摩洛哥等國家在使用。

（3）消費型增值稅

消費型增值稅，允許將購置物質資料的價值和用於生產經營的固定資產價值中所含的稅款，在購置當期全部一次扣除。最適宜採用規範的發票扣稅法。消費型增值稅是一種先進而規範的增值稅類型，為歐共體及許多發達國家和發展中國家所採用。

中國在 2009 年之前實行的是生產型增值稅，自 2009 年 1 月 1 日起，全面實行消費型增值稅。

2. 增值稅的納稅人

在中國境內銷售貨物、應稅服務、無形資產以及不動產的單位和個人，為增值稅的納稅人。按經營規模的大小和會計核算是否健全等標準，分為一般納稅人和小規模納稅人，具體的認定要經過當地稅務機關的批准。

3. 增值稅稅率

從 2016 年 5 月 1 日起，中國營業稅改徵增值稅試點全面推開，一般納稅人增值稅稅率分為：基本稅率 17%，低稅率 11%、6%，零稅率三類。

中國一般納稅人的增值稅實行扣稅法。其特點是增值稅進項稅額可以抵扣銷項稅額。一般納稅人開具的增值稅專用發票，售價金額、稅額單獨列示。對於銷貨方，在銷售時按售價的一定比率向購買方收取稅額（銷項稅額），在購買時按買價的一定比率向供應商支付稅額（進項稅額）。因此，納稅人實際繳納的增值稅為銷項稅扣除進項稅的餘額。

應納增值稅額＝當期銷項稅額－當期進項稅額

小規模納稅人實行簡易辦法徵收增值稅，開具增值稅普通發票，並不得抵扣進項稅額。其應納稅額計算公式為：

應納增值稅額＝銷售額×徵收率

小規模納稅人增值稅的徵收率目前為 3%，財政部和國家稅務總局另有規定的除外。

（二）固定資產採購成本

固定資產採購成本是指企業構建某項固定資產達到預定可使用狀態前所發生的一切合理、必要的支出。外購固定資產採購成本，包括買價款、相關稅費、使固定資產達到預定可使用狀態前發生的可歸屬於該項資產的運輸費用、裝卸費、安裝費和專業人員的服務費等。

注意，對於一般納稅人，可以抵扣的增值稅進項稅額應單獨記錄，不計入固定資產採購成本。計入採購成本的相關稅費主要包括消費稅、進口關稅等價內稅。

（三）材料的採購成本

材料的採購成本是指企業材料從採購到入庫前發生的全部合理的、必要的支出，

由買價和採購費用構成。其中，買價是銷售單位開出的發票金額。採購費用包括：

（1）運雜費。主要是指購銷合同規定由購買方承擔的從銷貨方運達企業倉庫前所發生的包裝、運輸、裝卸搬運、保險及倉儲等費用。

（2）運輸途中的合理損耗。在購入散裝、易碎或易揮發的材料時，企業事先與供應單位、運輸機構之間規定的一定幅度的損耗。超過此幅度，即為超定額損耗，或稱不合理損耗。超定額的損耗不構成材料的採購成本，扣除責任人的賠償後直接計入當期的管理費用。

（3）支付的各種稅費，主要包括按照稅法規定由買方支付的各種價內稅費（如消費稅、關稅等）。增值稅要視企業納稅人的類別來分別考慮：一般納稅人支付的增值稅與價格是相分離的，是價外稅，可以抵扣的增值稅應單獨列示為進項稅額，不屬於採購費用；小規模納稅人的增值稅採取簡易徵收，增值稅額不允許抵扣，屬於採購費用，計入材料成本。

（4）入庫前整理挑選的費用。包括整理挑選過程中發生的人工費及其他費用、必要的數量損耗（扣除收回下腳料）等支出。

（5）大宗材料的市內交通費。

（6）其他，即與採購材料有關的其他費用支出。

注意：對於企業採購部門或者材料倉庫所發生的經常性費用、採購人員的差旅費、採購機構經費以及市內零星運雜費等，由於很難分清具體的受益對象，費用金額較小，根據重要性原則，這些費用則不計入材料採購成本，而是作為期間費用處理，計入管理費用。

二、固定資產購置業務核算

固定資產是指企業為生產商品、提供勞務、出租或經營管理而持有的使用壽命超過一個會計年度的各種有形資產。

固定資產同時具有以下特徵：①屬於一種有形資產；②為生產商品、提供勞務、出租或者經營管理而持有；③使用壽命超過一個會計年度。如企業的廠房等建築物、機器設備、運輸工具等。企業購置固定資產，應按取得時的成本入帳。

（一）固定資產購置業務設置的主要帳戶

1.「固定資產」帳戶

固定資產帳戶核算企業持有的固定資產原價。

該帳戶屬於資產類帳戶。其借方核算企業購入不需要安裝的固定資產的取得成本，以及需要安裝的固定資產在安裝完畢達到可使用狀態時轉入本帳戶的總成本，貸方核算報廢、轉出等減少的固定資產的原價；帳戶的餘額在借方，表示期末結存的固定資產的原價。本帳戶應當按照固定資產類別或項目進行明細核算。

2.「在建工程」帳戶

在建工程帳戶核算企業正在建設中的工程項目投資及完工情況的帳戶。

該帳戶屬於資產類帳戶。其借方記錄企業在建工程投資的增加，包括領用工程物資、發生有關工程人工費用等，貸方反映工程完工時，轉入「固定資產」帳戶的價值；帳戶的餘額在借方，表示尚未完工的在建工程。本帳戶應按工程項目進行明細核算。

3. 「應交稅費」帳戶

應交稅費帳戶核算企業按照稅法規定應繳納的各種稅費，包括增值稅、消費稅、城市維護建設稅、所得稅、教育費附加等。

該帳戶屬於負債類帳戶。其貸方登記應繳納的各種稅費，借方登記可以抵扣或已繳納的各種稅費；期末貸方餘額，反映尚未繳納的稅費；期末如為借方餘額，反映企業多交或尚未抵扣的稅費。

該帳戶應按稅種設「應交增值稅」「應交消費稅」「應交城建稅」「應交所得稅」等明細帳戶，進行明細核算。

其中，「應交稅費——應交增值稅」帳戶的借方反映企業購進貨物或接受應稅勞務支付的進項稅額等；貸方反映企業銷售貨物或提供勞務應繳納的銷項稅額等。企業應在應交增值稅明細帳內，設置「進項稅額」「銷項稅額」等專欄，並按照規定進行核算。

除了以上帳戶外，還可能涉及諸如「銀行存款」「應付帳款」「應付票據」等帳戶。

（二）固定資產購置業務核算舉例

【例4-7】M公司購入一臺不需要安裝的設備，價值200,000元，所支付的增值稅為34,000元；運輸費用5,000元，支付的增值稅為550元；保險費1,000元，支付的增值稅為60元。全部款項已通過銀行存款支付。

分析：該業務反映購入的、不需要安裝的固定資產，直接記入固定資產的借方，金額為200,000 + 6,000 = 206,000元；支付的增值稅進項稅可以抵扣，金額為34,000 + 550 + 60 = 34,610元，記入應交稅費——應交增值稅帳戶的借方；全部款項240,610元用銀行存款支付，記入銀行存款的貸方。其會計分錄如下：

借：固定資產　　　　　　　　　　　　　　　　206,000
　　應交稅費——應交增值稅（進項稅額）　　　 34,610
　　貸：銀行存款　　　　　　　　　　　　　　 240,610

假設上例中M公司購入的設備需要安裝，另支付安裝費4,000元，增值稅240元，通過銀行存款支付。

分析：由於需要安裝，因此，購入時根據取得成本206,000元，先記在「在建工程」帳戶的借方，支付的安裝費4,000元也記在「在建工程」帳戶的借方，安裝完畢，再把在建工程帳戶借方發生額從貸方結轉到固定資產帳戶的借方，結轉後在建工程帳戶餘額為零。其會計分錄如下：

借：在建工程　　　　　　　　　　　　　　　　206,000
　　應交稅費——應交增值稅（進項稅額）　　　 34,610
　　貸：銀行存款　　　　　　　　　　　　　　 240,610
借：在建工程　　　　　　　　　　　　　　　　　4,000
　　應交稅費——應交增值稅（進項稅額）　　　　 240
　　貸：銀行存款　　　　　　　　　　　　　　　4,240
借：固定資產　　　　　　　　　　　　　　　　210,000
　　貸：在建工程　　　　　　　　　　　　　　210,000

三、材料採購業務核算

材料是產品製造企業不可缺少的物質要素。材料的取得主要是外購。外購材料的實際採購成本主要由買價和採購費用構成，其中採購費用主要包括運輸費、裝卸費、保險費、運輸途中的合理損耗以及入庫前的挑選整理費等。

外購材料的成本首先反映在各類原始憑證上，主要涉及的原始憑證有採購發票、運輸發票、材料入庫單等。

（一）材料採購業務設置的主要帳戶

1.「在途物資」帳戶

在途物資帳戶用於歸集材料採購過程中企業採用實際成本[①]進行日常核算，貨款已結算尚未驗收入庫的在途材料的採購成本。

該帳戶屬於資產類帳戶。其借方登記採購材料、商品的實際採購成本，貸方登記結轉已經完成採購過程、驗收入庫的材料、商品的實際成本，餘額在借方表示尚未入庫[②]的在途物資的成本。採購過程全部結束後，該帳戶無餘額。

由於企業的材料種類較多，為了具體計算每種材料的實際採購成本，在「在途物資」總帳帳戶下，還應該按材料的類別設置明細帳戶。

2.「原材料」帳戶

原材料帳戶核算企業庫存的各種材料實際成本，包括原料及主要材料、輔助材料、外購半成品、包裝材料、燃料等。

該帳戶屬於資產類帳戶。其借方登記已經驗收入庫的材料的實際成本，貸方登記生產領用等發出材料的實際成本，期末餘額在借方，表示庫存材料的實際成本。

為了反映每種材料的收、發、存情況，在「原材料」總帳帳戶下，還要按材料的保管地點和材料的類別、品種、規格等分別設置明細帳進行核算。

3.「應交稅費」帳戶

具體內容與購置固定資產設置的「應交稅費」帳戶相同。

4.「應付帳款」帳戶

應付帳款帳戶是用來核算企業因購買材料、商品和接受勞務供應等經營活動而與供貨單位發生的結算債務增減變動情況的帳戶。

該帳戶屬於負債類帳戶。其貸方登記企業購入材料、商品等物資但尚未支付的貨款，借方登記因償還貨款而減少的負債；該帳戶的期末餘額一般在貸方，表示尚未歸還的貨款；如果在借方，反映企業期末預付帳款餘額。本帳戶應按不同的債權人設置明細帳，進行明細核算。

5.「應付票據」帳戶

應付票據帳戶用於核算企業購買材料、商品和接受勞務供應等而開出、承兌的商業匯票（包括銀行承兌匯票和商業承兌匯票）增減變動情況的帳戶。

該帳戶屬於負債類帳戶。其貸方登記企業開出、承兌商業匯票的金額，借方登記

[①] 若採用計劃成本法進行日常核算，則設置「材料採購」帳戶，不在「在途物資」帳戶核算。計劃成本法的有關業務核算在財務會計中介紹。

[②] 尚未入庫物資包括未運達企業的在途材料、商品，也包括已運達企業但未驗收入庫的材料、商品。

支付匯票款的金額；該帳戶的期末餘額在貸方，反映企業尚未到期的商業匯票的票面金額。本帳戶應按不同的債權人設置明細帳，進行明細核算。

6.「預付帳款」帳戶

預付帳款帳戶用來核算企業因向供應單位預付購買材料等款項而與供應單位發生的結算業務。預付款項情況不多的，也可以不設置該帳戶，將預付的款項直接記入「應付帳款」帳戶。

該帳戶屬於資產類帳戶。其借方登記預付供應單位款項，貸方登記收到供應單位提供的產品和勞務；該帳戶期末餘額正常在借方，反映企業預付的款項。本帳戶應按供貨單位設置明細帳，進行明細核算。

除此以外，還會涉及「庫存現金」「銀行存款」帳戶。

(二) 材料採購業務核算舉例

【例4-8】201×年12月2日，M公司向F公司購入甲材料300噸，每噸1,000元，貨款結算發票上列明價款300,000元，增值稅率為17%，稅額為51,000元，M公司向F公司開出了一張期限為3個月的銀行承兌匯票，甲材料尚未到達該公司。

分析：由於甲材料尚未運達該公司，因此按實際的採購成本記在「在途物資」帳戶的借方，金額為300,000元，稅額單獨記在「應交稅費——應交增值稅（進項稅額）」的借方，開出的3個月期限銀行承兌匯票表明M公司目前承擔了一種現時義務，3個月後需償還F公司票據款351,000元，記在「應付票據」帳戶的貸方。其會計分錄如下：

借：在途物資——甲材料　　　　　　　　　　　300,000
　　應交稅費——應交增值稅（進項稅額）　　　 51,000
　　貸：應付票據——F公司　　　　　　　　　　351,000

【例4-9】201×年12月5日，M公司採購的甲材料運達該公司，運輸發票顯示運費為20,000元，稅額為2,200元；保險費為6,000元，稅額為360元。款項通過銀行存款支付。另外，材料在驗收入庫時，共發生裝卸費等費用4,000元，稅額為240元，款項通過庫存現金支付。

分析：甲材料的採購費用要計入採購成本，採購成本為30,000元（20,000+6,000+4,000），記在「在途物資」帳戶的借方，可以抵扣的進項稅額2,200+360+240＝2,800元，記入應交稅費——應交增值稅（進項稅額）的借方，款項分別通過銀行存款、庫存現金支付，分別記在「銀行存款」「庫存現金」帳戶的貸方。其會計分錄如下：

借：在途物資——甲材料　　　　　　　　　　　 30,000
　　應交稅費——應交增值稅（進項稅額）　　　　2,800
　　貸：銀行存款　　　　　　　　　　　　　　 28,560
　　　　庫存現金　　　　　　　　　　　　　　　4,240

【例4-10】201×年12月5日，甲材料驗收入庫，入庫數量300噸，結轉甲材料的採購成本。

分析：由於甲材料的採購過程已經結束，在途的材料驗收入庫後，成為庫存的原材料，因此，為了隨時掌握資金的形態，應結轉材料的採購成本。在實務中，若採購

比較頻繁，為了簡化核算，也可以在月末按採購材料的類別匯總一次進行結轉。材料入庫，一方面反映庫存的原材料增加，記在「原材料」帳戶的借方；另一方面反映在途物資的減少，記在「在途物資」帳戶的貸方。其會計分錄如下：

借：原材料——甲材料　　　　　　　　　　　　　　　　　330,000
　　貸：在途物資——甲材料　　　　　　　　　　　　　　　330,000

【例4-11】201×年12月10日，M公司向Y企業購入乙材料500千克，每千克200元，發票價格為100,000元，增值稅額為17,000元；購入丙材料1,000千克，每千克50元，發票價格為50,000元，增值稅額為8,500元，貨款及增值稅尚未支付。乙、丙材料均到達該公司，兩者發生的運輸費用共計600元，增值稅稅額為66元，運費及增值稅666元用現金支付。材料尚未驗收入庫。

分析：由於兩種材料發生了共同運輸費，不能直接得到各自的採購費用，因此需要分配計算各自所負擔的運輸費用。分配過程需要經過以下三個步驟：

第一，選擇分配標準。分配標準的選擇以合理為準，可以是材料的重量，可以是材料的體積，也可以是材料的價值，在實際工作中需要會計人員根據採購費用的構成情況進行選擇判斷。

第二，計算分配率。共同費用的分配率的計算公式如下：

$$分配率 = \frac{待分配的費用}{分配標準之和}$$

第三，計算每種材料負擔的運輸費。

某材料負擔的運輸費 = 該材料的分配標準 × 分配率

在本題中，假設選擇材料的重量作為分配標準，則：

$$分配率 = \frac{600}{500+1,000} = 0.4（元/千克），表示每千克材料負擔的運輸費為0.4元。$$

乙材料負擔的運費為 = 500 × 0.4 = 200（元）

丙材料負擔的運費為 = 1,000 × 0.4 = 400（元）

分配的過程及結果往往通過編制共同運輸費用計算表來體現（如表4-1所示）。

表4-1　　　　　　　　　材料採購共同費用分配計算表　　　　　　　單位：元

材料名稱	分配標準（千克）	分配率	分配金額
乙材料	500	0.4	200
丙材料	1,000	0.4	400
合計	1,500	—	600

根據共同費用分配計算表及購貨發票的信息可知，

乙材料的採購成本為：100,000 + 200 = 100,200（元）

丙材料的採購成本為：50,000 + 400 = 50,400（元）

可以抵扣的進項稅額為：17,000 + 8,500 + 66 = 25,566（元）

其會計分錄如下：

借：在途物資——乙材料　　　　　　　　　　　　　　　　100,200
　　　　　　　——丙材料　　　　　　　　　　　　　　　　50,400

應交稅費——應交增值稅（進項稅額）　　　　　25,566
　　　貸：應付帳款——Y企業　　　　　　　　　　　175,500
　　　　　庫存現金　　　　　　　　　　　　　　　　　666

【例4-12】若乙、丙材料驗收入庫，結轉乙、丙材料的實際採購成本。

分析：乙、丙材料採購結束，在途物資帳戶借方分別歸集了實際的採購成本，驗收入庫時，要把歸集的實際成本從「在途物資」帳戶的貸方轉至「原材料」帳戶的借方。會計分錄如下：

　　借：原材料——乙材料　　　　　　　　　　　　100,200
　　　　　　——丙材料　　　　　　　　　　　　　 50,400
　　　貸：在途物資——乙材料　　　　　　　　　　100,200
　　　　　　　　——丙材料　　　　　　　　　　　 50,400

四、材料採購成本的計算

材料採購成本的計算就是將採購過程中發生的材料買價和有關採購費用，按照採購材料的品種或類別進行歸集，並計算出材料採購的總成本和單位成本。

材料採購成本的計算主要是通過登記「在途物資」（或「材料採購」）明細帳進行的。在明細帳中設置買價和採購費用專欄，材料的買價一般屬於直接費用，應直接計入採購成本。採購費用若能直接確定成本計算對象的，就直接計入採購費用；若不能直接確定成本計算對象的，屬於多種材料共同發生的採購費用，則需要選擇合理的分配標準（材料的重量、體積、價值等），按照一定的比例分配計入各類材料的採購費用。

以下以採購業務核算舉例中涉及的甲、乙、丙三種材料為例，說明材料採購成本的具體計算過程。

（1）設置甲、乙、丙三種材料的「在途物資」明細帳（如表4-2、表4-3、表4-4所示）。

（2）在「在途物資」明細帳中，分別登記甲、乙、丙材料的買價以及甲材料的運費。

（3）分配計算乙、丙材料共同的運費，分配計算表見表4-1，並登記乙、丙材料的運費。

表4-2　　　　　　　　　　　在途物資明細帳

材料名稱：甲材料　　　　　　　　　　　　　　　　　　　　　　單位：元

201×年		憑證號數	摘要	借方			貸方	借/貸	餘額
月	日			買價	採購費用	合計			
12	2 5 5		購入300噸 支付運輸費 結轉採購成本	300,000	30,000	300,000 30,000	330,000	借 借 平	300,000 330,000 0
12	31		本月合計	300,000	30,000	330,000	330,000	平	0

表4-3　　　　　　　　　　　　　在途物資明細帳

材料名稱：乙材料　　　　　　　　　　　　　　　　　　　　　　　單位：元

201×年		憑證號數	摘要	借方			貸方	借/貸	餘額
月	日			買價	採購費用	合計			
12	10 10		購入500千克 結轉採購成本	100,000	200	100,200	100,200	借 平	100,200 0
12	31		本月合計	100,000	200	100,200	100,200	平	0

表4-4　　　　　　　　　　　　　在途物資明細帳

材料名稱：丙材料　　　　　　　　　　　　　　　　　　　　　　　單位：元

201×年		憑證號數	摘要	借方			貸方	借/貸	餘額
月	日			買價	採購費用	合計			
12	10 10		購入1,000千克 結轉採購成本	50,000	400	50,400	50,400	借 平	50,400 0
12	31		本月合計	50,000	400	50,400	50,400	平	0

(4) 編制材料採購成本計算表，計算材料的總成本和單位成本（如表4-5所示）。

表4-5　　　　　　　　　　　　　材料採購成本計算表

編製單位：M公司　　　　　　　　　201×年12月　　　　　　　　　　單位：元

成本項目	甲材料（300噸）		乙材料（500千克）		丙材料（1,000千克）	
	總成本	單位成本	總成本	單位成本	總成本	單位成本
買價	300,000	1,000	100,000	200	50,000	50
採購費用	30,000	100	200	0.4	400	0.4
成本合計	330,000	1,100	100,200	200.4	50,400	50.4

為了反映原材料的收入和發出明細情況，應設置「原材料」明細帳（見表4-6、表4-7、表4-8），而總帳和明細帳要按照平行登記的原則進行登記，「在途物資」「原材料」的總帳用「T」型帳戶代替，其他帳戶均省略。

表4-6　　　　　　　　　　　　　原材料明細帳

材料名稱：甲材料　　　　　　　　　　　　　　　　　　　　　　　單位：噸、元

201×年		憑證號數	摘要	收入			發出			結存		
月	日			數量	單位成本	金額	數量	單價	金額	數量	單位成本	金額
12	1 5		期初餘額 購入	300	1,100	330,000				100 400	1,100 1,100	110,000 440,000
12	31		本月合計	300	1,100	330,000				400	1,100	440,000

表4-7　　　　　　　　　　　原材料明細帳
材料名稱：乙材料　　　　　　　　　　　　　　　　　　　單位：千克、元

201×年		憑證號數	摘要	收入			發出			結存		
月	日			數量	單位成本	金額	數量	單價	金額	數量	單位成本	金額
12	1		期初餘額							300	200	60,000
	10		購入	500	200.4	100,200				800	200.25	160,200
12	31		本月合計	500	200.4	100,200				800	200.25	160,200

表4-8　　　　　　　　　　　原材料明細帳
材料名稱：丙材料　　　　　　　　　　　　　　　　　　　單位：千克、元

201×年		憑證號數	摘要	收入			發出			結存		
月	日			數量	單位成本	金額	數量	單價	金額	數量	單位成本	金額
12	1		期初餘額							500	50.4	25,200
	10		購入	1,000	50.4	50,400				1,500	50.4	75,600
12	31		本月合計	1,000	50.4	50,400				1,500	50.4	75,600

借方	在途物資總帳	貸方
【例4-8】 300,000		
【例4-9】 30,000		
	【例4-10】	330,000
【例4-11】 150 600		
	【例4-12】	150 600
本期借方發生額 480 600	本期貸方發生額	480 600
期末餘額 0		

圖4-1

借方	原材料總帳	貸方
期初餘額 195 200		
【例4-10】 330,000		
【例4-12】 150 600		
本期借方發生額 480 600	本期貸方發生額	0
期末餘額 675 800		

圖4-2

第四節 產品生產業務的會計核算

一、產品生產業務核算概述

產品生產成本的計算是指將企業生產過程中為製造產品所發生的各種費用按照成本計算對象進行歸集和分配，以便計算各種產品的總成本和單位成本。產品生產是製造企業特有的環節，也是製造企業的中心環節。在生產過程中，一方面企業生產出產品，另一方面企業為生產這些產品要發生各種耗費。我們把在生產過程中發生的耗費稱為生產費用，包括消耗的各種材料費用，支付給職工以及為職工支付的勞動報酬，機器設備、廠房等的折舊費用以及其他的支出等。生產費用對象化到各產品，就成為產品的生產成本（也稱為製造成本）。當然，企業在生產經營過程中，行政部門等其他部門為了配合生產部門的工作，也會發生費用，但是這些費用不能直接或間接歸於某種產品。

在生產過程中，最重要的會計核算是把生產過程中發生的應當計入產品成本的費用，以成本歸集和分配的對象，運用一定的計算方法，計算出產品的總成本和單位成本。通過產品生產成本的計算，可以確定生產耗費的補償尺度，用以考核企業的生產經營管理水平，為正確計算產品成本打下基礎。

（一）產品生產成本的構成

2014年1月1日起實施的《企業產品成本核算制度（試行）》中，將產品的成本定義為：企業在生產產品過程中所發生的材料費用、職工薪酬等，以及不能直接計入而按一定標準分配計入的各種間接費用。製造企業一般按照產品品種、批次訂單或生產步驟等確定產品成本核算對象。企業應當根據生產經營特點和管理要求，按照成本的經濟用途和生產要素內容相結合的原則或者成本性態等設置成本項目。

製造企業一般設置直接材料、燃料和動力、直接人工和製造費用等成本項目。

1. 直接材料

直接材料是指構成產品實體的原材料以及有助於產品形成的主要材料和輔助材料。

2. 燃料和動力

燃料和動力是指直接用於產品生產的燃料和動力。企業根據自身的特點，也可以將燃料和動力並入直接材料成本項目。

3. 直接人工

直接人工是指直接從事產品生產的工人的薪酬。職工薪酬主要包括工資、福利、社會保險、住房公積金等薪酬。

4. 製造費用

製造費用是指企業為生產產品和提供勞務而發生的各項間接費用，包括企業生產部門（如生產車間）發生的水電費、固定資產折舊、無形資產攤銷、管理人員的薪酬、勞動保護費、國家規定的有關環保費用、季節性和修理期間的停工損失等。

以上四個成本項目中，一般認為直接材料、燃料和動力、直接人工屬於直接費用，可以直接計入產品成本，製造費用則是多種產品共同負擔的費用，屬於間接費用，不

能直接計入，需要按合理的分配標準分配計入各種產品的生產成本。

(二) 產品生產成本的計算程序

企業根據成本計算對象設置「生產成本」明細帳，按成本項目設置專欄，用以歸集生產過程中發生的各項直接費用和通過分配結轉的間接費用，並將各項耗費在完工產品與期末在產品之間進行分配，最後計算出完工產品的總成本及單位成本。產品成本計算應遵循以下程序：

1. 確定成本計算對象、成本項目、成本計算期

企業應當根據生產經營特點和管理要求，確定成本計算對象，歸集成本費用，計算產品的生產成本。製造企業一般按照產品品種（品種法）、批次訂單（分批法）或生產步驟（分步法）等確定產品成本核算對象。

2. 歸集生產過程中發生的各項直接生產費用

在企業生產經營過程中，用於產品生產、構成產品實體的各種材料稱為直接材料。對於直接用於某種產品生產的材料費用，應直接記入該產品生產成本明細帳中的直接材料費用項目；對於多種產品共同耗用，應由這些產品共同負擔的材料費用，應選擇適當的標準在這些產品之間進行分配，按分擔的金額記入相應的生產成本明細帳中的直接材料項目。特別應注意，對於為提供產品生產條件等間接消耗的各種材料費用，如機物料的消耗，應先通過「製造費用」科目進行歸集，期末再按照一定的標準分配計入有關產品成本。

直接人工是指直接參與產品生產的工人的薪酬，包括短期薪酬、離職後福利、辭退福利、其他長期薪酬。其中，短期薪酬具體包括職工的工資、獎金、津貼和補貼、職工福利費、醫療報銷費、工商保險費和生育保險等社會保險費、住房公積金、工會經費和職工教育經費等。對於直接參與某種產品生產的工人的薪酬費用，應直接記入該產品生產成本明細帳中的直接人工項目；對於多種產品共同耗用，應由這些產品共同負擔的薪酬，應選擇適當的標準在這些產品之間進行分配，按分擔的金額記入相應的生產成本明細帳中的直接人工項目。特別應注意，對於不直接從事產品生產人員的薪酬，如車間管理人員的薪酬等，作為間接費用應先通過「製造費用」科目進行歸集，期末再按照一定的標準分配計入有關產品成本。

3. 歸集分配製造費用

製造費用屬於多種產品耗用的間接費用，需要先通過製造費用帳戶歸集全部間接費用，然後選擇適當的分配標準，計算製造費用分配率，分別計算不同產品負擔的間接費用。

分配過程需經過三個步驟：

第一，選擇分配標準。分配標準常常選擇生產工人工資、生產工人工時、機器工時等。在業務資料中提供了生產工時，因此可採用生產工時作為分配製造費用的標準。

第二，計算分配率。計算製造費用分配率的公式如下：

$$分配率 = \frac{製造費用總額}{分配標準之和}$$

第三，計算各產品分配的製造費用。

某產品分配的製造費用 = 該產品的分配標準 × 分配率

4. 生產費用在完工產品與在產品之間進行分配

通過對材料費用、職工薪酬和製造費用的歸集和分配，企業各月生產產品所發生的生產費用已記入「生產成本」帳戶中。完工產品生產成本與期末在產品生產成本的分配方法很多，如果月末某種產品全部完工，該種產品生產成本明細帳所歸集的費用總額，就是該種完工產品的總成本，用完工產品總成本除以該種產品的完工總產量即可計算出該種產品的單位成本。如果月末該種產品全部未完工，該種產品生產成本明細帳所歸集的費用總額就是該種產品在產品的總成本。

如果月末某種產品一部分完工，一部分尚未完工，此時歸集在產品生產成本明細帳中的費用總額還需要採取適當的分配方法在完工產品和期末在產品之間進行分配，在此基礎上計算出完工產品的總成本和單位成本，可以通過「投入－產出」的原理來進行計算。

投入的主要是生產費用，包括前期投入和本期投入。其中，前期投入的費用在會計實務上表現為「期初在產品成本」，本期投入的費用主要是本期歸集的生產費用，包括直接材料、直接人工和分配結轉過來的製造費用。產出的主要是產成品和未完工在產品。投入與產出是相等的。因此，它們之間的關係滿足如下等式：

期初在產品成本 + 本期生產費用 = 完工產品成本 + 期末在產品成本

完工產品成本 = 期初在產品成本 + 本期生產費用 － 期末在產品成本

若不考慮在產品，則完工產品的成本 = 本期生產費用

產品單位成本 = 完工產品成本 ÷ 完工產量

5. 結轉完工產品成本與月末在產品成本

(三) 產品生產業務涉及的原始憑證

由於生產過程要消耗各類費用，因此生產業務涉及的原始憑證較多，主要有反映生產領用材料的領料單（領料匯總表）、計算職工薪酬的結算單（薪酬匯總表）、折舊計算表、各種支付憑證等。除此之外，為了配合分配費用工作，還需要在生產過程中記錄一些數據，如產量資料、生產工時、機器工時資料等。

二、產品生產業務核算設置的帳戶

1. 「生產成本」帳戶

生產成本帳戶核算企業進行工業性生產發生的各項生產成本。

該帳戶屬於成本類帳戶。其借方登記生產過程中發生的直接成本（包括直接材料和直接人工）以及分配轉入的間接成本（主要是指製造費用），貸方登記生產完工驗收入庫的產品成本；期末餘額在借方，表示已投產尚未完工的在產品成本。該帳戶應按產品的種類，分別設置明細分類帳，進行明細分類核算。

2. 「製造費用」帳戶

製造費用帳戶核算企業生產車間為生產產品或提供勞務而發生的各項間接費用。

該帳戶屬於成本類帳戶。其借方登記生產車間發生的各項間接費用，如車間發生的機物料消耗、生產車間管理人員的薪酬、車間計提的固定資產折舊、車間支付的辦公費和水電費以及季節性的停工損失等，貸方登記按照一定的標準分配結轉至各產品負擔的製造費用；該帳戶期末結轉後一般沒有餘額。「製造費用」帳戶應按車間、部門和費用項目設置明細帳，進行明細分類核算。

3.「應付職工薪酬」帳戶

應付職工薪酬帳戶是核算企業根據有關規定應付給職工的各種薪酬[①]，包括工資、職工福利、社會保險、住房公積金、工會經費和職工教育經費等。

該帳戶屬於負債類帳戶。其貸方登記根據薪酬結算匯總表應付給職工的各種薪酬，借方登記支付或發放的薪酬；餘額在貸方，表示企業應付而未付的職工薪酬。本帳戶應當按照「工資」「職工福利」「社會保險費」等進行明細核算。

4.「累計折舊」帳戶

累計折舊帳戶核算固定資產在使用過程中因磨損等原因而減少的價值。

該帳戶列在資產類帳戶下，是固定資產的調整帳戶。其貸方登記固定資產因磨損而減少的價值（在實務中是通過計提固定資產的折舊額來反映固定資產的價值的減少，固定資產帳戶本身始終反映原始價值），借方登記固定資產減少時應衝銷的累計計提的折舊；期末餘額在貸方，表示現有固定資產已計提的折舊額。本帳戶應當按照固定資產的類別或項目進行明細核算。

5.「庫存商品」帳戶

庫存商品帳戶用來核算企業庫存的各種產品的實際成本。

該帳戶屬於資產類帳戶。其借方登記企業已經生產完工並驗收入庫的產成品的實際成本，貸方記錄因銷售等原因發出的產成品的實際成本；期末餘額在借方，表示庫存產成品的實際成本。「庫存商品」帳戶應按產品品種設置明細分類帳，進行明細分類核算。

6.「管理費用」帳戶

管理費用帳戶用來核算企業為組織和管理生產經營所發生的管理費用，包括行政管理部門人員薪酬、公司經費、工會經費、董事會費、聘請仲介機構費、諮詢費、訴訟費、業務招待費、技術轉讓費、礦產資源補償費、研究費用、排污費、企業籌建期開辦費等（包括人員工資、培訓費、差旅費、印刷費、註冊登記費用，以及不計入固定資產成本的借款費用）。企業生產車間（部門）和行政管理部門等發生的固定資產修理費用等後續支出，也在本帳戶核算。

該帳戶屬於損益類帳戶。借方登記發生的各項管理費用，貸方登記期末轉入「本年利潤」帳戶的管理費用。期末結轉後該帳戶無餘額。本帳戶應當按照費用項目進行明細核算。

除了上述帳戶外，還可能涉及「庫存現金」「銀行存款」等帳戶。

三、產品生產業務核算舉例

（一）材料費用的歸集與分配

在確認材料費用時，應根據領料單區分車間、部門和不同用途後，按照發出材料的成本，借記「生產成本」「製造費用」「管理費用」等帳戶，貸記「原材料」等帳戶。

[①] 在職工薪酬的構成中，職工福利主要用於職工衛生保健、生活等各種補貼，如供暖、降溫補貼、生活困難補助、獨生子女費用以及尚未分離企業的集體福利部門的人員工資等，可以按職工工資總額的一定比例先計提後使用，也可以據實列支，計提的比例單位可以根據以前年度的使用情況確定。社會保險費、住房公積金由企業和個人共同負擔，其中，個人負擔的部分，在個人的工資中扣除，企業負擔的部分按職工工資的一定比例先計提，然後再繳納到指定帳戶，計提的比例由國務院和所在地政府確定。工會經費和職工教育經費分別按工資總額的2%和1.5%進行計提。

【例 4-13】M 公司 201×年 12 月，根據領料單編制「材料發出匯總表」（如表 4-9 所示）。

表 4-9　　　　　　　　　　材料發出匯總表　　　　　　　　　單位：元

用途	甲材料 數量（噸）	甲材料 金額	乙材料 數量（千克）	乙材料 金額	丙材料 數量（千克）	丙材料 金額	合計
生產產品用：A 產品	200	220,000	300	60,000			280,000
B 產品	100	110,000					110,000
小計	300	330,000	300	60,000			390,000
車間一般耗用					500	25,200	25,200
行政管理部門耗用					300	15,120	15,120
合計	300	330,000	300	60,000	800	40,320	430,320

分析：材料發出匯總表顯示，生產 A 產品需用甲、乙兩種材料，合計為 280,000 元，生產 B 產品耗用甲材料 110,000 元，都是直接費用，記入「生產成本」帳戶的借方；車間一般耗用的丙材料是間接費用，記入「製造費用」帳戶的借方；行政管理部門耗用的材料費用屬於期間費用，不構成產品的成本，記入「管理費用」帳戶的借方。材料總共消耗 430,320 元，反映原材料減少，記入「原材料」帳戶的貸方。其會計分錄如下：

　　借：生產成本——A 產品　　　　　　　　　　　280,000
　　　　　　　　——B 產品　　　　　　　　　　　110,000
　　　　製造費用　　　　　　　　　　　　　　　　25,200
　　　　管理費用　　　　　　　　　　　　　　　　15,120
　　　　貸：原材料——甲材料　　　　　　　　　　330,000
　　　　　　　　　——乙材料　　　　　　　　　　60,000
　　　　　　　　　——丙材料　　　　　　　　　　40,320

（二）職工薪酬的歸集與分配

職工薪酬是企業為獲得職工提供的服務或解除勞動關係而給予的各種形式的報酬或補償，具體包括短期薪酬、離職後福利、辭退福利和其他長期職工福利。

（1）應由生產產品、提供勞務負擔的短期職工薪酬，計入產品成本或勞務成本。其中，生產工人的短期職工薪酬屬於生產成本，應借記「生產成本」帳戶，貸記「應付職工薪酬」帳戶；生產車間管理人員的短期薪酬屬於間接費用，應借記「製造費用」帳戶，貸記「應付職工薪酬」帳戶。

當企業採用計件工資制時，生產工人的短期薪酬屬於直接費用，應直接計入有關產品的成本。當企業採用計時工資制時，只生產一種產品的生產工人的短期薪酬也屬於直接費用，應直接計入產品成本；同時生產多種產品的生產工人的短期薪酬，則需按一定的標準（生產工時等）分配計入產品成本。

（2）應由在建工程、無形資產負擔的短期職工薪酬，計入建造固定資產或無形資產成本。

第四章 製造企業主要經濟業務核算與成本計算

（3）除上述兩種情況以外的其他短期職工薪酬，應計入當期損益。企業行政管理部門人員和專設銷售機構人員的短期職工薪酬均屬於期間費用，分別借記「管理費用」「銷售費用」等帳戶，貸記「應付職工薪酬」帳戶。

【例4-14】201×年12月，M公司的職工薪酬計算匯總表如表4-10所示，假設按照工資總額的5%計提職工福利費，按工資總額的10%計算住房公積金。

表4-10　　　　　　　　　　　職工薪酬匯總表　　　　　　　　　　單位：元

部門	工資	職工福利（5%）	住房公積金（10%）	合計
生產工人：A產品	120,000	6,000	12,000	138,000
B產品	90,000	4,500	9,000	103,500
小計	210,000	10,500	21,000	241,500
車間管理部門	20,000	1,000	2,000	23,000
行政管理部門	50,000	2,500	5,000	57,500
總計	280,000	14,000	28,000	322,000

分析：按照職工薪酬的構成，工資、職工福利、企業負擔的住房公積金均要按職工所在的部門記入不同的成本費用項目。生產工人的薪酬直接計入產品的生產成本；車間管理人員的薪酬屬於間接費用，先通過「製造費用」帳戶歸集；行政管理部門的職工薪酬計入管理費用。其會計分錄如下：

借：生產成本——A產品　　　　　　　　　　　　　120,000
　　　　　　——B產品　　　　　　　　　　　　　 90,000
　　製造費用　　　　　　　　　　　　　　　　　　 20,000
　　管理費用　　　　　　　　　　　　　　　　　　 50,000
　　貸：應付職工薪酬——短期薪酬——工資　　　　280,000
借：生產成本——A產品　　　　　　　　　　　　　 6,000
　　　　　　——B產品　　　　　　　　　　　　　 4,500
　　製造費用　　　　　　　　　　　　　　　　　　 1,000
　　管理費用　　　　　　　　　　　　　　　　　　 2,500
　　貸：應付職工薪酬——短期薪酬——職工福利　　 14,000
借：生產成本——A產品　　　　　　　　　　　　　 12,000
　　　　　　——B產品　　　　　　　　　　　　　 9,000
　　製造費用　　　　　　　　　　　　　　　　　　 2,000
　　管理費用　　　　　　　　　　　　　　　　　　 5,000
　　貸：應付職工薪酬——短期薪酬——住房公積金　 28,000

以上的會計分錄也可以合併為：

借：生產成本——A產品　　　　　　　　　　　　　138,000
　　　　　　——B產品　　　　　　　　　　　　　103,500
　　製造費用　　　　　　　　　　　　　　　　　　 23,000
　　管理費用　　　　　　　　　　　　　　　　　　 57,500

　　　　貸：應付職工薪酬——短期薪酬——工資　　　　　　280,000
　　　　　　　　——短期薪酬——職工福利　　　　　　　 14,000
　　　　　　　　——短期薪酬——住房公積金　　　　　　 28,000

【例 4-15】201×年 12 月 31 日，M 公司開出支票發放職工工資 280,000 元。

　　分析：這筆業務一方面使企業的銀行存款減少，記入「銀行存款」帳戶的貸方；另一方面企業對職工的負債也將減少，記入「應付職工薪酬」帳戶的借方。其會計分錄如下：

　　　　借：應付職工薪酬　　　　　　　　　　　　　　　280,000
　　　　　　貸：銀行存款　　　　　　　　　　　　　　　　　　280,000

（三）製造費用的歸集與分配

　　企業發生的製造費用，應當按照合理的分配標準按月分配計入各成本核算對象的生產成本。企業可以採取的分配標準包括機器工時、人工工時、計劃分配率①等。企業發生製造費用時，借記「製造費用」帳戶，貸記「累計折舊」「銀行存款」等帳戶；結轉或分配時，借記「生產成本」帳戶，貸記「製造費用」帳戶。

【例 4-16】201×年 12 月 31 日，M 公司計提折舊費共 8,000 元，其中，車間使用的固定資產計提的折舊為 6,000 元，行政管理部門使用的固定資產計提的折舊為 2,000 元。

　　分析：由於車間計提的折舊費是為生產產品耗用的間接費用，因此先記入「製造費用」帳戶的借方，而行政管理部門計提的折舊費不是為生產產品耗用的，屬於期間費用，記入「管理費用」帳戶的借方，不計入產品成本；計提的折舊額 8,000 元，記入「累計折舊」帳戶的貸方，表示本期固定資產價值的減少。其會計分錄如下：

　　　　借：製造費用　　　　　　　　　　　　　　　　　6,000
　　　　　　管理費用　　　　　　　　　　　　　　　　　2,000
　　　　　　貸：累計折舊　　　　　　　　　　　　　　　　　　8,000

【例 4-17】201×年 12 月，M 公司收到供電部門的通知，支付本月電費共 3,540 元。其中，車間的電費共 1,800 元，行政管理部門的電費共 1,740 元，可抵扣的增值稅進項稅額 601.8 元，所有款項已通過銀行支付。

　　分析：車間耗用的電費是為生產產品耗用的間接費用，先記入「製造費用」帳戶的借方；行政管理部門耗用的電費不是為生產產品耗用的，屬於期間費用，直接記入「管理費用」帳戶的借方，可抵扣的增值稅進項稅額記入「應交稅費——應交增值稅（進項稅額）」帳戶的借方，款項通過銀行存款支付，記入「銀行存款」帳戶的貸方。其會計分錄如下：

　　　　借：製造費用　　　　　　　　　　　　　　　　　1,800
　　　　　　管理費用　　　　　　　　　　　　　　　　　1,740
　　　　　　應交稅費——應交增值稅（進項稅額）　　　　 601.8
　　　　　　貸：銀行存款　　　　　　　　　　　　　　　　　4,141.8

【例 4-18】201×年 12 月 31 日，M 公司用現金支付業務招待費 1,000 元，取得增值稅普通發票，已用現金支付。

---

　　① 本教材不涉及計劃分配率法，成本會計中會介紹該方法。

分析：業務招待費是為企業生產經營而發生的管理費用，記在「管理費用」帳戶的借方，款項用現金支付，記在「庫存現金」帳戶的貸方。其會計分錄如下：

借：管理費用　　　　　　　　　　　　　　　　　　　　　　1,000
　　貸：庫存現金　　　　　　　　　　　　　　　　　　　　　　1,000

【例4-19】201×年12月31日，分配結轉本月的製造費用，按照生產A、B產品的生產工時進行分配。假設A產品的生產工時為5,000工時，B產品的生產工時為3,000工時。

分析：根據上述業務，在生產過程中，共發生製造費用56,000元（25,200 + 23,000 + 6,000 + 1,800）。生產工時之和為8,000工時（5,000 + 3,000）。

分配率 $= \dfrac{56,000}{8,000} = 7$（元/工時）

A產品分配的製造費用 = 5,000 × 7 = 35,000（元）

B產品分配的製造費用 = 3,000 × 7 = 21,000（元）

可以通過編製製造費用分配表（如表4-11所示）來實現分配過程，作為記帳的原始憑證。

表4-11　　　　　　　　　　　製造費用分配表

產品名稱	分配標準（工時）	分配率	分配金額（元）
A產品	5,000	7	35,000
B產品	3,000	7	21,000
合計	8,000	—	56,000

其會計分錄如下：

借：生產成本——A產品　　　　　　　　　　　　　　　　　35,000
　　　　　　——B產品　　　　　　　　　　　　　　　　　21,000
　　貸：製造費用　　　　　　　　　　　　　　　　　　　　56,000

（四）完工產品成本的計算與結轉

產品完工並驗收入庫時，借記「庫存商品」帳戶，貸記「生產成本」帳戶。

【例4-20】201×年12月31日，M公司本期生產的A產品1,000件全部完工入庫（假設A產品無期初和期末在產品）；B產品期初在產品的直接材料為9,000元，直接人工為8,000元，製造費用為1,500元，期末在產品的直接材料為4,000元，直接人工為2,500元，製造費用為500元，本期完工800件。結轉完工入庫的A、B產品的生產成本。

分析：在本例中A產品無期初和期末在產品，因此，A產品的完工總成本 = 280,000 + 138,000 + 35,000 = 453,000元。A產品本期完工1,000件，可知A產品的單位生產成本為453,000÷1,000 = 453元。B產品的成本計算如下：B產品的直接材料 = 90,000 + 110,000 - 4,000 = 115,000元，B產品的直接人工 = 8,000 + 90,000 + 4,500 + 9,000 - 2,500 = 109,000元，B產品的製造費用 = 1,500 + 21,000 - 500 = 22,000元。

B產品的總成本 = 115,000 + 109,000 + 22,000 = 246,000元。B產品本期完工800件，可知B產品的單位成本為246,000÷800 = 307.5元。

會計分錄如下：

借：庫存商品——A產品　　　　　　　　　　　　　　453,000
　　　　　　　　——B產品　　　　　　　　　　　　　246,000
　　貸：生產成本——A產品　　　　　　　　　　　　　453,000
　　　　　　　　——B產品　　　　　　　　　　　　　246,000

四、產品生產成本的計算

以下以產品生產成本核算舉例中涉及的A、B兩種產品為例，說明產品生產成本的具體計算過程。

（1）設置A、B產品的「生產成本」多欄式明細帳（如表4-12、表4-13、表4-14所示），相關總帳的登記用「T」型帳戶代替。

（2）在「生產成本」明細帳中，分別登記A、B產品的材料費和職工薪酬。

（3）歸集和分配製造費用，登記「製造費用」和「生產成本」明細帳（如表4-14所示）。

表4-12　　　　　　　　　　生產成本明細帳

產品名稱：A產品　　　　　　　　　　　　　　　　　　　　單位：元

201×年		憑證號數	摘要	借方			合計
月	日			直接材料	直接人工	製造費用	
12	31		生產耗用材料	280,000			280,000
	31		分配工資費用		120,000		120,000
	31		計提福利費用		6,000		6,000
	31		計提社會保險費		12,000		12,000
	31		分配製造費用			35,000	35,000
	31		結轉完工產品成本	280,000	138,000	35,000	453,000
12	31		期末在產品	0	0	0	0

表4-13　　　　　　　　　　生產成本明細帳

產品名稱：B產品　　　　　　　　　　　　　　　　　　　　單位：元

201×年		憑證號數	摘要	借方			合計
月	日			直接材料	直接人工	製造費用	
12	1		期初在產品成本	9,000	8,000	1,500	18,500
12	31		生產耗用材料	110,000			110,000
	31		分配工資費用		90,000		90,000
	31		計提福利費用		4,500		94,500
	31		計提社會保險		9,000		9,000
	31		分配製造費用			21,000	21,000
	31		結轉完工產品成本	115,000	109,000	22,000	246,000
12	31		期末在產品成本	4,000	2,500	500	7,000

90

表4-14　　　　　　　　　　　製造費用明細帳　　　　　　　　　單位：元

201×年 月	日	憑證號數	摘要	借方 材料費用	薪酬	折舊費	水電費	合計	貸方	餘額
12	31		車間耗用	25,200				25,200		25,200
	31		分配人工費		23,000			23,000		48,200
	31		計提折舊費			6,000		6,000		54,200
	31		支付水電費				1,800	1,800		56,000
	31		結轉製造費用						56,000	0
12	31		本月合計	25,200	23,000	6,000	1,800	56,000	56,000	0

（4）編制產品成本計算單，計算產品的總成本和單位成本（如表4-15、表4-16所示）。

表4-15　　　　　　　　　　　成本計算單
產品名稱：A產品　　　　　　　　　　　　　　　　　　　　　　　單位：元

項目	產量（件）	直接材料	直接人工	製造費用	合計
期初在產品成本		0	0	0	0
本期生產費用		280,000	138,000	35,000	453,000
生產費用合計		280,000	138,000	35,000	453,000
期末在產品成本		0	0	0	0
完工A產品成本	1,000	280,000	138,000	35,000	453,000
A產品單位成本	-	280	138	35	453

表4-16　　　　　　　　　　　成本計算單
產品名稱：B產品　　　　　　　　　　　　　　　　　　　　　　　單位：元

項目	產量（件）	直接材料	直接人工	製造費用	合計
期初在產品成本		9,000	8,000	1,500	18,500
本期生產費用		110,000	103,500	21,000	234,500
生產費用合計		119,000	111,500	22,500	
B產品成本	800	115,000	109,000	22,000	246,000
期末在產品成本		4,000	2,500	500	7,000
乙產品單位成本	-	143.75	136.25	27.5	307.5

制造费用

【例4-13】	25,200		
【例4-14】	23,000		
【例4-16】	6,000		
【例4-17】	1,800	【例4-19】	56,000
本期借方發生額	56,000	本期貸方發生額	56,000

生產成本

期初餘額	18,500		
【例4-13】	390,000		
【例4-14】	241,500		
【例4-19】	56,000		
		【例4-20】	699,000
本期借方發生額	687,500	本期貸方發生額	699,000
期末餘額	7,000		

圖4－3

第五節　產品銷售業務的會計核算

　　銷售過程是企業產品價值和利潤得以實現的重要過程。在銷售過程中，企業銷售產品，一方面按照銷售價格收取價款，形成產品的銷售收入；另一方面要結轉銷售產品的成本，以便計算銷售毛利。此外，在銷售過程中發生的運輸費、廣告費、銷售人員的薪酬、銷售稅金及附加費等都應當從銷售收入中得到補償。因此，在銷售過程中必須設置相應的帳戶來核算和監督銷售收入的實現情況以及銷售費用、銷售稅金的發生情況，以便正確地核算利潤。

一、商品銷售收入的確認

　　收入是指企業在日常活動中形成的、會導致所有者權益增加、與所有者投入資本無關的經濟利益的總流入。企業為第三方收取的款項如增值稅等不是企業的經濟利益，並不導致所有者權益的增加，不屬於收入。銷售收入必須同時滿足下列條件才能予以確認：

　　（1）企業已將商品所有權上的主要風險和報酬轉移給購貨方。通常情況下，轉移商品所有權憑證並交付實物後，商品所有權上的主要風險和報酬隨之轉移。特殊情況

下，轉移商品所有權憑證但未交付實物也視同主要風險和報酬轉移，如以交款提貨方式銷售商品。

（2）企業既沒有保留通常與所有權聯繫的繼承管理權，也沒有對已售出的商品實施有效控製。

（3）收入的金額和相關的已發生或將發生的成本能夠可靠地計量。

（4）相關的經濟利益很可能流入企業。

按企業經營的主次，收入可分為主營業務收入和其他業務收入。對於製造企業而言，銷售企業生產的產品是主營業務收入，銷售材料、出租固定資產等取得的收入是其他業務收入。

二、銷售業務核算設置的帳戶

1.「主營業務收入」帳戶

主營業務收入帳戶是用來核算企業銷售商品或提供勞務等銷售業務活動所取得的收入。

該帳戶屬於損益類帳戶。其貸方登記企業銷售商品或提供勞務取得的主營業務收入，借方登記企業發生的銷售退回和期末結轉到「本年利潤」帳戶的營業收入額（按淨額結轉）；該帳戶期末結轉後沒有餘額。本帳戶應當按照主營業務的種類進行明細核算。

2.「其他業務收入」帳戶

其他業務收入帳戶用來核算企業確認的除主營業務活動以外的其他經營活動實現的收入，包括出租固定資產、出租無形資產、出租包裝物和商品、銷售材料等實現的收入。

該帳戶屬於損益類帳戶。其貸方登記實現的其他業務收入，借方登記期末結轉「本年利潤」帳戶的金額；結轉後本帳戶應無餘額。本帳戶應當按照其他業務收入的種類進行明細核算。

3.「應收帳款」帳戶

應收帳款帳戶用來核算企業因銷售業務應向購買單位收取貨款的結算情況。

該帳戶屬於資產類帳戶。其借方登記由於銷售業務而發生的應收貨款，貸方登記已經收回的應收貨款；期末借方餘額，表示尚未收回的應收貨款。該帳戶應按債務單位設置明細帳戶，進行明細分類核算。

4.「應收票據」帳戶

應收票據帳戶用來核算企業採用商業匯票（商業承兌匯票或銀行承兌匯票）結算方式銷售商品等而與購貨單位發生的結算情況。

該帳戶屬於資產類帳戶。其借方登記企業收到對方承兌的匯票金額，貸方登記對方償還的票據款；期末如有餘額，在借方，表示尚未到期的應收票據款。本帳戶應當按照開出承兌商業匯票的單位進行明細核算。

5.「預收帳款」帳戶

預收帳款帳戶用來核算企業按照合同規定預收的款項。預收情況不多的，也可以不用設置本帳戶，將預收的款項直接記入「應收帳款」帳戶。

該帳戶屬於負債類帳戶。其貸方登記企業向購貨單位預收的款項，借方登記銷售

實現時按實現的收入轉銷的預收款項等。期末餘額在貸方，反映企業預收的款項；期末餘額在借方，反映企業尚未收取的款項。該帳戶應按購買單位名稱設置明細帳戶，進行明細分類核算。

6.「主營業務成本」帳戶

主營業務成本帳戶是用來核算企業確認銷售商品或提供勞務等主營業務收入時應結轉的相關成本。

該帳戶屬於損益類帳戶。其借方登記企業發生的已銷商品或勞務的實際成本，貸方登記企業發生銷售退回和期末結轉到「本年利潤」帳戶的成本；該帳戶期末結轉後無餘額。本帳戶應當按照主營業務的種類進行明細核算。

7.「其他業務成本」帳戶

其他業務成本帳戶用來核算企業確認的除主營業務活動以外的其他經營活動所發生的支出，包括銷售材料的成本、出租固定資產的折舊額、出租無形資產的攤銷額、出租包裝物的成本或攤銷額等。

該帳戶屬於損益類帳戶。其借方登記發生的其他業務成本，貸方登記期末結轉到「本年利潤」帳戶的金額；結轉後本帳戶無餘額。本帳戶應當按照其他業務成本的種類進行明細核算。

8.「稅金及附加」帳戶

稅金及附加帳戶是用來核算企業經營活動發生的消費稅[①]、資源稅[②]、城市維護建設稅（簡稱「城建稅」）、教育費附加[③]及房產稅、車船稅、土地使用稅、印花稅等相關稅費。

該帳戶屬於損益類帳戶。其借方登記企業按規定計算確定與經營活動相關的稅費，貸方登記期末結轉到「本年利潤」帳戶的數額；期末結轉後本帳戶應無餘額。

9.「銷售費用」帳戶

銷售費用帳戶用來核算企業銷售過程中發生的各種費用，包括保險費、包裝費、展覽費和廣告費、商品維修費、預計產品質量保證損失、運輸費、裝卸費等以及為銷售本企業商品而專設的銷售機構的職工薪酬、業務費、折舊費等經營費用。

該帳戶屬於損益類帳戶。其借方登記企業在銷售商品過程中發生的各種經營費用，貸方登記期末結轉到「本年利潤」帳戶的數額；結轉後本帳戶無餘額。本帳戶應當按照費用項目進行明細核算。

三、銷售業務核算舉例

【例4-21】201×年12月10日，M公司向S公司銷售A產品200件，銷售單價為800元，產品已發出，開出增值稅專用發票，價款160,000元，增值稅27,200元，收

[①] 消費稅主要是對菸、酒、化妝品、貴重首飾及珠寶玉石、鞭炮焰火、成品油、汽車輪胎、摩托車、小汽車、高爾夫球及球具、高檔手錶、遊艇、木製一次性筷子和實木地板徵收的一種稅。不同的稅目使用不同的稅率。

[②] 資源稅主要是對應稅資產的礦產品和鹽徵收的一種稅。

[③] 城市維護建設稅是國家為加強城市的維護建設，擴大和穩定建設資金的來源而徵收的一種稅。教育費附加是為加快地方教育事業發展，增加地方教育經費而徵收的一項專業基金。二者都具有附加性質，都是依據企業實際繳納的增值稅、營業稅、消費稅三稅之和的一定比率計算的。其中，城建稅的稅率為7%，教育費附加的比率為3%。

第四章 / 製造企業主要經濟業務核算與成本計算

到對方簽發並承兌期限為 3 個月的銀行承兌匯票一張。

分析：由於產品已發出，並收到對方簽發並承兌的銀行承兌匯票，因此符合收入確認的條件，應記入「主營業務收入」帳戶的貸方，金額為 160,000 元，增值稅是銷售時收取的銷項稅額，意味著應交稅費的增加，記入「應交稅費——應交增值稅」帳戶的貸方，金額為 27,200 元，收到的銀行承兌匯票反映企業到期收取票款的權利，此時在「應收票據」帳戶核算。其會計分錄如下：

借：應收票據　　　　　　　　　　　　　　　　　　　187,200
　　貸：主營業務收入——A 產品　　　　　　　　　　　160,000
　　　　應交稅費——應交增值稅（銷項稅額）　　　　　 27,200

【例 4-22】201×年 12 月 15 日，M 公司為銷售 A 產品支付運輸費用 3,400 元，增值稅 374 元已通過銀行存款支付。

分析：為銷售產品發生的運費，若由銷售方負擔，應記入「銷售費用」帳戶的借方；若由購貨方負擔，銷售方只是代墊運費，對銷貨方來說應收回這部分，反映在「應收帳款」帳戶的借方。本題中沒有說運輸費用是為購貨方代墊的，因此，應由銷貨方負擔。其會計分錄如下：

借：銷售費用　　　　　　　　　　　　　　　　　　　 3,400
　　應交稅費——應交增值稅（進項稅額）　　　　　　　 374
　　貸：銀行存款　　　　　　　　　　　　　　　　　　 3,774

【例 4-23】201×年 12 月 15 日，M 公司結轉 A 產品的銷售成本，A 產品的單位生產成本為 453 元。

分析：由於 A 產品已發出，一方面要反映庫存商品的減少，記入「庫存商品」帳戶的貸方；另一方面要確認發生的銷售成本，金額為 200×453=90,600 元，記入「主營業務成本」帳戶的借方。其會計分錄如下：

借：主營業務成本——A 產品　　　　　　　　　　　　 90,600
　　貸：庫存商品——A 產品　　　　　　　　　　　　　 90,600

【例 4-24】201×年 12 月 18 日，M 公司向 T 公司預收 A 產品銷貨款 320,000 元，款項已通過銀行轉帳。

分析：由於向 T 公司預收 A 產品銷貨款，在權責發生制下，不確認為收入，應反映在「預收帳款」帳戶的貸方，同時反映銀行存款的增加，記入「銀行存款」帳戶的借方。會計分錄如下：

借：銀行存款　　　　　　　　　　　　　　　　　　　320,000
　　貸：預收帳款——T 公司　　　　　　　　　　　　　320,000

【例 4-25】201×年 12 月 20 日，M 公司銷售丙材料 100 千克，每千克 60 元，增值稅率 17%，材料已經發出，價款和增值稅均已收到，存入銀行。

分析：由於銷售的丙材料已發出，並收到貨款，符合收入確認的條件，應確認為其他業務收入，記在貸方，同時反映銀行存款增加，記在銀行存款帳戶的借方。同時，丙材料發出，要結轉發出材料的成本，在採購業務中，從丙材料的材料明細帳可知，丙材料的單位成本為 50.4 元，因此結轉發出材料的成本為 50.4×100=5,040 元，記入「其他業務成本」帳戶的借方，同時反映原材料減少，記入「原材料」帳戶的貸方。

其會計分錄如下：
    確認收入時：
        借：銀行存款   7,020
            貸：其他業務收入   6,000
            應交稅費——應交增值稅（銷項稅額）   1,020
    結轉成本時：
        借：其他業務成本   5,040
            貸：原材料——丙材料   5,040

【例4-26】201×年12月29日，M公司向T公司發出A產品400件，單價800元，並開具增值稅專用發票，發票上列明價款為320,000元，增值稅為54,400元。

分析：由於產品已發出，發票已開具，符合收入確認條件，應記入「主營業務收入」帳戶的貸方，金額為320,000元，增值稅記入「應交稅費——應交增值稅」帳戶的貸方，金額為54,400元，款項已經預收，因此在發貨後預收帳款減少，記入「預收帳款」帳戶的借方，金額為374,400元。

這裡注意，向T公司銷售的A產品價稅合計為374,400元，預收貨款320,000元，M公司應再向T公司收取34,000元稅款。但是，由於對T公司的貨款結算已經設置了「預收帳款」明細帳戶，所以，就不必對T公司再設置「應收帳款」明細帳戶了，「預收帳款」明細帳戶如果出現非正常餘額即借方餘額，就表示應收的款項。本業務的發生使得預收帳款出現借方餘額54,400元，表示應向T公司收取54,400元。

    借：預收帳款——T公司   374,400
        貸：主營業務收入——A產品   320,000
            應交稅費——應交增值稅（銷項稅額）   54,400

【例4-27】201×年12月29日，結轉發出A產品的成本，金額為181,200元。

分析：由於A產品已發出，要一方面反映庫存商品的減少，記入「庫存商品」帳戶的貸方，另一方面要確認發生的銷售成本，金額為400×453=181,200元，記入「主營業務成本」帳戶的借方。其會計分錄如下：

    借：主營業務成本——A產品   181,200
        貸：庫存商品——A產品   181,200

【例4-28】201×年12月31日，M公司收到銀行通知，T公司補付購買A產品的貨款54,400元。

分析：由於例4-25發生後，應向T公司收取54,400元，現在銀行通知收帳，應反映銀行存款增加，記入「銀行存款」帳戶的借方，同時，在貸方衝銷「預收帳款」帳戶的餘額。其會計分錄如下：

    借：銀行存款   54,400
        貸：預收帳款——T公司   54,400

【例4-29】假設M公司生產的A產品是應稅的消費品，適用的消費稅稅率為5%，期末計算A產品本期應交的消費稅。

分析：消費稅是先計算，後繳納。本期應交的消費稅為480,000×5%=24,000元，記入「稅金及附加」帳戶的借方；由於納稅義務已經發生，但是尚未繳納，因此反映

應交的稅費增加，記入「應交稅費」帳戶的貸方。其會計分錄如下：

借：稅金及附加　　　　　　　　　　　　　　　　　　24,000
　　貸：應交稅費——應交消費稅　　　　　　　　　　24,000

【例4-30】M公司期末計算本月應交的城市維護建設稅為1,680元，教育費附加為720元。

分析：城市維護建設稅和教育費附加都具有附加性質，先計算後繳納，都記在「稅金及附加」帳戶的借方，同時反映應交稅費增加，記在「應交稅費」帳戶的貸方。業務會計分錄如下：

借：稅金及附加　　　　　　　　　　　　　　　　　　2,400
　　貸：應交稅費——應交城建稅　　　　　　　　　　1,680
　　　　　　　　——應交教育費附加　　　　　　　　　720

四、產品銷售成本的計算

（一）產品銷售成本的計算

產品銷售成本是已經銷售產品的生產成本。根據會計的配比性原則，在本期實現銷售確認的銷售收入與本期結轉的銷售成本要配比。產品銷售成本是將已銷售產品的數量乘以已銷售產品的單位生產成本計算得出。產品的銷售成本計算可以在每次銷售完成後隨時計算結轉，若產品銷售頻繁，也可以在會計期末匯總計算結轉。銷售數量可以根據產品的銷售出庫情況期末匯總確定，銷售產品單位生產成本的確定則取決於已銷售產品是哪個會計期間生產的產品，不同期間生產的產品單位成本可能不同，因此單位生產成本可以採用先進先出法、綜合加權平均法、移動加權平均法、個別認定法[①]等方法來確定。

（二）產品銷售成本計算舉例

假定G公司11月份與產品有關的銷售業務如下：

（1）11月8日，銷售甲產品10件，每件售價620元。

（2）11月25日，本期完工的甲產品100件，總成本36,800元，驗收入庫。

（3）11月27日，本期生產的乙產品200件，總成本48,200元，驗收入庫。

（4）11月28日，銷售甲產品70件，每件售價600元；銷售乙產品50件，每件售價400元。

（5）11月29日，銷售乙產品120件，每件售價380元。

假定甲、乙產品期初均有庫存商品，具體資料見表4-17、表4-18。

要求：計算本期產品的銷售成本。

假定G公司選擇綜合加權平均法計算單位成本，銷售成本的計算過程如下：

首先，根據甲、乙產品的發出、入庫情況，登記庫存商品明細帳相關信息。

其次，月末匯總收入的數量、金額，計算綜合加權平均單位成本。

$$綜合加權平均單位成本 = \frac{期初結存金額 + 本期收入金額}{期初結存數量 + 本期收入數量}$$

[①] 中國企業會計準則規定，發出存貨的計價方法可以採用先進先出法、綜合加權平均法、移動加權平均法、個別認定法等計價，在後續的「中級財務會計」課程中會涉及。

甲產品加權平均單位成本＝(7,000＋36,800)/(20＋100)＝365（元/件）

乙產品加權平均單位成本＝(10,000＋48,200)/(40＋200)＝242.5（元/件）

最後，匯總發出的數量，計算銷售成本。

產品銷售成本＝銷售數量×綜合加權平均單位成本

甲產品的銷售成本＝80×365＝29,200（元）

乙產品的銷售成本＝170×242.5＝41,225（元）

表 4－17　　　　　　　　　　庫存商品明細帳

產品名稱：甲產品　　　　　　　　　　　　　　　　　　　　　　單位：元

201×年		憑證號數	摘要	收入			發出			結存		
月	日			數量（件）	單位成本	金額	數量（件）	單位成本	金額	數量（件）	單位成本	金額
11	1 8 25 28		期初餘額 銷售 完工入庫 銷售	100	368	36,800	10 70			20 10 110 40	350	7,000
11	30		本月合計	100		36,800	80	365	29,200	40	365	14,600

表 4－18　　　　　　　　　　庫存商品明細帳

產品名稱：乙產品　　　　　　　　　　　　　　　　　　　　　　單位：元

201×年		憑證號數	摘要	收入			發出			結存		
月	日			數量（件）	單位成本	金額	數量（件）	單位成本	金額	數量（件）	單位成本	金額
11	1 27 28 29		期初餘額 完工入庫 銷售 銷售	200	241	48,200	 50 120			40 240 190 70	250	10,000
11	30		本月合計	200		48,200	170	242.5	41,225	70	242.5	16,975

第六節　利潤及利潤分配業務的會計核算

一、利潤的構成

利潤是指企業在一定會計期間的經營成果。它是評價企業管理層業績的一些重要指標。通常情況下，如果企業實現了利潤，表明企業的所有者權益增加，業績得到了提升；反之，如果企業發生了虧損（即利潤為負數），表明企業的所有者權益減少，業績下滑了。

利潤包括收入減去費用後的餘額、直接計入當期利潤的利得和損失等。其中，收入主要是營業收入，包括主營業務收入和其他業務收入。

費用主要包括主營業務成本、其他業務成本、稅金及附加、管理費用、銷售費用和財務費用。

直接計入當期利潤的利得和損失，是指應當計入當期損益、會導致所有者權益發生增減變動的、與所有者投入資本或者向所有者分配利潤無關的利得和損失。直接計入當期利潤的利得通過「營業外收入」帳戶核算，直接計入當期利潤的損失通過「營業外支出」帳戶核算。

企業應當對收入與利得、費用和損失嚴格加以區分，以更加全面地反映企業的經營業績。

利潤在財務報告中有以下三個層次：

1. 營業利潤

營業利潤＝營業收入－營業成本－稅金及附加－銷售費用－管理費用－財務費用－資產減值損失＋公允價值變動淨損益＋投資淨收益[1]

2. 利潤總額

利潤總額＝營業利潤＋營業外收入－營業外支出

3. 淨利潤

淨利潤＝利潤總額－所得稅費用

其中：所得稅費用＝應納稅所得額[2]×所得稅稅率

＝利潤總額×所得稅稅率

中國的企業所得稅基本稅率為25%。

從利潤的構成中可以看出，主要涉及損益類的帳戶，即收入類和費用類帳戶。

二、利潤分配的有關規定

利潤分配是指企業根據國家有關規定和企業章程、投資者協議等，對企業當年可供分配利潤指定其特定用途和分配給投資者的行為。利潤分配的過程和結果不僅關係到每個股東的合法權益是否得到保障，而且還關係到企業的未來發展。

企業向投資者分配利潤，應按照一定的順序進行。根據中國《公司法》等有關法律法規的規定，利潤分配應按下列順序進行：

1. 計算可供分配的利潤

企業在分配利潤前，應根據本年淨利潤（或虧損）、年初未分配利潤（或虧損），以及其他轉入的金額（如盈餘公積彌補的虧損）等項目，計算可供分配的利潤，即：

可供分配的利潤＝淨利潤（或虧損）＋年初未分配利潤（－彌補以前年度的虧損）＋其他轉入的金額

如果可供分配的利潤為負數（即累計虧損），則不能進行後續分配；如果可供分配的利潤為正數（即累計盈利），則可進行後續分配。

---

[1] 資產減值損失是由資產的減值所帶來的損失；公允價值變動淨損益是金融資產等資產由公允價值發生變動所帶來的損失或收益的淨額；投資淨收益是由企業的各種對外投資所帶來的損失或收益的淨額。這些業務的核算較為複雜，在財務會計中會詳細介紹，這裡不涉及這些業務。

[2] 應納稅所得額可以通過利潤總額來進行調整，具體的調整事項本課程不涉及，在財務會計中介紹。本課程假設不存在納稅調整事項，應納稅所得額等於利潤總額。

2. 提取法定盈餘公積

按照中國《公司法》的有關規定，公司應當按照當年淨利潤（抵減年初累計虧損後）的10%提取法定盈餘公積，提取的依據不包括企業年初的未分配利潤。公司法定公積金累計額超過註冊資本的50%時，可以不再提取。

3. 提取任意盈餘公積

公司從稅後利潤中提取法定盈餘公積後，經股東大會決議，還可以從稅後利潤中提取任意盈餘公積，提取的比例不受法律限制。

4. 向投資者（或股東）分配利潤（或股利）

企業可供分配的利潤扣除提取的盈餘公積後，形成可供投資者分配的利潤，即：

可供投資者分配的利潤 = 可供分配的利潤 − 提取的盈餘公積

企業可採用現金股利、股票股利和財產股利等形式向投資者分配利潤（或股利）。

三、利潤及利潤分配核算設置的帳戶

1. 「本年利潤」帳戶

本年利潤帳戶用來核算企業當期實現的淨利潤（或發生的淨虧損）。

該帳戶屬於所有者權益類帳戶。月末，將損益類各收入帳戶（主營業務收入、其他業務收入、營業外收入、投資收益等）的餘額轉入「本年利潤」帳戶的貸方，將損益類各費用帳戶（主營業務成本、其他業務成本、稅金及附加、管理費用、財務費用、銷售費用、營業外支出、投資損失、所得稅費用等）的餘額轉入「本年利潤」帳戶的借方，結平各損益類帳戶；結轉後本帳戶的貸方餘額為當期實現的淨利潤；若為借方餘額，則表示當期發生的淨虧損。

年度終了，將「本年利潤」帳戶貸方餘額或借方餘額全部轉入「利潤分配」帳戶。結轉後「本年利潤」帳戶應無餘額。

2. 「營業外收入」帳戶

營業外收入帳戶用來核算企業發生的各項營業外收入，主要包括非流動資產處置利得、非貨幣性資產交換利得、債務重組利得、政府補助、盤盈利得、捐贈利得、無法支付的應付帳款等。

該帳戶屬於損益類帳戶。其貸方登記企業發生的各項營業外收入，借方登記期末結轉至「本年利潤」帳戶的營業外收入。期末結轉後本帳戶應無餘額。本帳戶應當按照營業外收入項目進行明細核算。

3. 「營業外支出」帳戶

營業外支出帳戶用來核算企業發生的各項營業外支出，包括非流動資產處置損失、非貨幣性資產交換損失、債務重組損失、公益性捐贈支出、非常損失、盤虧損失、罰款等。

該帳戶屬於損益類帳戶。企業確認發生營業外支出時，借記該帳戶；期末，將本帳戶餘額轉入「本年利潤」帳戶時，貸記該帳戶；期末結轉後本帳戶應無餘額。本帳戶應當按照支出項目進行明細核算。

4. 「所得稅費用」帳戶

所得稅費用帳戶用來核算企業確認的應從當期利潤總額中扣除的所得稅費用。

該帳戶屬於損益類帳戶。企業按照稅法規定計算確定當期的應交所得稅時，借記

本帳戶；期末，將本帳戶的餘額轉入「本年利潤」帳戶時，貸記本帳戶；結轉後本帳戶應無餘額。

5.「利潤分配」帳戶

利潤分配帳戶用來核算企業利潤的分配（或虧損的彌補）和歷年分配（或彌補）後的餘額。

該帳戶屬於所有者權益類帳戶。其貸方登記年度終了由「本年利潤」帳戶轉入的本年累計的淨利潤以及用盈餘公積彌補的虧損額等其他轉入數，借方登記提取的盈餘公積、應當分配給股東或投資者的現金股利或利潤及由「本年利潤」帳戶轉入的本年累計的虧損數。其貸方餘額表示未分配利潤，借方餘額表示未彌補虧損。

該帳戶中要對「提取法定盈餘公積」「提取任意盈餘公積」「應付現金股利（或利潤）」「轉作股本的股利」「盈餘公積補虧」「未分配利潤」等進行明細核算。年末，應將「利潤分配」帳戶下的其他明細帳戶的餘額轉入「未分配利潤」明細帳戶，結轉後除「未分配利潤」明細帳戶可能有餘額外，其他各明細帳戶均無餘額。「未分配利潤」明細帳戶的貸方餘額為歷年累計的未分配利潤（即可供以後年度分配的利潤），借方餘額為歷年累計的未彌補虧損（即留待以後年度彌補的虧損）。

6.「盈餘公積」帳戶

盈餘公積帳戶用來核算企業從淨利潤中提取的盈餘公積。

該帳戶屬於所有者權益類帳戶。其貸方登記企業提取的法定公積金和任意的盈餘公積金，借方登記盈餘公積的使用情況，如轉增資本，或彌補虧損；期末餘額在貸方，反映企業結存的盈餘公積金。該帳戶應當分別「法定盈餘公積」「任意盈餘公積」進行明細核算。

7.「應付股利」帳戶

應付股利帳戶用來核算企業應支付股東的現金股利或利潤。

該帳戶屬於負債類帳戶。其貸方登記企業宣告分派的現金股利或利潤，借方登記企業實際支付的現金股利或利潤；期末餘額在貸方，表示企業已宣告分派但尚未支付的現金股利或利潤。本帳戶可按投資者進行明細核算。

值得注意的是，對於股票股利，企業根據股東大會或類似機構審議批准的利潤分配方案，在辦妥增資手續後，增加「股本」等帳戶，不記入「應付股利」帳戶。

四、利潤及利潤分配業務核算舉例

【例4-31】201×年12月20日，M公司在清查時發現有一筆長期以來無法支付的應付帳款20,000元，經批准轉為營業外收入。

分析：長期以來無法支付的應付帳款，增加了公司本月的利得，記入「營業外收入」帳戶的貸方，同時反映應付帳款減少，記入「應付帳款」帳戶的借方。其會計分錄如下：

借：應付帳款　　　　　　　　　　　　　　　　　　　　20,000
　　貸：營業外收入　　　　　　　　　　　　　　　　　　20,000

【例4-32】201×年12月20日，M公司在生產過程中因排放物超過環保標準，被環保局罰款19,000元，款項已通過銀行存款支付。

分析：公司被罰款，是一種直接計入當期利潤的損失，記入「營業外支出」帳戶

的借方，同時反映銀行存款的減少，記入「銀行存款」帳戶的貸方。其會計分錄如下：

　　借：營業外支出　　　　　　　　　　　　　　　　　　　　　19,000
　　　　貸：銀行存款　　　　　　　　　　　　　　　　　　　　　　19,000

【例 4-33】201×年 12 月 31 日，M 公司結轉本期損益類帳戶。

分析：M 公司 201×年 12 月份損益類帳戶主要包括收入類和費用類。在本章的例題中，尋找 12 月份損益類帳戶，計算本期的發生額。

其中：

主營業務收入 = 160,000 + 320,000 = 480,000（元）

其他業務收入 = 6,000（元）

營業外收入 = 20,000（元）

主營業務成本 = 90,600 + 181,200 = 271,800（元）

其他業務成本 = 5,040（元）

稅金及附加 = 24,000 + 2,400 = 26,400（元）

銷售費用 = 3,400（元）

管理費用 = 15,120 + 57,500 + 2,000 + 1,740 + 1,000 = 77,360（元）

財務費用 = 3,000（元）

營業外支出 = 19,000（元）

把所有收入類帳戶的貸方發生額結轉到「本年利潤」帳戶的貸方，把所有費用類帳戶的借方發生額結轉到「本年利潤」帳戶的借方。其會計分錄如下：

　　借：主營業務收入　　　　　　　　　　　　　　　　　　　　480,000
　　　　其他業務收入　　　　　　　　　　　　　　　　　　　　　6,000
　　　　營業外收入　　　　　　　　　　　　　　　　　　　　　　20,000
　　　　貸：本年利潤　　　　　　　　　　　　　　　　　　　　　506,000
　　借：本年利潤　　　　　　　　　　　　　　　　　　　　　　　406,000
　　　　貸：主營業務成本　　　　　　　　　　　　　　　　　　　271,800
　　　　　　其他業務成本　　　　　　　　　　　　　　　　　　　　5,040
　　　　　　稅金及附加　　　　　　　　　　　　　　　　　　　　26,400
　　　　　　銷售費用　　　　　　　　　　　　　　　　　　　　　　3,400
　　　　　　管理費用　　　　　　　　　　　　　　　　　　　　　77,360
　　　　　　財務費用　　　　　　　　　　　　　　　　　　　　　　3,000
　　　　　　營業外支出　　　　　　　　　　　　　　　　　　　　19,000

【例 4-34】201×年 12 月 31 日，M 公司計算本月應繳納的企業所得稅。

分析：在業務 4-33 中，本期的利潤總額 = 506,000 - 406,000 = 100,000 元，假設不存在納稅調整事項，本期的應納所得稅 = 100,000 × 25% = 25,000 元，所得稅是先計算，記入「所得稅費用」帳戶的借方，同時反映應交稅費增加，記入「應交稅費」帳戶的貸方。其會計分錄如下：

　　借：所得稅費用　　　　　　　　　　　　　　　　　　　　　　25,000
　　　　貸：應交稅費——應交所得稅　　　　　　　　　　　　　　25,000

【例 4-35】201×年 12 月 31 日，結轉本月所得稅費用。

第四章 製造企業主要經濟業務核算與成本計算

分析：「所得稅費用」帳戶也是損益類帳戶，因此，期末也要同其他損益類帳戶一樣，結轉到「本年利潤」帳戶，但與其他損益類帳戶不同的是，所得稅費用要依賴其他損益類帳戶的結轉計算出利潤總額後，才能計算出其發生額，然後再結轉。其會計分錄如下：

借：本年利潤　　　　　　　　　　　　　　　　　　25,000
　　貸：所得稅費用　　　　　　　　　　　　　　　　25,000

從「本年利潤」帳戶可以看出，本月的淨利潤 = 100,000 - 25,000 = 75,000元。
至此，所有的損益類帳戶的餘額都為零。

【例4-36】假設M公司201×年全年實現的淨利潤是800,000元，年度終了，結轉本年利潤帳戶。

分析：由於本會計年度已經結束，第二年需要重開新帳，用於計算下一年度的利潤，因此要把「本年利潤」帳戶的餘額結轉到「利潤分配」帳戶以供分配。由於實現的淨利潤反映在「本年利潤」帳戶的貸方，因此，結轉時要從「本年利潤」帳戶的借方結轉到「利潤分配」帳戶的貸方。「利潤分配」帳戶有多個明細帳戶，由於分配過程尚未開始，因此，應結轉到「未分配利潤」帳戶。其會計分錄如下：

借：本年利潤　　　　　　　　　　　　　　　　　　800,000
　　貸：利潤分配——未分配利潤　　　　　　　　　　800,000

【例4-37】201×年12月31日，M公司依據中國《公司法》的規定按照當年實現淨利潤的10%，提取法定盈餘公積金。

分析：全年實現的淨利潤為800,000元，因此，提取的法定盈餘公積金為80,000元，這是利潤分配的過程，記在「利潤分配——提取法定盈餘公積」帳戶的借方，同時反映盈餘公積增加，記在「盈餘公積」帳戶的貸方。其會計分錄如下：

借：利潤分配——提取法定盈餘公積　　　　　　　　80,000
　　貸：盈餘公積　　　　　　　　　　　　　　　　80,000

【例4-38】201×年12月31日，M公司股東大會討論通過按當年淨利的10%提取任意盈餘公積。

分析：全年實現的淨利為800,000元，因此，提取的任意盈餘公積為80,000元，這是利潤分配的過程，記在「利潤分配——提取任意盈餘公積」帳戶的借方，同時，反映盈餘公積增加，記在「盈餘公積」帳戶的貸方。其會計分錄如下：

借：利潤分配——提取任意盈餘公積　　　　　　　　80,000
　　貸：盈餘公積　　　　　　　　　　　　　　　　80,000

【例4-39】201×年12月31日，M公司宣告向股東派發現金股利200,000元。

分析：宣告派發股利，是利潤分配的過程，記在「利潤分配——應付股利」帳戶的借方，同時反映應付股利的增加，記在「應付股利」帳戶的貸方。其會計分錄如下：

借：利潤分配——應付股利　　　　　　　　　　　　200,000
　　貸：應付股利　　　　　　　　　　　　　　　　200,000

【例4-40】201×年12月31日，M公司把「利潤分配」帳戶的其他明細帳戶結轉至「利潤分配——未分配利潤」帳戶。

分析：由於利潤分配明細帳戶的其他明細帳戶在分配過程中都記在了借方，因此

分配完畢，要從其貸方結轉至「未分配利潤」明細帳戶的借方。結轉後，其他明細帳戶無餘額，只有「未分配利潤」明細帳戶有餘額，表示期末分配完畢後剩餘的利潤。

在本例中，分配前「利潤分配」帳戶有貸方發生額 800,000 元，本期已分配的利潤為 360,000 元，分配完畢，「利潤分配」帳戶的期末貸方餘額為 440,000 元。其會計分錄如下：

借：利潤分配——未分配利潤　　　　　　　　　　　　　　360,000
　　貸：利潤分配——提取法定盈餘公積　　　　　　　　　　80,000
　　　　　　　　——提取任意盈餘公積　　　　　　　　　　80,000
　　　　　　　　——應付股利　　　　　　　　　　　　　 200,000

【本章小結】

產品製造企業是從事產品生產經營的營利性組織。企業通過吸收投資或向金融機構借款等渠道籌集生產經營所需資金，然後使用資金購買機器設備和生產所需原料，生產工人利用機器設備把原料加工成產成品，產成品銷售收回貨款就轉換為貨幣資金。在生產經營過程中，企業的資金不斷變換其存在的形態，形成資金的循環與週轉。企業會計核算的對象就是資金的運動，因此，本章主要講述產品製造企業各類經濟業務的會計核算。

籌集資金業務主要涉及「實收資本」「資本公積」「短期借款」等帳戶的使用；採購業務主要涉及「固定資產」「在途物資」「原材料」「應交稅費——應交增值稅（進項稅額）」等帳戶的使用；產品生產業務主要涉及「生產成本」「製造費用」「管理費用」「累計折舊」「應付職工薪酬」「庫存商品」等帳戶的使用；產品銷售業務主要涉及「主營業務收入」「主營業務成本」「稅金及附加」「銷售費用」等帳戶的使用；利潤及利潤分配業務主要涉及「本年利潤」「利潤分配」等帳戶的使用。

成本計算是對企業生產經營過程中發生的各種費用，按照各種不同的成本計算對象進行歸集、分配，進而計算確定各成本計算對象總成本和單位成本的一種會計專門方法。製造企業的成本計算包括材料採購成本、產品生產成本和產品銷售成本三個方面。材料採購成本的計算應以採購材料品種、類別為成本計算對象，歸集、分配採購費用，並計算驗收入庫材料的總成本和單位成本，其成本項目包括買價和採購費用。產品生產成本的計算主要以產品的品種為成本計算對象，歸集、分配生產費用，進一步計算完工產品的總成本和單位成本，其成本項目主要包括直接材料、直接人工和製造費用。在銷售業務核算中，需要計算已銷售產品的銷售成本。

【閱讀材料】

誰是借貸記帳法的發明者

1878 年，義大利聖塞波爾克羅鎮的居民為盧卡·帕喬利立了一座紀念碑，碑文上寫著「他創立了復式簿記」。但是，有些人卻不買這個帳。《巴其阿勒會計論》英文版序作者 A. R. 詹寧斯（Alvin R. Jennings）說：「人們往往誤認為盧卡·帕喬利是復式簿記的創始人。事實上，我們並不知道復式簿記的真正創始者。」葛家澍教授在《巴其阿勒會計論》中文版序中提出：「復式簿記究竟創始於何時、何地？發明者是誰？迄今

還是一個不解之謎。」

一、借貸記帳法的發明者是商人

（一）初創借貸記帳法

《會計發展史綱》（郭道揚編著）中所列示的1211年佛羅倫薩銀行帳簿，是垂直型分類帳戶，應是比較原始的單式借貸記帳法的標本。該書還列舉了甲、乙、丙三個自然人的存款帳戶，餘額一律在貸方，說明這是「貸主分類帳簿」。銀行業主吸收了存款，加上資本金，是為了出借資金，從中獲利。因此可以推測：銀行業主還應當有一本出借資金的「借主分類帳簿」。

13世紀初，私人資本還很有限，銀行相當於中國的錢莊。業主既是財產所有者又是經營者，還是兼職會計員。早期銀行必須具備貸主和借主兩本分類帳簿，才能恰當地計算應收借主利息以及應付貸主利息，用於計算經營毛利潤。毛利潤減實際支出的費用就是損益。筆者推測：銀行業主是帳簿的操作者，是借貸記帳法的發明者。佛羅倫薩銀行業主處理某轉帳交易，「公元1211年5月8日，乙客戶委託丙客戶運輸胡椒，支付運費40杜卡特，委託銀行代為轉帳」的經濟事項，會計業務處理程序是：借記「乙客戶」帳戶40杜卡特，貸記「丙客戶」帳戶40杜卡特，是為復式記帳法。又例如，安東‧克洛存款1,000杜卡特。記帳者僅需開設「安東‧克洛」帳戶（不需要開設現金帳戶），是為單式記帳法。在單式與復式記帳法混用的時代，可以稱為「單式借貸記帳法」。因為現金放在商人的口袋裡，可以說是「肉」爛在鍋裡，不需要登記「現金」帳戶。

（二）復式借貸記帳法的發展

1211—1494年間，商人和職業會計人員發明、繼承、發展了會計核算技術。

（1）仍以佛羅倫薩的銀行業帳簿為例。①佩魯齊銀行帳簿。1336年，該行在西歐有15個分店，90個代理商，1336年的分類帳簿根據1335年帳戶「餘額」轉記；1337年有了「損益」帳戶設置，每個帳戶都附有記帳索引記號。②梅迪奇銀行帳簿。該行創辦於1397年，1494年倒閉。該行規定每年3月24日為分店結帳期，採用了由總行控制各分店的結帳制度，報表副本報總行，由總行統一採用內部審計制度，進行審查。

小結之一：最晚在1336年，佩魯齊銀行已經將財產所有權與經營權分離。這時，「現金」已不是放在財產所有者的口袋裡，而是放在經營者的口袋裡，單式借貸記帳法不適應於兩權分離，必須設置「現金」帳戶，隨之完成了復式借貸記帳法的革命。90個代理商成了經營者，銀行的會計人員已經是職業工作者。根據「『損益』帳戶設置」，可以認定：經過125年的發展，單式借貸記帳法已經發展為復式借貸記帳法。

（2）佛羅倫薩工商業帳簿。①菲尼兄弟商店帳簿。從1296年至1305年，已經有了日記帳簿與分類帳簿的區別。借方、貸方已成為標語（即記帳符號），分類帳頁的上格稱為借方，下格稱為貸方。分類帳簿不僅有了「人名」帳戶、「物名」帳戶，或按商品大類如「被服」「靴帽」「雜貨」帳戶進行核算，而且有了「費用」和「損益」帳戶。②14世紀初合夥制阿爾貝蒂商會提出了利潤計算書。③1382年，托斯坎尼商會帳簿的金額全部採用阿拉伯數碼，帳簿中出現了兩側型帳戶，左側為借方，右側為貸方。④1393年年末，達蒂尼商會除總店外，還有20多個分店。每年年終有了「財產目錄簿」的記錄；1395年，分類帳簿徹底改垂直型為兩側型帳戶。

小結之二：1337—1494 年，佛羅倫薩的銀行業已經使用阿拉伯數碼、財產目錄簿、兩欄式分類帳簿、帳戶餘額表（可以視為資產負債表）、損益表，有了「商品名稱」「費用」和「損益」以及「人名」「物名」帳戶。合夥制企業必須設置「資本」「現金」和「銀行存款」等帳戶。因為「商品名稱」帳戶核算「商品名稱」毛利潤〔銷售收入－（進貨成本－商品盤點價值）〕，勢必用財產目錄簿記錄期末商品盤點價值，還核算「損益」（毛利潤－費用）。

（三）1482 年威尼斯的帳簿

（1）多蘭多索蘭佐兄弟商店的帳簿。兄弟商店帳簿有兩冊，第一冊記錄 1410—1416 年間的帳目，第二冊記錄 1416—1434 年間的帳目。第二冊與第一冊相比較有了公認的進步：有了比較完善的帳戶設置，包括「資本」和「損益」帳戶，年終結出「餘額」帳戶，做到借貸平衡。

（2）安德烈·亞巴爾巴里戈父子商店的帳簿。父子商店有三本帳簿，「第一冊為 1430—1440 年間的帳簿，第二冊為 1440—1449 年間的帳簿，第三冊為 1456—1482 年間的帳簿（三本帳簿中短缺 1450—1455 年間計 6 年的帳簿）。第一、二冊帳簿的記錄皆出自老亞巴爾巴里戈的手，而第三冊帳簿出自其子之手。三本分類帳簿，相當於明細分類賬，比多蘭多索蘭佐兄弟商店的簿記法進步」。帳簿使用「per」作借方，「A」作貸方，分類帳簿採用「兩側型帳戶」。第三冊帳簿「全面設置『人名』帳戶、『手續費』帳戶、『工資』帳戶、『家事費用』帳戶、『私用』帳戶、『利潤』帳戶、『資本』帳戶和『餘額』帳戶」，做到帳戶齊全，全面核算父子商店的會計業務，顯示威尼斯簿記發展到了較高水平。父子商店的第三冊分類帳簿截止於 1482 年，與《簿記論》寫作年代（1493 年）非常接近。

小結之三：上述兄弟商店、父子商店的記帳方法有可能受到佛羅倫薩借貸記帳法的影響，可以代表經濟發達的義大利會計核算水平。

二、帕喬利的簿記老師是威尼斯商人

聖塞波爾克羅鎮原是義大利的一個普通小鎮，自從出了受到世界矚目的會計學者盧卡·帕喬利，小鎮便逐漸熱鬧起來，來訪者常常是世界上著名的會計學家。居民們以帕喬利為榮。許多研究者撰寫文章歌頌帕喬利，小鎮因此聲名大振。居民們為了提高小鎮的知名度，吹捧帕喬利「創立了復式簿記」是可以理解的。詹寧斯否定帕喬利「創立了復式簿記」，應是根據《簿記論》中的論述「我在這裡採用了流行於威尼斯的記帳方式」。那麼，是誰教會帕喬利操作借貸記帳法？

1. 帕喬利不可能在作坊學習、操作會計核算技術

R. G. 布朗等人說：「我們無法確定帕喬利究竟是在何時掌握了復式簿記知識的，很可能是他在聖塞波爾克羅鎮的作坊做學徒時從作坊師傅貝爾夫西那裡學來的。」此說沒有證據，是猜想。

帕喬利生於 1445 年。他 16 歲開始做學徒，應是 1461 年。1464 年，他受雇於威尼斯商人任家庭教師，做學徒時間不足三年。

在不足三年的時間，他除了在業主貝爾夫西的作坊工作，還師從弗朗西斯卡學習數學，並隨弗氏多次去烏比諾旅行，包括在烏比諾公爵藏書館閱讀。此後，弗朗西斯卡又把他介紹給建築大師阿爾貝蒂，把他帶到威尼斯。「在那裡，帕喬利不僅繼續自己的學習，而且受聘為當地富商安東尼奧·德·羅姆彼爾西的三個兒子的家庭教師。」

第四章 製造企業主要經濟業務核算與成本計算

應當指出的是,那個時代,「學徒必須跟隨一位師傅度過三至十一年的學徒期」。作坊業主兼師傅不太可能對當學徒的時間少於三年的帕喬利,既教手藝,又教他學習簿記技術。從作坊業主角度看,進入作坊時間很短的學徒,沒有資格接近帳簿。所以,「正是在羅姆彼爾西家裡,帕喬利第一次講授算術和簿記知識」的結論不妥。他教三個孩子學習數學等是其職責,而對小孩子講授簿記知識,沒有事實根據。

2. 帕喬利在威利斯商人家裡有條件學習和操作簿記

閻達五教授說:帕喬利在任家庭教師期間,「他除教書、攻讀數學外,緊緊抓住商人家庭這一環境,努力學習、掌握有關商業經營和簿記操作方面的知識,從而為他後來寫作代數和算術以及在商業中的應用、簿記、貨幣和兌換等論著,奠定了基礎。正如他自己所述:正是由於這位商人,我乘上了滿載商品的航船」。那麼,帕氏是怎樣學習威尼斯簿記的呢?

15世紀中期,威尼斯共和國時代,會計核算工作與商人的商品交易基本上還結合在一起,一般由商人兼職會計核算,羅姆彼爾西應是兼職簿記員。《簿記論》中說:商人常常置身於市場交易中,「為了不使顧客撲空,他們(指婦女和家庭教師等——筆者註)必須按照業主的囑咐,進行買賣和收款。因此他們應盡最大努力在備忘簿中記下每筆交易」。帕喬利記錄備忘簿,充作確認會計分錄的根據,是操作簿記的第一步。商人外出經商時,家中的日記帳簿需要有人確認會計分錄,分類帳簿需要人登記,家庭教師是可供選擇的兼職簿記員。羅姆彼爾西必須教會帕喬利處理帳務的一般知識(不包括「商品名稱」毛利潤帳戶核算)。帕喬利記帳、算帳時,也可以翻閱前面的老帳,進一步學習會計核算操作方法。商人家庭環境是帕喬利學習、操作威尼斯簿記的最佳條件。所以,帕喬利在《簿記論》中順理成章地論述了財產目錄簿、備忘簿、日記帳簿、分類帳簿和試算平衡表的操作方法。

資料來源:劉中文. 誰是借貸記帳法的發明者 [J]. 財務與會計, 2011(1):65-66.

第五章

帳戶的分類

【結構框架】

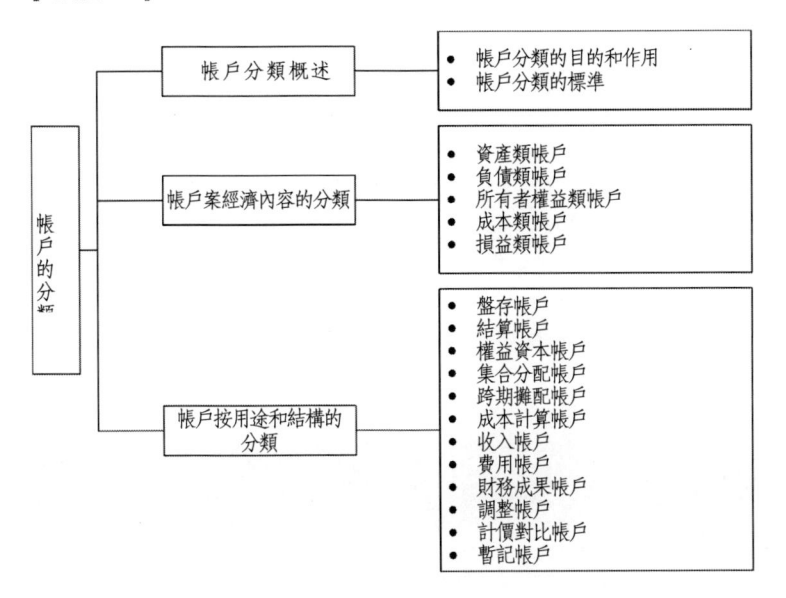

```
                    ┌─ 帳戶分類概述 ─────┬─ 帳戶分類的目的和作用
                    │                    └─ 帳戶分類的標準
                    │
                    │                    ┌─ 資產類帳戶
                    │                    ├─ 負債類帳戶
        帳戶的分類 ─┼─ 帳戶案經濟內容的分類 ┼─ 所有者權益類帳戶
                    │                    ├─ 成本類帳戶
                    │                    └─ 損益類帳戶
                    │
                    │                    ┌─ 盤存帳戶
                    │                    ├─ 結算帳戶
                    │                    ├─ 權益資本帳戶
                    │                    ├─ 集合分配帳戶
                    │                    ├─ 跨期攤配帳戶
                    └─ 帳戶按用途和結構的分類 ┼─ 成本計算帳戶
                                         ├─ 收入帳戶
                                         ├─ 費用帳戶
                                         ├─ 財務成果帳戶
                                         ├─ 調整帳戶
                                         ├─ 計價對比帳戶
                                         └─ 暫記帳戶
```

【學習目標】

　　本章主要介紹帳戶分類的目的、作用和標準，包括帳戶按經濟內容的分類及其具體類別、按用途和結構的分類及其具體類別。通過本章的學習，要求學生掌握帳戶按照經濟內容分類、按照用途和結構分類的規律。

第一節 帳戶分類概述

一、帳戶分類的目的和作用

企業的經濟業務是複雜的，具有多樣性，不同的經濟業務包含的經濟內容不同。為了全面反映各項會計要素的增減變化情況，為企業的經濟管理提供必要的會計信息，必須設置和運用一系列的帳戶。

每個帳戶只能反映特定的某項經濟業務所引起的資金運動，而企業全部資金運動的增減變動情況，需要通過若干個帳戶進行系統綜合的反映。這些帳戶雖然在性質、用途和結構等方面有所不同，但不是孤立存在的，而是相互聯繫和相互依存，從而形成了一個完整的有機整體。為了更好地掌握帳戶的設置與具體運用，有必要對帳戶進行適當的分類，以掌握各類帳戶在提供會計信息方面的規律性。帳戶分類就是在各個帳戶特殊性的基礎上，分析相關帳戶的共性，把握帳戶之間的內在規律。

科學地進行帳戶的分類有助於科學地進行管理。帳戶分類需要說明每一帳戶在帳戶體系中的地位和作用，以便深化對帳戶的認識，更好地運用帳戶對企業的經濟業務進行反映。

帳戶分類就是為了進一步瞭解各帳戶的具體內容，明確掌握帳戶之間的區別和聯繫以及帳戶的使用方法，以滿足提供各項指標和促進管理的需要。帳戶分類的作用體現在以下方面：①便於設置完整的帳戶體系，全面反映企業經營活動情況；②便於設置會計帳簿的格式；③便於編制財務報表。

二、帳戶分類的標準

凡在提供會計信息方面具有共同性的帳戶，就它們的共同性而言屬於一類帳戶。帳戶分類有不同的標準，每一分類標準可以從不同的角度認識，並按照分類標準將全部帳戶分為各種類別。它是將全部的帳戶，按照帳戶的本質特點，進行科學的概括。帳戶常見的分類標準有：按經濟內容的分類、按用途和結構的分類。另外，帳戶還可根據提供指標的詳細程度進行分類。

第二節 帳戶按經濟內容的分類

帳戶按經濟內容的分類，是指帳戶反映會計對象的具體內容。它是帳戶分類的基礎，是對帳戶的最基本分類。這種分類便於正確設置帳戶，提供系統的會計信息。

會計對象的具體內容也就是會計要素，但是帳戶按經濟內容分類並非簡單地按會計要素分類，它一般分為資產類帳戶、負債類帳戶、所有者權益類帳戶、成本類帳戶和損益類帳戶。需要說明的是：①利潤是企業一定時期內收入與費用相配比的結果，其最終要歸屬於所有者權益，因此將反映利潤的帳戶歸入所有者權益類帳戶。②製造企業等單位，需要確定產品生產成本，專門設置用於成本計算的帳戶，以歸集產品生

產有關費用。③收入和費用兩個會計要素同屬於損益計算要素，可以將兩者歸為一類，即損益類帳戶。

帳戶按經濟內容分類的具體內容如下：

一、資產類帳戶

資產類帳戶是用於反映企業資產的增減變動及其結存情況的帳戶。按照資產的流動性，其可分為反映流動資產、非流動資產等帳戶。反映流動資產的帳戶有「庫存現金」「銀行存款」「交易性金融資產」「應收票據」「應收帳款」「其他應收款」「原材料」和「庫存商品」等帳戶；反映非流動資產的帳戶有「長期股權投資」「固定資產」「累計折舊」「固定資產減值準備」「無形資產」和「長期待攤費用」等帳戶。

二、負債類帳戶

負債類帳戶是用於反映企業負債的增減變動及其實有數額的帳戶。按照負債的償還期限，其可分為反映流動負債、非流動負債等帳戶。反映流動負債的帳戶有「短期借款」「交易性金融負債」「應付票據」「應付帳款」「其他應付款」「應付職工薪酬」「應交稅費」「應付利息」和「應付股利」等帳戶；反映非流動負債的帳戶有「長期借款」「應付債券」和「長期應付款」等帳戶。

三、所有者權益類帳戶

所有者權益類帳戶是用於反映所有者權益增減變動及其實有數額的帳戶，其具體包括「實收資本」「資本公積」「盈餘公積」「本年利潤」和「利潤分配」等帳戶。

四、成本類帳戶

成本類帳戶是用於反映企業在生產經營過程中發生的各種對象化費用情況及其成本計算的帳戶，具體包括「生產成本」「製造費用」和「勞務成本」等帳戶。

在採購過程中，用來歸集購入材料買價和採購費用，計算材料採購成本的帳戶，如「在途物資」帳戶；在生產過程中，用來歸集製造產品的生產費用，計算產品生產成本的帳戶，如「生產成本」和「製造費用」帳戶。

成本類帳戶與資產類帳戶具有密切的聯繫。資產一經耗用就轉化為成本費用。成本類帳戶的期末借方餘額屬於企業的資產，如「在途物資」帳戶的借方餘額表示在途材料，「生產成本」帳戶的借方餘額為在產品，都是企業的流動資產。從這種意義上來講，成本類帳戶也是資產類帳戶，因此，「在途物資」帳戶既可以歸入資產類帳戶，也可以歸入成本類帳戶。

五、損益類帳戶

損益類帳戶是用於反映企業一定時期損益增減變動情況的帳戶。按照與損益組成內容的關係，其可分為收入類帳戶和費用類帳戶。收入類帳戶是核算企業在生產經營過程中所取得的各種經濟利益的帳戶，如「主營業務收入」「其他業務收入」「投資收益」和「營業外收入」等；費用類帳戶是核算企業在生產經營過程中發生的各種費用

支出的帳戶，如「主營業務成本」「其他業務成本」「稅金及附加」「銷售費用」「管理費用」「財務費用」和「所得稅費用」等。

第三節 帳戶按用途和結構的分類

帳戶按用途和結構的分類，是在帳戶按經濟內容分類的基礎上，將用途、結構基本相同的帳戶進行歸類，便於正確地使用帳戶，可以避免技術性差錯。

所謂帳戶的用途，是指設置和運用帳戶的目的，即通過帳戶記錄提供什麼核算指標。所謂帳戶的結構，是指在帳戶中如何登記經濟業務，以取得所需的各種核算指標，即帳戶的借貸方登記的內容、餘額的方向及表示的含義。如「固定資產」帳戶和「累計折舊」帳戶，按其反映的經濟內容都屬於資產類帳戶，並且都是用來反映固定資產的帳戶。但是，這兩個帳戶的用途和結構不同。「固定資產」帳戶是按其原始價值反映固定資產增減變動及結存情況的帳戶，增加記借方，減少記貸方，期末借方餘額表示期末時點現有固定資產的原始價值。而「累計折舊」帳戶則是用來反映固定資產由於損耗而引起的價值減少的帳戶，計提折舊增加時記入貸方，已提折舊的減少或註銷記入借方，期末餘額在貸方，表示期末時點現有固定資產的累計折舊。

帳戶按用途和結構的不同，通常分為盤存帳戶、結算帳戶、權益資本帳戶、集合分配帳戶、跨期攤配帳戶、成本計算帳戶、收入帳戶、費用帳戶、財務成果帳戶、調整帳戶、計價對比帳戶、暫記帳戶等。

一、盤存帳戶

盤點帳戶是用於核算和監督財產物資和貨幣資金增減變動及其結存數額的帳戶。盤存帳戶的結構是：借方登記財產物資和貨幣資金的增加數額，貸方登記財產物資和貨幣資金的減少數額，餘額在借方，表示財產物資和貨幣資金的結存數額（見圖5-1）。屬於這類的帳戶有：「庫存現金」「銀行存款」「原材料」「庫存商品」和「固定資產」等帳戶。

借方	盤存帳戶	貸方
期初餘額：期初貨幣資金或實物資產結存額 本期發生額：本期貨幣資金或實物資產增加額		本期發生額：本期貨幣資金或實物資產增加額
期末餘額：期末貨幣資金或實物資產結存額		

圖5-1 盤存帳戶

二、結算帳戶

結算帳戶是用於核算和監督本單位同其他單位或個人之間的債權、債務結算情況的帳戶。不同的結算業務的性質，決定了結算帳戶具有不同的用途與結構，具體分為

債權結算帳戶、債務結算帳戶和債權債務結算帳戶三類。

（1）債權結算帳戶。它是用於核算和監督本單位債權增減變動及其結存數額的帳戶，其結構是：借方登記債權的增加數，貸方登記債權的減少數，餘額在借方，表示期末尚未收回債權的實有數額（見圖5-2）。屬於這類帳戶的有：「應收票據」「應收帳款」「預付帳款」和「其他應收款」等帳戶。

借方	債權結算帳戶	貸方
期初餘額：期初尚未收回的債權實有額 本期發生額：本期債權的增加額	本期發生額：本期債權的減少額	
期末餘額：期末尚未收回的債權實有額		

圖5-2　債權結算帳戶

（2）債務結算帳戶。它是用於核算和監督本單位債務增減變動及其結存數額的帳戶，其結構是：借方登記債務的減少數，貸方登記債務的增加數，餘額在貸方，表示期末尚未收回債務的實有數額（見圖5-3）。屬於這類帳戶的有：「短期借款」「應付票據」「應付帳款」「預收帳款」「應付職工薪酬」「應交稅費」「應付股利」「其他應付款」和「長期借款」等帳戶。

借方	債務結算帳戶	貸方
本期發生額：本期債權的減少額	期初餘額：期初尚未歸還的債務實有額 本期發生額：本期債務的增加額	
	期末餘額：期末尚未歸還的債務實有額	

圖5-3　債務結算帳戶

（3）債權債務結算帳戶。它是用於核算和監督本單位同其他單位或個人之間發生的往來結算款項的帳戶，其結構是：借方登記債權的增加數或債務的減少數，貸方登記債權的減少數或債務的增加數，餘額可能在借方，表示債權的實有數，餘額也可能在貸方，表示債務的實有數（見圖5-4）。有的單位將「其他應收款」和「其他應付款」帳戶合併，設置「其他往來」帳戶，用於核算其他應收款和其他應付款的增減變動情況和結果，該帳戶就屬於債權債務結算帳戶。

借方	債權債務結算帳戶	貸方
期初餘額：債權大於債務的期初差額 本期發生額：債權增加額或債務減少額	期初餘額：債務大於債權的期初差額 本期發生額：債務增加額或債權減少額	
期末餘額：債權大於債務的期末差額	期初餘額：債務大於債權的期末差額	

圖5-4　債權債務結算帳戶

三、權益資本帳戶

權益資本帳戶是用於核算和監督企業各項資本增減變化及其結存情況的帳戶。權益資本帳戶的結構是：借方登記資本的減少數，貸方登記資本的增加數，餘額在貸方，表示各種資本的實有數（見圖 5-5）。屬於這類帳戶的有：「實收資本」「資本公積」和「盈餘公積」等帳戶。

借方	權益資本帳戶	貸方
本期發生額：本期資本減少額	期初餘額：期初資本結存額 本期發生額：本期資本增加額 期末餘額：期末資本結存額	

圖 5-5　權益資本帳戶

四、集合分配帳戶

集合分配帳戶是用於歸集和分配企業生產經營過程中某一階段所發生的某種費用的帳戶。設置這類帳戶的目的是便於將相關費用進行分配。集合分配帳戶的結構是：借方登記費用的發生額，貸方登記費用的分配額，期末一般無餘額（見圖 5-6）。屬於這類帳戶的是「製造費用」帳戶。

借方	集合分配帳戶	貸方
本期發生額：匯集生產過程中間接費用發生額	本期發生額：將間接費用計入各成本計算對象的分配轉出額	

圖 5-6　集合分配帳戶

五、跨期攤配帳戶

跨期攤配帳戶是用於核算和監督應由各個會計期間共同負擔的費用，並將這些費用分攤於各個會計期間的帳戶。設置跨期攤配帳戶的目的，是為了使費用的確認建立在權責發生制的基礎之上，通過合理分攤，正確確定各個時期的成本和費用，從而正確計算每期損益。跨期攤配帳戶的結構是：借方登記費用的實際支出數或發生數，貸方登記應由各個會計期間負擔的費用攤配數，餘額在借方，表示已經支付尚未攤配的待攤費用數額（見圖 5-7）。屬於這類帳戶的有「跨期攤配」帳戶。

借方	跨期攤配帳戶	貸方
期初餘額：已支付但尚未攤配的待攤費用數額 本期發生額：本期增加的待攤費用數額	本期發生額：本期攤配的待攤費用數額	
期末餘額：已支付但尚未攤配的待攤費用數額		

圖 5-7　跨期攤配帳戶

六、成本計算帳戶

　　成本計算帳戶是用於核算和監督企業生產經營過程中某一階段所發生、應計入成本的全部費用，以確定該階段各個成本計算對象實際成本的帳戶。成本計算帳戶的結構是：借方登記應計入成本的各項費用，貸方登記轉出的實際成本，期末如有餘額在借方，表示尚未完成某個階段成本計算對象的實際成本（見圖 5-8）。屬於這類帳戶的有：「在途物資」「在建工程」「材料採購」和「生產成本」等帳戶。

借方	成本計算帳戶	貸方
期初餘額：未轉出成本計算對象的實際成本 本期發生額：經營過程中發生的應由成本計算對象承擔的費用	本期發生額：轉出成本計算對象的實際成本	
期末餘額：期末貨幣資金或實物資產結存額		

圖 5-8　成本計算帳戶

七、收入帳戶

　　收入帳戶是用於核算和監督企業一定時期內所取得的各種收入和收益的帳戶。收入帳戶的結構是：借方登記收入和收益的減少數以及期末轉入「本年利潤」帳戶的收入和收益數，貸方登記實現的收入和收益數，結轉後該類帳戶應無餘額（見圖 5-9）。屬於這類帳戶的有：「主營業務收入」「其他業務收入」「投資收益」和「營業外收入」等帳戶。

借方	收入帳戶	貸方
本期發生額：收入抵減額和期末轉入「本年利潤」帳戶的收入額	本期發生額：收入增加額	

圖 5-9　收入帳戶

八、費用帳戶

費用帳戶是用於核算和監督企業一定時期內所發生的應計入當期損益的各項成本、費用和支出的帳戶。費用帳戶的結構是：借方登記發生的費用支出數，貸方登記費用支出的減少數以及期末轉入「本年利潤」帳戶的費用支出數，結轉後該類帳戶應無餘額（見圖5-10）。屬於這類帳戶的有：「主營業務成本」「其他業務成本」「稅金及附加」「銷售費用」「管理費用」「財務費用」和「所得稅費用」等帳戶。

借方	費用帳戶	貸方
本期發生額：費用增加額		本期發生額：費用抵減額和期末轉入「本年利潤」帳戶的費用額

圖5-10 費用帳戶

九、財務成果帳戶

財務成果帳戶是用於核算和監督企業在一定時期內生產經營活動最終成果的帳戶。財務成果帳戶的結構是：借方登記期末從各費用支出類帳戶的轉入數，貸方登記期末從各收入收益類帳戶的轉入數，期末餘額在貸方，表示企業實現的淨利潤，期末餘額在借方，表示企業發生的虧損總額（見圖5-11）。屬於這類帳戶的是「本年利潤」帳戶。

借方	財務成果帳戶	貸方
本期發生額：本期從費用帳戶轉入的各項成本、費用支出數額		本期發生額：本期從收入帳戶轉入的各項收入、收益數額
期末餘額：（1—11月份）發生的虧損數額		期末餘額：（1—11月份）實現的利潤數額
		年末結轉後無餘額

圖5-11 財務成果帳戶

十、調整帳戶

調整帳戶是用於調整被調整帳戶的餘額，以確定被調整帳戶的實際餘額而設置的帳戶。在會計工作中，由於管理上的需要或其他方面的原因，將調整帳戶與被調整帳戶有機結合起來，可以提供管理上的信息需求。調整帳戶按其調整方式的不同，可以分為備抵帳戶、附加帳戶和備抵附加帳戶三類。

（1）備抵帳戶。它是用於抵減被調整帳戶的餘額，以求得被調整帳戶的實際餘額的帳戶。被調整帳戶的餘額與備抵帳戶的餘額必定方向相反，如果被調整帳戶的餘額在借方（或貸方），則備抵帳戶的餘額一定在貸方（或借方）（見圖5-12）。屬於這類帳戶的有：「累計折舊」「壞帳準備」和「固定資產減值準備」等帳戶。

借方	固定資產	貸方	借方	累計折舊	貸方
期末餘額：50,000				期末餘額：30,000	

借方	固定資產減值準備	貸方
	期末餘額：500	

固定資產期末餘額	50,000
減：累計折舊期末餘額	30,000
固定資產帳面淨值	20,000
減：固定資產減值準備	500
固定資產帳面價值	19,500

圖 5－12　備抵帳戶

（2）附加帳戶。它是用於增加被調整帳戶的餘額，以求得被調整帳戶的實際餘額的帳戶。被調整帳戶的餘額與附加帳戶的餘額必定方向相同，如果被調整帳戶的餘額在借方（或貸方），則附加帳戶的餘額一定在借方（或貸方）。這類調整帳戶的特點是：調整帳戶與被調整帳戶的性質相同，兩個帳戶的餘額方向一定也是相同的。在實際工作中，附加帳戶運用較少，在此不作更多的說明。

（3）備抵附加帳戶。它是根據調整帳戶的餘額方向用於抵減或增加被調整帳戶的餘額，以求得被調整帳戶的實際餘額的帳戶。當調整帳戶的餘額與被調整帳戶的餘額方向相反時，該帳戶起備抵帳戶的作用，其調整方式與備抵帳戶相同；當調整帳戶的餘額與被調整帳戶的餘額方向相同時，該帳戶起附加帳戶的作用，其調整方式與附加帳戶相同。例如，採用計劃成本進行材料日常核算的企業，設置的「材料成本差異」帳戶就屬於該類帳戶（見圖5－13）。

	被調整帳戶			調整帳戶	
借方	原材料——A	貸方	借方	材料成本差異——A	貸方
期末餘額：60,000			期末餘額：300		

「原材料——A」帳戶的借方餘額（計劃成本）	60,000
加：「材料成本差異——A」帳戶借方餘額（超支額）	300
「原材料——A」的實際成本	60,300

	被調整帳戶			調整帳戶	
借方	原材料——B	貸方	借方	材料成本差異——B	貸方
期末餘額：80,000				期末餘額：600	

「原材料——B」帳戶的借方餘額（計劃成本）	80,000
加：「材料成本差異——B」帳戶貸方餘額（節約額）	600
「原材料——B」的實際成本	79,400

圖 5－13　備抵附加帳戶

十一、計價對比帳戶

計價對比帳戶是用於對某項經濟業務按照兩種不同的計價標準進行對比，從而確定其業務成果的帳戶。按計劃成本進行材料日常核算的企業設置的「材料採購」帳戶就屬於這類帳戶。此時「材料採購」帳戶的借方登記材料的實際採購成本，貸方登記按照計劃成本核算的材料的計劃採購成本，通過借貸雙方兩種計價的對比，以確定材料採購的業務成果（即超支或節約）。屬於此類帳戶的還有按計劃成本進行產成品日常核算的企業設置的「生產成本」和「固定資產清理」等帳戶。

以「材料採購」帳戶為例，計價對比帳戶的結構如圖 5-14 所示。

借方	材料採購	貸方
期初餘額：上期末在途材料的實際成本		
本期發生額：本期未入庫材料的實際成本及轉入「材料成本差異」帳戶貸方的實際成本小於計劃成本的節約額		本期發生額：入庫材料的計劃成本及轉入「材料成本差異」帳戶借方的實際成本小於計劃成本的超支額
期末餘額：在途材料的實際成本		

圖 5-14　計價對比帳戶

十二、暫記帳戶

某些經濟業務的應借帳戶和應貸帳戶的一方能立即確定，而另一方一時難以確定。此時可將另一方暫記為某個帳戶，一旦確定另一方的帳戶後，則進行轉帳。這種用於暫時登記、具有過渡性質的帳戶，稱為暫記帳戶。常見的暫記帳戶有「待處理財產損溢」帳戶（見圖 5-15）。

借方	待處理財產損溢	貸方
(1) 清查確定的各種待處理財產物資的盤虧和毀損數 (2) 經批准後結轉的各種財產物資的盤盈數		(1) 清查確定的各項待處理財產物資的盤盈數 (2) 經批准後結轉的各種財產物資的盤虧和毀損數
期末餘額：尚未批准處理的各種待處理財產物資淨損失額		期末餘額：尚未批准處理的各種待處理財產物資淨溢餘額

圖 5-15　暫記帳戶

為了更好地理解和運用帳戶，現以產品製造企業為例，將主要帳戶按照兩種分類的聯繫列表 5-1：

表 5-1　　帳戶分類相互聯繫表

按用途和結構分類 \ 按經濟內容分類	資產類帳戶	負債類帳戶	所有者權益類帳戶	成本類帳戶	損益類帳戶
盤存帳戶	庫存現金、銀行存款、原材料、庫存商品、固定資產等				
結算帳戶	應收票據、應收帳款、預付帳款、其他應收款	應付票據、應付帳款、預收帳款、其他應付款			
權益資本帳戶			實收資本、資本公積、盈餘公積		
集合分配帳戶				製造費用	
跨期攤配帳戶	長期待攤費用				
成本計算帳戶				在途物資、在建工程、材料採購、生產成本	
收入帳戶					主營業務收入 其他業務收入 投資收益 營業外收入
費用帳戶					主營業務成本、其他業務成本、稅金及附加、銷售費用、管理費用、財務費用、所得稅費用
財務成果帳戶			本年利潤		
調整帳戶	累計折舊、壞帳準備、固定資產減值準備、材料成本差異等				
計價對比帳戶	材料採購 生產成本 固定資產清理				
暫記帳戶	待處理財產損溢				

【本章小結】

　　本章結合企業生產經營活動涉及的主要帳戶，從不同角度闡述帳戶的分類，這對於認識各類帳戶的共性和特性、研究帳戶使用的規律是十分重要的。常用的分類標準有按經濟內容分類以及按用途和結構分類，其中按帳戶的經濟內容分類是最基本的分類標準。

【閱讀材料】

會計研究方法的簡單回顧

一般認為，20世紀60年代末期以前，會計理論研究是規範會計研究占統治地位的時期。規範會計研究主要以定性的文字描述為主，十分注意會計理論之間的內在邏輯，這改變了19世紀末期以前會計理論研究混亂、無目的的狀況，在其大力推動下，會計理論體系於19世紀末20世紀初告初步形成。規範會計學派的倡導者是澳大利亞著名會計學家錢伯斯、演繹法的典型代表佩頓、極為推崇歸納法的井尻雄士和利特爾頓等。但從20世紀60年代開始，西方經濟學主要流派的研究方法已不再滿足於定性的演繹或者歸納推理，而是逐步轉向實證分析。受其影響，更確切地說，是在財務學研究方法的影響下，一大批年輕的會計學者逐步揚起實證會計研究這面大旗，重視對既有的會計理論研究成果的檢驗，並形成了別具特色的實證會計研究方法，給會計理論研究帶來了巨大的影響和震撼：①1968年，鮑爾和布朗的《會計收益數據的經驗評價》一文標誌著實證會計研究初露端倪；②20世紀70年代中期「羅切斯特學派」代表人物簡森的《關於會計研究現狀與會計管制的思考》一文可視為向規範會計研究挑戰的宣言；③瓦茨和齊默爾曼1978年《決定會計準則的實證理論》、1979年《實證會計的供需：一個借口市場》兩篇論文的發表及1986年《實證會計理論》一書的出版，標誌著實證會計研究已逐漸與規範會計研究分庭抗禮。經過幾十年的迅速發展，實證會計理論已經逐漸成為西方會計界的主流學派，以至於當今美國多數頂尖學術刊物非實證研究論文不予發表。在實證會計理論的發展過程中，瓦茨和齊默爾曼做出了不朽貢獻。

資料來源：付麗，李琳．新編基礎會計學［M］．北京：清華大學出版社，北京交通大學出版社，2008：281．

第六章

會計憑證

【結構框架】

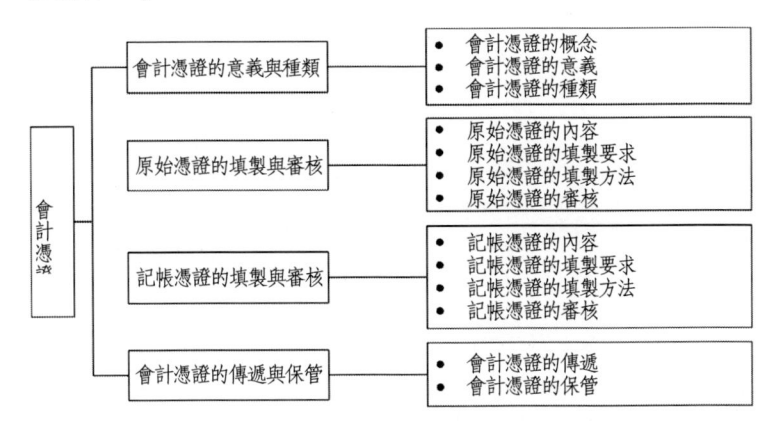

```
                                    • 會計憑證的概念
         ┌─ 會計憑證的意義與種類 ─── • 會計憑證的意義
         │                          • 會計憑證的種類
         │
         │                          • 原始憑證的內容
         │                          • 原始憑證的填製要求
         ├─ 原始憑證的填製與審核 ─── • 原始憑證的填製方法
會計憑證 ─┤                          • 原始憑證的審核
         │
         │                          • 記帳憑證的內容
         │                          • 記帳憑證的填製要求
         ├─ 記帳憑證的填製與審核 ─── • 記帳憑證的填製方法
         │                          • 記帳憑證的審核
         │
         └─ 會計憑證的傳遞與保管 ─── • 會計憑證的傳遞
                                    • 會計憑證的保管
```

【學習目標】

　　本章主要介紹會計憑證的相關實務操作方法。通過本章的學習，使學生瞭解會計憑證的種類及意義，掌握原始憑證的填製與審核，重點掌握記帳憑證中收款憑證、付款憑證、轉帳憑證的選擇、填製方法及審核，瞭解會計憑證的傳遞與保管。

第一節　會計憑證的意義與種類

一、會計憑證的概念

《中華人民共和國會計法》規定，各單位必須根據實際發生的經濟業務事項進行會計核算。企業、行政事業單位在發生經濟業務事項時，都要填制或取得適當的憑證作為證明文件，以保證會計記錄的客觀性和真實性，也為日後的會計分析、會計檢查和審計等工作留下原始依據。例如，企業為了記錄銷售業務的發生，在銷售產品時要開具銷售發票，並簽名蓋章以明確責任；企業為了記錄差旅費的支出情況，需要相關人員在出差時取得各種票據，如火車票、賓館住宿等發票，出差歸來後填寫費用報銷單，證明費用支出情況；在生產過程中領用材料，要填制領料單，以證明材料發出的情況，為以後計算成本提供依據。

會計憑證是記錄經濟業務的發生和完成情況、明確經濟責任、作為記帳依據的書面證明。

二、會計憑證的意義

合法取得、正確填制和審核會計憑證，是會計核算的基本方法之一，也是會計核算工作的起點，在會計核算中具有重要意義。

1. 記錄經濟業務，提供記帳依據

會計憑證是會計信息的重要載體。會計憑證可以及時、準確地反映各項經濟業務的發生情況，為經濟管理提供真實、可靠的原始資料。

2. 明確經濟責任，強化內部控制

經濟業務發生後，需取得或填制適當的會計憑證，證明經濟業務已經發生或完成；同時要由有關的經辦人員在憑證上簽字、蓋章，明確業務責任人。通過會計憑證的填制和審核，讓有關責任人在其職權範圍內各負其責，並利用憑證填制、審核的手續制度進一步完善經濟責任制。

3. 監督經濟活動，控制經濟運行

通過會計憑證的審核，可以檢查經濟業務的發生是否符合有關的法律、制度，是否符合業務經營、帳務收支的方針和計劃及預算的規定，以確保經濟業務的合理、合法和有效性。

三、會計憑證的種類

用來記錄、監督經濟業務的會計憑證多種多樣。為了具體地認識、掌握和運用會計憑證，首先要對會計憑證加以分類。

按照會計憑證的填制程序和用途進行分類是最基本的分類，會計憑證可分為原始憑證和記帳憑證。原始憑證和記帳憑證又可以分別按照不同的分類方式，分成多種憑證。具體分類如圖6-1所示：

第六章 會計憑證

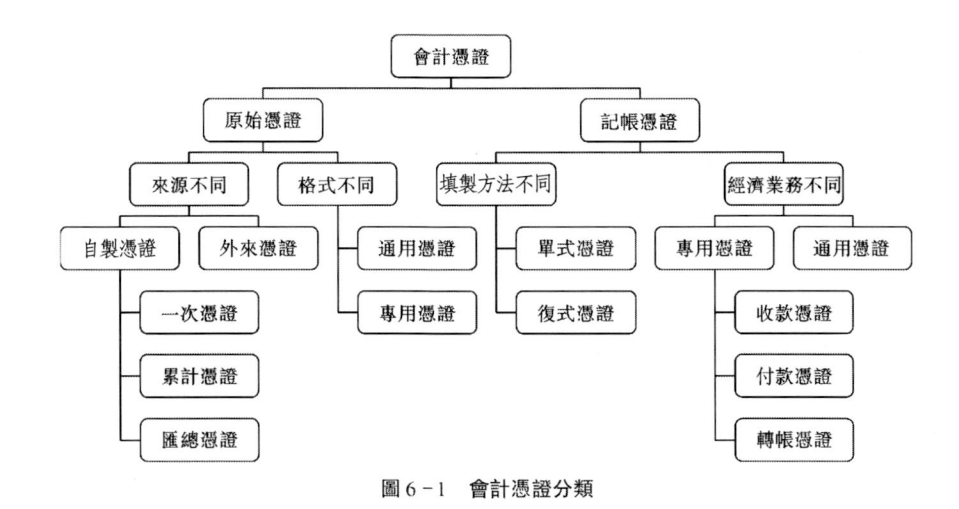

```
                          會計憑證
                ┌───────────┴───────────┐
             原始憑證                  記帳憑證
        ┌──────┴──────┐           ┌──────┴──────┐
      來源不同      格式不同      填製方法不同   經濟業務不同
     ┌───┴───┐    ┌───┴───┐     ┌───┴───┐    ┌───┴───┐
   自製憑證 外來憑證 通用憑證 專用憑證 單式憑證 復式憑證  專用憑證 通用憑證
     ├─一次憑證                                      ├─收款憑證
     ├─累計憑證                                      ├─付款憑證
     └─匯總憑證                                      └─轉帳憑證
```

圖 6-1　會計憑證分類

（一）原始憑證

原始憑證又稱單據，是在經濟業務發生或完成時取得或填制的，用以記錄或證明經濟業務的發生或完成情況的文字憑據。原始憑證是會計核算的起點和基礎，因此，原始憑證必須真實、準確、完整地記錄每項經濟業務，為以後的進一步核算提供原始的書面資料。如出差乘坐的車船票、採購材料的發貨票、到倉庫領料的領料單等，都是原始憑證。原始憑證是在經濟業務發生的過程中直接產生的，是經濟業務發生的最初證明，在法律上具有證明效力，所以也可以叫做「證明憑證」。

注意，凡是不能證明經濟業務發生或完成的計劃、合同、通知等都不能作為原始憑證，也不能作為會計核算的原始依據。

1. 原始憑證按其取得的來源不同，分為自製原始憑證和外來原始憑證

（1）自製原始憑證。自製原始憑證是指在經濟業務發生、執行或完成時，由本單位的經辦人員自行填制的原始憑證，如收料單、領料單、產品入庫單、產品出庫單等。

自製原始憑證按其填制手續的不同，又可分為一次憑證、累計憑證、匯總憑證三種。

①一次憑證。一次憑證是指一次填制完成、只記錄一筆經濟業務的原始憑證。一次憑證是一次有效的憑證。比如：企業購進材料驗收入庫，由倉庫保管員填制的「收料單」；車間或班組向倉庫領用材料時填制的「領料單」（如表 6-1 所示）；銷售產品時倉庫填制的「產品出庫單」（如表 6-2 所示）；報銷人員填制的、出納人員據以付款的「報銷憑單」等。

表6-1

海城市恒易機電設備有限公司

領料單

領用部門：生產部門

用　　途：JD-5產品　　　　201×年12月3日　　　　　　材料倉庫：2#

名稱	規格	單位	數量 請領	數量 實發	單價	金額	備註
甲材料		千克	1,000	1,000	100.00	100,000.00	
合計				1,000		100,000.00	

第三聯　會計記帳

記帳：　　　發料：楊林　　　領料單位負責人：　　　領料：李強

表6-2

海城市恒易機電設備有限公司

庫存商品出庫單

提貨單位：海湖機電公司

用　　途：銷售　　　　201×年12月8日　　　　　　產成品倉庫：12#

名稱	規格	單位	數量	單位成本	金額	備註
JD-1		件	600	320.00	192,000.00	
JD-5		件	800	210.00	168,000.00	
合計			——		360,000.00	

第三聯　會計記帳

記帳：　　　倉庫主管：郭文　　　發貨：白玲　　　提貨：李建

　　一次憑證應在經濟業務發生或完成時，由相關業務人員一次填制完成。一次憑證往往只能反映一項經濟業務，或者同時反映若干項同一性質的經濟業務。

　　②累計憑證。累計憑證是指在一定時期內多次記錄發生的同類型經濟業務的原始憑證。其特點是在一張憑證內可以連續登記相同性質的經濟業務，隨時結出累計數及結餘數，並按照費用限額進行費用控制，期末按實際發生額記帳。累計憑證是多次有效的原始憑證。如工業企業常用的「限額領料單」等（如表6-3所示）。使用累計憑證可以簡化核算手續，能對材料消耗、成本管理起事先控製作用，是企業進行計劃管理的手段之一。

　　累計憑證應在每次經濟業務完成後，由相關人員在同一張憑證上重複填制完成，該憑證能在一定時期內不斷重複地反映同類經濟業務的完成情況。

　　③匯總憑證。匯總憑證是指對一定時期內反映經濟業務內容相同的若干張原始憑證，按照一定標準綜合填制的原始憑證。在一張匯總憑證中，不能將兩類或兩類以上的經濟業務匯總填列。常見的匯總憑證有材料領用匯總表（如表6-4所示）。匯總原始憑證在大中型企業中使用得非常廣泛，因為它可以簡化核算手續，提高核算工作效率，能夠使核算資料更為系統化，使核算過程更為條理化，能夠直接為管理提供某些綜合指標。

表6-3

海城市恒易機電設備有限公司
限額領料單

領用部門：生產部門
用　　途：JD-5產品　　　　　　201×年12月　　　　　　材料倉庫：8#庫

材料編號	材料名稱	規格	計量單位	領用限額	實際領用 數量	實際領用 單價	實際領用 金額	備註
01206	圓鋼	φ20mm	kg	3,600	3,600	2.8	10,080	

日期	請領 數量	請領 領料負責人	實發 數量	實發 發料人	實發 領料人	退庫 數量	退庫 收料人	退庫 退料人	限額結餘
1	700	張 軍	700	李 立					2,900
8	700	張 軍	700	李 立					2,200
15	700	張 軍	700	李 立					1,500
20	700	張 軍	700	李 立					800
25	700	張 軍	700	李 立					100
31	100	張 軍	100	李 立					0
合計	3,600		3,600						

生產部門負責人：黃　榮　　　　　　　　　　　　　　　　倉庫負責人：郭　敬

表6-4

海城市恒易機電設備有限公司
原材料領用匯總表

201×年12月　　　　　　　　　　　　　　　　　　　　　　單位：元

用　途	甲材料 數量	甲材料 單價	甲材料 金額	乙材料 數量	乙材料 單價	乙材料 金額	合　計
生產產品							
JD-1耗用	1,500	100	150,000	1,400	60	84,000	234,000
JD-5耗用	1,000	100	100,000	1,200	60	72,000	172,000
車間一般耗用				400	60	24,000	24,000
廠部一般耗用				200	60	12,000	12,000
合計	2,500	100	250,000	3,200	60	192,000	442,000

記帳：王　昌　　　　　　復核：李鐵兵　　　　　　製單：馬　紅

　　匯總憑證應由相關人員在匯總一定時期內反映同類經濟業務的原始憑證後填制完成。該憑證只能將類型相同的經濟業務進行匯總，不能匯總兩類或兩類以上的經濟業務。

　　（2）外來原始憑證。外來原始憑證是指在同外單位發生經濟往來關係時，從外單位取得的憑證。外來原始憑證都是一次憑證。如企業購買材料、商品時，從供貨單位取得的發貨票，銷售商品時，貨款結算收到的支票，以及支票交存銀行後取得的銀行進帳單（收帳通知）等。具體票樣如圖6-2、圖6-3、圖6-4、圖6-5所示。

图 6-2　增值税专用发票

图 6-3　支票正本

图 6-4　支票存根

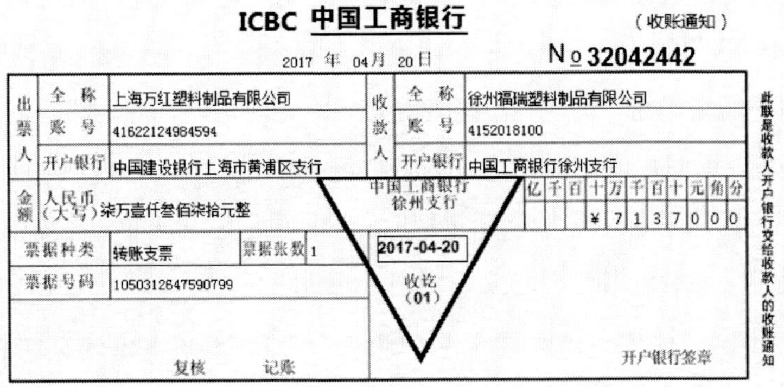

ICBC 中国工商银行　　（收账通知）

2017 年 04 月 20 日　　No 32042442

出票人	全　称	上海万红塑料制品有限公司	收款人	全　称	徐州福瑞塑料制品有限公司
	账　号	41622124984594		账　号	4152018100
	开户银行	中国建设银行上海市黄浦区支行		开户银行	中国工商银行徐州支行
金额	人民币（大写）	柒万壹仟叁佰柒拾元整		亿千百十万千百十元角分	¥ 7 1 3 7 0 0 0
票据种类	转账支票	票据张数 1			
票据号码	1050312647590799				
	复核　记账			开户银行签章	

中国工商银行 徐州支行 2017-04-20 收讫 (01)

此联是收款人开户银行交给收款人的收账通知

圖 6-5　銀行進帳單

2. 原始憑證按照格式不同，分為通用憑證和專用憑證兩類

（1）通用憑證。通用憑證是指由有關部門統一印製、在一定範圍內使用的具有統一格式和使用方法的原始憑證。例如，結算時統一使用的銀行結算憑證，國家或地區統一規定的發票等。

（2）專用憑證。專用憑證是指由單位自行印製、僅在本單位內部使用的原始憑證。例如，各單位自己印製的領料單、差旅費報銷單等。

（二）記帳憑證

原始憑證來自不同的單位，種類繁多，數量龐大，格式不一，不能清楚地表明應記入的會計科目的名稱和方向。為了便於登記帳簿，需要根據原始憑證反映的不同經濟業務，加以歸類和整理，填制具有統一格式的記帳憑證，確定會計分錄，並將相關的原始憑證附在後面。這樣，不僅可以簡化記帳工作、減少差錯，而且有利於原始憑證的保管，便於對帳和查帳，提高會計工作質量。

記帳憑證，是會計人員根據審核無誤的原始憑證按照經濟業務事項的內容加以歸類，並據以確定會計分錄後所填制的會計憑證。它是登記帳簿的直接依據，又稱記帳憑單。

1. 記帳憑證按其適用的經濟業務，分為專用記帳憑證和通用記帳憑證

（1）專用記帳憑證。專用記帳憑證是用來專門記錄某一類經濟業務的記帳憑證。專用記帳憑證按其所記錄的經濟業務是否與庫存現金和銀行存款的收付有關係，又分為收款憑證、付款憑證和轉帳憑證三種。

①收款憑證。收款憑證是用來記錄庫存現金和銀行存款等貨幣資金收款業務的憑證，它是根據庫存現金和銀行存款收款業務的原始憑證填制的。空白收款憑證如表 6-5 所示。

表 6-5　　　　　　　　　收款憑證

借方科目：＿＿＿＿＿＿　　　　年　月　日　　　　　　　總字第　　號
　　　　　　　　　　　　　　　　　　　　　　　　　　　收字第　　號

摘要	貸方科目		金額										√
	總帳科目	明細科目	千	百	十	萬	千	百	十	元	角	分	
合　計													

附單據張

會計主管：　　　復核：　　　出納：　　　製單：　　　記帳：

②付款憑證。付款憑證是用來記錄庫存現金和銀行存款等貨幣資金付款業務的憑證，它是根據庫存現金和銀行存款付款業務的原始憑證填制的。空白付款憑證如表6-6所示。

表 6-6　　　　　　　　　付款憑證

貸方科目：＿＿＿＿＿＿　　　　年　月　日　　　　　　　總字第　　號
　　　　　　　　　　　　　　　　　　　　　　　　　　　付字第　　號

摘要	借方科目		金額										√
	總帳科目	明細科目	千	百	十	萬	千	百	十	元	角	分	
合　計													

附單據張

會計主管：　　　復核：　　　出納：　　　製單：　　　記帳：

收款憑證和付款憑證是用來記錄貨幣收付業務的憑證，既是登記有關帳簿的依據，也是出納人員收、付款項的依據。出納人員不能依據庫存現金、銀行存款收付業務的原始憑證收付款項，必須根據會計主管人員或指定人員審核批准的收款憑證和付款憑證收、付款項，以加強對貨幣資金的管理，有效地監督貨幣資金的使用情況。

③轉帳憑證。轉帳憑證是用來記錄與庫存現金、銀行存款等貨幣資金收、付款業務無關的轉帳業務的憑證，它是根據有關轉帳業務的原始憑證填制的。轉帳憑證是登記總分類帳及有關明細分類帳的依據。空白轉帳憑證如表6-7所示。

表 6-7　　　　　　　　　　　　　　　轉帳憑證

　　　　　　　　　　　　　　　　　　　　　　　　　　總字第　號
　　　　　　　　　　　　　年　月　日　　　　　　　轉字第　號

摘要	總帳科目	√	明細科目	√	借方金額 千百十萬千百十元角分	貸方金額 千百十萬千百十元角分	
							附單據張
	合　計						

會計主管：　　　記帳：　　　出納：　　　復核：　　　製單：

（2）通用記帳憑證。通用記帳憑證的格式，不再分為收款憑證、付款憑證和轉帳憑證，而是以一種格式記錄全部經濟業務。在經濟業務比較簡單的單位，為了簡化工作，可以使用通用記帳憑證記錄所發生的各種經濟業務。空白通用記帳憑證如表 6-8 所示。

表 6-8　　　　　　　　　　　　　　　記帳憑證

　　　　　　　　　　　　　　　　　　　　　　　　　　總字第　號
　　　　　　　　　　　　　年　月　日　　　　　　　記字第　號

摘要	總帳科目	√	明細科目	√	借方金額 千百十萬千百十元角分	貸方金額 千百十萬千百十元角分	
							附單據張
	合　計						

會計主管：　　　記帳：　　　出納：　　　復核：　　　製單：

2. 記帳憑證按其包括的會計科目是否單一，分為單式記帳憑證和復式記帳憑證
　　（1）單式記帳憑證。單式記帳憑證是指每一張記帳憑證只填列經濟業務事項所涉及的一個會計科目及其金額的記帳憑證。填列借方科目的稱為借項憑證，填列貸方科目的稱為貸項憑證。
　　單式記帳憑證便於匯總計算每一個會計科目的發生額，便於分工記帳；但是填制記帳憑證的工作量較大，而且出現了差錯不易查找。這種憑證主要適用於銀行業。

（2）復式記帳憑證。復式記帳憑證是指將每一筆經濟業務事項所涉及的全部會計科目及其發生額均在同一張記帳憑證中反映的一種憑證。

復式記帳憑證可以集中反映帳戶的對應關係，因而便於瞭解經濟業務的全貌，瞭解資金的來龍去脈，便於查帳，同時可以減少填制記帳憑證的工作量，減少記帳憑證的數量；但是不便於匯總計算每一會計科目的發生額，不便於分工記帳。其具體格式見表6-6、表6-7、表6-8。

（三）記帳憑證和原始憑證的區別

記帳憑證和原始憑證同屬於會計憑證，但二者存在著以下差別：

（1）原始憑證是由經辦人員填制的；記帳憑證一律由會計人員填制。

（2）原始憑證是根據發生或完成的經濟業務填制；記帳憑證是根據審核後的原始憑證填制。

（3）原始憑證僅用來記錄、證明經濟業務已經發生或完成；記帳憑證要依據會計科目對已經發生或完成的經濟業務進行歸類、整理。

（4）原始憑證是填制記帳憑證的依據；記帳憑證是登記帳簿的依據。

第二節　原始憑證的填制與審核

一、原始憑證的內容

中國《會計基礎工作規範》中規定，各單位辦理會計事項，必須取得和填制原始憑證，並及時送交會計機構。在企業、行政及事業單位的經營活動中，各種各樣的經濟業務都會發生，記錄經濟業務的原始憑證來自不同單位，原始憑證的內容、格式都不盡相同，但是任何一張原始憑證必須同時具備一些相同的內容，這些內容被稱為原始憑證的基本內容或憑證要素。

原始憑證的基本內容包括：

（1）憑證的名稱；

（2）填制憑證的日期；

（3）填制憑證單位的名稱或者填制人的姓名；

（4）經辦人員簽名或蓋章；

（5）接受憑證單位的名稱；

（6）經濟業務內容；

（7）數量、單價、金額。

二、原始憑證的填制要求

一個單位的會計工作是從取得或填制原始憑證開始的。原始憑證填制的正確與否，會直接影響整個會計核算的質量。因此，各種原始憑證不論是由業務經辦人員填制，還是由會計人員填制，都應該符合以下規定：

1. 記錄真實

要實事求是地填列經濟業務的內容。原始憑證上填寫經濟業務發生的日期、內容、

數量和金額等必須與實際情況完全相符，不能填寫估計數或匡算數。原始憑證是企業單位經濟業務的真實寫照，是具有法律效力的證明文件，不允許在原始憑證填制中弄虛作假。

2. 內容完整

原始憑證中的所有項目必須填列齊全，不得遺漏和省略。尤其需要注意的是：年、月、日要按照填制原始憑證的實際日期填寫；原始憑證的基本內容和補充內容都應逐項填列，名稱要寫全，不能簡化；品名或用途要填寫清楚，不能含糊不清。項目填列不全的原始憑證，不能作為經濟業務的合法證明，也不能作為記帳憑證的附件。

3. 手續完備

單位自製的原始憑證必須有經辦單位領導人或者其他指定人員的簽名蓋章；對外開出的原始憑證必須加蓋本單位公章；從外部取得的原始憑證，必須蓋有填製單位的公章；從個人那裡取得的原始憑證，必須有填制人員的簽名蓋章。

4. 書寫清楚、規範

原始憑證要按規定填寫，文字要簡要，字跡要清楚，易於辨認，不得使用未經國務院公布的簡化漢字。大小寫金額必須相符且填寫規範，小寫金額用阿拉伯數字逐個書寫，不得寫連筆字。在金額前要填寫人民幣符號「￥」。人民幣符號「￥」與阿拉伯數字之間不得留有空白。金額數字一律填寫到角、分，無角、分的，寫「00」或符號「—」；有角無分的，分位寫「0」，不得用符號「—」。大寫金額用漢字壹、貳、叁、肆、伍、陸、柒、捌、玖、拾、佰、仟、萬、億、元、角、分、零、整等，一律用正楷或行書字書寫。大寫金額前未印有「人民幣」字樣的，應加寫「人民幣」三個字。「人民幣」字樣和大寫金額之間不得留有空白。大寫金額到元或角為止的，後面要寫「整」或「正」字；有分的，不寫「整」或「正」字。如小寫金額為￥1,008.00元，大寫金額應寫成「壹仟零捌元整」。

5. 編號連續

如果原始憑證已預先印有編號，在寫錯作廢時，應加蓋「作廢」戳記，妥善保管，不得撕毀。

6. 不得塗改、刮擦、挖補

原始憑證有錯誤的，應當由出具單位重開或更正，更正處應當加蓋出具單位印章。原始憑證金額有錯誤的，應當由出具單位重開，不得在原始憑證上更正。

7. 填制及時

當每一項經濟業務發生或完成時，應立即填制原始憑證，並按規定的程序及時送交會計部門，由會計部門審核後及時據以編制記帳憑證。這樣，既可以保證會計信息的時效性，也可以防止出現差錯。

三、原始憑證的填制方法

1. 支票的填寫

常見支票分為現金支票和轉帳支票，在支票正面上方有明確標註，轉帳支票只能用於轉帳（限同城內）。支票有支票存根和支票正本兩部分，其中，支票存根留在單位作為反映銀行存款減少的原始憑證，支票正本需要在出票時交給銀行或收款人。支票正本的填寫一定要規範。要注意以下幾點：

(1) 出票日期（大寫）的填寫。在填寫月、日時，月為壹、貳和壹拾的，日為壹至玖和壹拾、貳拾、叁拾的，應在其前加「零」；日為拾壹至拾玖的，應在其前面加「壹」。例如，2月12日，應寫成零貳月壹拾貳日；10月20日，應寫成零壹拾月零貳拾日。出票日期使用小寫填寫的，銀行不予受理。大寫日期未按要求規範填寫的，銀行可予受理；但由此造成損失的，由出票人自行承擔。

(2) 收款人的填寫。第一，現金支票的收款人可寫本單位名稱，此時現金支票背面被背書人欄內加蓋本單位的財務專用章和法人章，之後收款人可憑現金支票直接到開戶銀行提取現金。第二，現金支票的收款人可寫收款人個人姓名，此時現金支票背面不蓋任何章，收款人在現金支票背面填上身分證號碼和發證機關名稱，憑身分證和現金支票簽字領款。第三，轉帳支票的收款人應填寫對方單位名稱。轉帳支票背面本單位不蓋章。收款單位取得轉帳支票後，在支票背面被背書欄內加蓋收款單位財務專用章和法人章，填寫好銀行進帳單後，連同該支票交給收款單位的開戶銀行委託銀行收款。

(3) 付款行名稱、出票人帳號的填寫。付款行名稱、出票人即本單位開戶銀行名稱及銀行帳號，如工行海城市分理處，出票人帳號 124380098，用小寫。

(4) 人民幣金額（大寫）的填寫。數字大寫，參考以上內容。應特別注意的是，「萬」字不帶單人旁。325.20元應寫為叁佰貳拾伍元貳角，角字後面可加「正」字，但不能寫「零分」。

(5) 人民幣小寫的填寫。最高金額前的空白格寫上符號「￥」，數字填寫應完整清楚。

(6) 用途的填寫。第一，現金支票使用有一定限制，一般填寫「備用金」「差旅費」「工資」「勞務費」等內容。第二，轉帳支票使用沒有具體規定，可填寫如「貨款」「代理費」等內容。

(7) 蓋章。支票正面蓋財務專用章和法人章，缺一不可。印泥為紅色，印章必須清晰，若印章模糊則只能將該張支票作廢，換一張重新填寫並重新蓋章；支票背面如何處理參見前文。

(8) 常識。第一，支票正面不能有塗改痕跡，否則該支票作廢；第二，收款人如果發現支票填寫不全，可以補記，但不能塗改；第三，支票的有效期為10天，日期首尾算1天，節假日順延；第四，支票見票即付，不記名。

支票的具體填寫參見圖6-3、圖6-4。

2. 增值稅專用發票的填制

增值稅專用發票是一般納稅人於銷售貨物時開具的銷貨發票，一式四聯，銷貨單位和購貨單位各兩聯。其中，留銷貨單位的兩聯，一聯留存有關業務部門，一聯作會計機構的記帳憑證；交購貨單位的兩聯，一聯作購貨單位的結算憑證，一聯作稅款抵扣憑證。購貨單位向一般納稅人購貨，應取得增值稅專用發票。

注意：增值稅專用發票現為電腦版，由計算機統一開具。購貨單位、貨物或應稅勞務名稱、單位、數量、單價、稅率由操作員錄入，其他信息由計算機自動生成。銷貨單位及開票人在購IC卡時，基礎信息註冊後自動產生，不需要錄入。

增值稅專用發票的填制票樣見圖6-2。

3. 收料單的填制

收料單是記錄材料入庫的一種原始憑證，屬於自製一次性憑證。當企業購進材料驗收入庫時，由倉庫保管人員根據購入材料的實際驗收情況，按實收材料的數量填制收料單。收料單一般一式三聯，一聯留倉庫，據以登記材料明細帳和材料卡片；一聯隨發票帳單到會計處報帳；一聯交採購人員存查。

4. 領料單的填制

領料單是記錄並據以辦理材料領用和發出的一種原始憑證，屬於自製一次性憑證。企業發生材料出庫業務，由領用材料的部門及經辦人和保管材料的部門填制，以反映和控製材料發出情況，明確經濟責任。為了便於分類匯總，領料單要「一料一單」填制，即一種原材料填寫一張單據。領料單一般一式三聯，一聯由領料單位留存或領料後由發料人退回領料單位；一聯由倉庫發出材料後，作為登記材料明細分類帳的依據；一聯交會計部門。

5. 限額領料單的填制

限額領料單是一種一次開設、多次使用的累計原始憑證，屬於自製憑證，在有效期間內只要領用材料不超過限額，就可以連續領發材料。它適用於經常領用並規定限額的領用材料業務。在每月開始前，由生產計劃部門根據生產作業計劃和材料消耗定額，按照每種材料，分別用途編制限額領料單。通常一式兩聯，一聯送交倉庫據以發料；另一聯送交領料部門據以領料。領發材料時，倉庫應按單內所列材料品名、規格在限額內發放，同時把實發數量和限額結餘數填寫在倉庫和領料單位持有的兩份限額領料單內，並由領發料雙方在兩份限額領料單內簽章。月末結出實物數量和金額，交由會計部門據以記帳；如有結餘材料，應辦理退料手續。

限額領料單的填制格式見表6-3。

6. 材料領用匯總表的填制

企業在生產過程中領用材料比較頻繁，業務量大，同類憑證也較多。為了簡化核算，需要編制材料領用匯總表。材料領用匯總表編制的時間間隔根據業務量的大小確定，可5天、10天、15天或1個月匯總編制一次。匯總時，要根據實際成本計價（或計劃成本計價）的領發料憑證、領料部門以及材料用途進行分類。

材料領用匯總表的填制格式見表6-4。

四、原始憑證的審核

原始憑證的審核內容如下：

（1）真實性。即審核原始憑證是否如實地反映了經濟業務的本來面貌，是不是偽造的憑證，是不是塗改、挖補、刮擦過的憑證。

（2）合法性。即審核原始憑證中所反映的經濟業務是否符合國家的政策法令、規章制度和財經紀律。比如，審核購銷業務是否合法，若發現異常應拒絕接受，同時上報相關領導。

（3）合理性。即審核原始憑證中所反映的經濟內容是否應該發生，是否符合經濟效益原則，尤其是在費用的開支方面，是否以最小的投入獲得最大的產出。

（4）完整性。即審核原始憑證中填寫的項目是否齊全，有關人員是否簽字蓋章等。

（5）正確性。即審核原始憑證中的金額有無計算上的錯誤，應填寫的內容是否書

寫清楚。

審核後的原始憑證按如下方式處理：

(1) 對於完全符合要求的原始憑證，應及時據以編制記帳憑證入帳。

(2) 對於真實、合法、合理但內容不夠完整，填寫有錯誤的原始憑證，應退回給有關經辦人員，由其負責將有關憑證補充完整、更正錯誤或重開後，再辦理正式會計手續。

(3) 對於不真實、不合法的原始憑證，會計機構和會計人員有權不予接受，並向單位負責人報告。

值得注意的是，原始憑證記載的各項內容均不得塗改。原始憑證有錯誤的，應當由出具單位重開或更正，更正處應當加蓋出具單位印章。對於支票等重要的原始憑證若填寫錯誤，一律不得在憑證上更正，應按規定的手續註銷留存，另行重新填寫。

第三節 記帳憑證的填制與審核

一、記帳憑證的內容

為了概括地反映經濟業務的基本內容，滿足登記帳簿的需要，記帳憑證必須具備下列基本內容（也稱記帳憑證要素）：

(1) 憑證名稱；
(2) 記帳憑證編號；
(3) 記帳憑證的填制日期；
(4) 經濟業務內容摘要；
(5) 會計科目的名稱；
(6) 金額；
(7) 所附原始憑證的張數；
(8) 有關責任人的簽名或蓋章。

二、記帳憑證的填制要求

1. 填制記帳憑證的依據

填制記帳憑證必須以審核無誤的原始憑證為依據。記帳憑證可以根據每一張原始憑證填制，或者根據若干張同類原始憑證匯總填制，也可以根據原始憑證匯總表填制。但不同內容和類別的原始憑證不能匯總填列在一張記帳憑證上。

2. 記帳憑證的日期

收、付款憑證的日期應是收、付貨幣資金的實際日期，與原始憑證所記載的日期不一定相同；轉帳憑證是以收到原始憑證的日期作為填制記帳憑證的日期。

3. 正確填寫摘要欄

摘要欄是對經濟業務的簡要說明，填寫時既要簡明，又要確切。

4. 會計科目和會計分錄的填制

會計科目的使用必須正確，應借、應貸帳戶的對應關係必須清楚。編制會計分錄

要先借後貸，可以是一借多貸或一貸多借。如果某項經濟業務本身需要編制一套多借多貸的會計分錄，為了反映該項經濟業務的全貌，可以採用多借多貸的會計分錄。

5. 金額欄數字的填寫

記帳憑證的金額必須與原始憑證的金額相等；金額的登記方向、大小寫數字必須正確，符合數字書寫規定。每筆經濟業務填入金額數字後，要在記帳憑證的合計行填寫合計金額，合計數前面填寫貨幣符號「￥」，不是合計數的，則不填寫貨幣符號。

6. 記帳憑證必須連續編號

記帳憑證可以按收款、付款和轉帳業務三類分別編號，也可以按現金收入、現金支出、銀行存款收入、銀行存款支出和轉帳五類進行編號。無論採用哪一種編號方法，都應該按月順序編號，即每月都從1號編起，順序編至月末。一筆經濟業務需要填制2張或者2張以上記帳憑證的，可以採用分數編號法編號，如8號經濟業務需要填制2張記帳憑證，就可以編成 $8\frac{1}{2}$、$8\frac{2}{2}$。

7. 記帳憑證應按行次逐項填寫

記帳憑證應按行次逐項填寫，不得跳行或留有空行，對記帳憑證中的空行，應該劃斜線或一條「s」形線註銷。斜線應從金額欄最後一筆金額數字下的空行劃到合計數行上面的空行，要注意斜線兩端都不能劃到金額數字的行次上。

8. 記帳憑證填寫差錯的更正

如果在填制記帳憑證時發生差錯，應當重新填制。已經登記入帳的記帳憑證，在當年內發現填寫錯誤時，應當按照規定的錯帳更正方式[①]更正。

9. 所附原始憑證張數的計算和填寫

除結帳和更正錯誤外，記帳憑證必須附有原始憑證，並註明所附原始憑證的張數。所附原始憑證張數的計算，一般以原始憑證的自然張數為準。與記帳憑證中的經濟業務記錄有關的每一張證據，都應當作為原始憑證的附件。如果記帳憑證中附有原始憑證匯總表，則應該把所附的原始憑證和原始憑證匯總表的張數一起計入附件的張數內。但報銷差旅費等的零散票券，可將它們粘貼在一張紙上，作為一張原始憑證。一張原始憑證如涉及幾張記帳憑證的，可以將該原始憑證附在一張主要的記帳憑證後面，並在其他記帳憑證上註明附有該原始憑證的記帳憑證的編號或者附原始憑證複印件。

一張原始憑證所列支出需要由兩個以上的單位共同負擔時，應當將其他單位負擔的部分，開給對方原始憑證分割單，進行結算。原始憑證分割單必須具備原始憑證的基本內容，包括憑證名稱、填制憑證日期、填制憑證單位名稱或填制人姓名、經辦人員的簽名或蓋章、接受憑證單位名稱、經濟業務內容、數量、單價、金額和費用分攤情況等。原始憑證分割單如表6-9所示。

---

① 錯帳更正方法參見本書第六章會計帳簿的內容。

表 6-9 　　　　　　　　　　　　　原始憑證分割單
　　　　　　　　　　　　　　　　　　年　　月　　日　　　　　　　　　　　　　　　　　編號：

接受單位名稱			地址	
原始憑證	單位名稱	地址		
	名稱	日期	編號	
總金額	人民幣（大寫）	千 百 十 萬 千 百 十 元 角 分		
分割金額	人民幣（大寫）	千 百 十 萬 千 百 十 元 角 分		
原始憑證主要內容、分割原因				
備註	該原始憑證附在本單位　　年　　月　　日　第　　號記帳憑證內。			

單位名稱：　　　　　　會計：　　　　　　製單：

10. 記帳憑證的簽章

記帳憑證填制完成後，需要由有關會計人員簽名或蓋章，以便加強憑證的管理，分清會計人員之間的經濟責任，使會計工作人員之間相互制約、互相監督。

三、記帳憑證的填制方法

（一）專用記帳憑證的填制

1. 收款憑證的填制

收款憑證應根據審核無誤的有關庫存現金和銀行存款收入業務的原始憑證填制。在借貸記帳法下，經濟業務的借方科目為「庫存現金」或「銀行存款」科目的，應選擇收款憑證。收款憑證左上角表頭列明的是借方科目，表內欄中反映的是貸方科目及其金額。

收款憑證編號可按「收字××號」統一編號，也可以按現金收入業務以「現收字××號」順序編號，銀行存款收入業務以「銀收字××號」順序編號。附單據張數是指附在記帳憑證後面的原始憑證件數。最後是有關人員的簽字或蓋章，編制記帳收款憑證的會計人員應在「製單」處簽章。

【例6-1】M公司201×年1月5日，收到甲公司投入的貨幣資金300,000元存入銀行。

分析：資金存入銀行，涉及銀行存款收入業務，因此，應選取「收款憑證」。收款憑證的具體填制方法如表6-10所示。

表 6-10　　　　　　　　　　　　　收款憑證

總字第 1 號

借方科目：　銀行存款　　　　　201×年 1 月 5 日　　　　　　收字第 1 號

摘　要	貸方科目		金額									√
	總帳科目	明細科目	千	百	十	萬	千	百	十	元	角	分	
收到甲公司投資款	實收資本	法人資本		3	0	0	0	0	0	0	0	0	√
合　計			¥	3	0	0	0	0	0	0	0	0	

附單據 1 張

會計主管：　　　復核：　　　出納：　　　製單：李娟　記帳：

2. 付款憑證的填制

付款憑證應根據審核無誤的有關庫存現金和銀行存款付出業務的原始憑證填制。在借貸記帳法下，經濟業務的貸方科目為「庫存現金」或「銀行存款」的，應選擇付款憑證。付款憑證左上角表頭列明的是貸方科目，表內欄中反映的是借方科目及其金額。

付款憑證編號及其他內容與收款憑證相同，只是把「收字」換成「付字」而已。

需要注意的是，對於庫存現金和銀行存款之間相互劃轉的業務，如從銀行提取現金業務，若從「庫存現金」科目來看，應選擇「收款憑證」；若從「銀行存款」科目來看，應選擇「付款憑證」。同樣，把多餘庫存現金存入銀行業務，若從「庫存現金」科目來看，應選擇「付款憑證」；若從「銀行存款」科目來看，應選擇「收款憑證」。因此，對於貨幣資金之間相互劃轉的業務，為了避免重複記帳，在會計實務中規定只編制付款憑證，不編制收款憑證。

付款憑證的填制舉例如下：

【例 6-2】M 公司 201×年 1 月 10 日，用現金支付購買辦公用品費用 500 元。

分析：本業務涉及現金付出業務，應選擇「付款憑證」。付款憑證的具體填制方法如表 6-11 所示。

表 6－11　　　　　　　　　　　　付款憑證

總字第 2 號

貸方科目：　庫存現金　　　　201×年 1 月 10 日　　　　　　付字第 1 號

摘　要	借方科目		金額									
	總帳科目	明細科目	千	百	十	萬	千	百	十	元	角	分	√
用現金購買辦公用品	管理費用	辦公費					5	0	0	0	0	√
合　　計						¥	5	0	0	0	0	

附單據張

會計主管：　　　復核：　　　出納：　　　製單：李娟　記帳：

【例 6－3】M 公司 201×年 1 月 15 日，把多餘的現金 800 元存入銀行。

分析：該業務涉及庫存現金和銀行存款之間相互劃轉，只編制現金付款憑證。具體填制方法如表 6－12 所示。

表 6－12　　　　　　　　　　　　付款憑證

總字第 3 號

貸方科目：　庫存現金　　　　201×年 1 月 10 日　　　　　　付字第 2 號

摘　要	借方科目		金額									
	總帳科目	明細科目	千	百	十	萬	千	百	十	元	角	分	√
多餘現金存入銀行	銀行存款	辦公費					8	0	0	0	0	√
合　　計						¥	8	0	0	0	0	

附單據 1 張

會計主管：　　　復核：　　　出納：　　　製單：李娟　記帳：

3. 轉帳憑證的填制

轉帳憑證應根據審核無誤的有關轉帳業務的原始憑證填制。在借貸記帳法下，經濟業務的借、貸科目不涉及「庫存現金」「銀行存款」科目的，應選擇轉帳憑證。轉帳憑證的借方、貸方科目及金額均在表內欄中反映。

轉帳憑證編號及其他內容與收款憑證相同，只是把「收字」換成「轉字」。

轉帳憑證的填制舉例如下：

【例 6－4】M 公司 201×年 1 月 10 日，向乙公司銷售 A 產品一批，貨款 35,000

元，增值稅 5,950 元，款項尚未收到。

分析：該業務未涉及貨幣資金的收支，因此選擇轉帳憑證。轉帳憑證的具體填制方法如表 6-13 所示。

表 6-13　　　　　　　　　　轉帳憑證

總字第 4 號
201×年 1 月 10 日　　　　　　　　　　轉字第 1 號

摘　要	總帳科目	√	明細科目	√	借方金額 千百十萬千百十元角分	貸方金額 千百十萬千百十元角分	附單據張
銷售產品款	應收帳款	√	乙公司		4 0 9 5 0 0 0		
未收	主營業務收入	√	A 產品	√		3 5 0 0 0 0 0	
	應交稅費	√	增值稅	√		5 9 5 0 0 0	
合　　計					¥ 4 0 9 5 0 0 0	¥ 4 0 9 5 0 0 0	

會計主管：　　　記帳：　　　出納：　　　復核：　　　製單：郭萍

（二）通用記帳憑證的填制

通用記帳憑證的格式與轉帳憑證的格式相同，借方、貸方科目及金額均在表內欄中反映。

通用記帳憑證的填制與轉帳憑證相同，只是把「轉字」換成「記字」。

假設例 6-1 選用通用記帳憑證，其填制方法如表 6-14 所示。

表 6-14　　　　　　　　　　記帳憑證

總字第 1 號
201×年 1 月 5 日　　　　　　　　　　記字第 1 號

摘　要	總帳科目	√	明細科目	√	借方金額 千百十萬千百十元角分	貸方金額 千百十萬千百十元角分	附單據張
收到甲公司	銀行存款	√		√	3 0 0 0 0 0 0 0		
投資款	實收資本	√	法人資本	√		3 0 0 0 0 0 0 0	
合　　計					¥ 3 0 0 0 0 0 0 0	¥ 3 0 0 0 0 0 0 0	

會計主管：　　　記帳：　　　出納：　　　復核：　　　製單：劉輝

四、記帳憑證的審核

《會計基礎工作規範》規定，會計人員應當根據審核無誤的會計憑證登記帳簿。因此，為了確保帳簿記錄的真實性、正確性，記帳憑證填制完畢，必須對記帳憑證進行認真審核。記帳憑證的審核主要從真實性、完整性、正確性和清晰性四個方面進行。

1. 真實性

主要是審核記帳憑證是否附有原始憑證，所附原始憑證是否齊全、是否已審核無誤、記錄的內容是否與所附原始憑證的內容相符。

2. 完整性

主要是審核記帳憑證的各個項目填列是否齊全，如日期、憑證編號、摘要、會計科目、金額、所附原始憑證張數及有關人員簽章。

3. 正確性

主要審核應借、貸的會計科目是否與會計準則的規定相符，帳戶的對應關係是否正確，所記錄的金額是否與原始憑證的有關金額一致，計算是否正確等。

4. 清晰性

主要審核記帳憑證中是否文字工整、數字清晰，是否按規定進行更正等。

實行會計電算化的單位，對於機制的記帳憑證也要認真審核，做到會計科目使用正確，數字準確無誤。打印出來的機制記帳憑證要加蓋有關人員的印章。

第四節　會計憑證的傳遞與保管

一、會計憑證的傳遞

會計憑證的傳遞，是指會計憑證從取得或填制時起至歸檔保管過程中，在單位內部有關部門和人員之間的傳遞程序。會計憑證的傳遞，應當滿足內部控制制度的要求，使傳遞程序合理有效，同時盡量節約傳遞時間，減少傳遞的工作量。各單位應根據具體情況確定每一種會計憑證的傳遞程序和方法。

會計憑證的傳遞具體包括傳遞程序和傳遞時間。各單位應根據經濟業務特點、內部機構設置、人員分工和管理要求，具體規定各種憑證的傳遞程序；根據有關部門和經辦人員辦理業務的情況，確定憑證傳遞的時間。

科學合理地組織會計憑證的傳遞，及時處理和登記經濟業務，明確經濟責任，實行會計監督，具有重要作用。

企業在制定合理的憑證傳遞程序和時間時，通常要規定以下內容：

（1）規定會計憑證的傳遞路線。應規定何種經濟業務填制何種會計憑證，經濟業務發生時由誰填制或取得，交誰接辦該項業務；當某項業務由兩個以上部門共同辦理時，還應規定憑證應傳遞到哪些環節及其先後順序。如果一種經濟業務需要填制或取得數聯會計憑證時，還應為每一聯會計憑證分別規定其用途和傳遞路線。各種會計憑證的傳遞路線應根據它所記錄的經濟業務的特點、本單位機構的設置、崗位分工以及經濟管理的需要等情況具體規定，但要避免經過不必要的環節，防止公文「旅行」，以提高辦事效率。

（2）規定會計憑證在各個環節的停留時間。會計憑證在各個環節的停留時間應由有關部門或人員根據會計憑證辦理業務手續對時間的合理需要來確定，既要講求效益，加速業務處理，又要避免規定的停留時間過短，以致經辦人員不能在規定的時間內完成。應特別注意的是，一切會計憑證的傳遞和處理都必須在報告期內完成；否則，將影響會計憑證的及時性和準確性。

（3）規定會計憑證傳遞過程中的交接簽收制度。為了防止會計憑證在傳遞過程中遺失、毀損或其他意外情況的發生，保證憑證在傳遞過程中的安全完整，應制定各環節憑證的交接簽收制度。

二、會計憑證的保管

會計憑證的保管是指會計憑證記帳後的整理、裝訂、歸檔和存查工作。會計憑證是一種有法律效力的重要經濟檔案，入帳後要妥善保管，以便日後隨時查閱。

（一）會計憑證的保管要求

（1）會計憑證應定期裝訂成冊，防止散失。會計部門在依據會計憑證記帳後，應定期（每天、每旬或每月）對各種會計憑證進行分類整理，將各種記帳憑證按照編號順序，連同所附的原始憑證一起加具封面和封底，裝訂成冊，並在裝訂線上加貼封簽，由裝訂人員在裝訂線封簽處簽名或蓋章。從外單位取得的原始憑證遺失時，應取得原簽發單位蓋有公章的證明，並註明原始憑證的號碼、金額、內容等，由經辦單位會計機構負責人、會計主管人員和單位負責人批准後，才能代作原始憑證。若確實無法取得證明的，如車票丟失，則應由當事人寫明詳細情況，由經辦單位會計機構負責人、會計主管人員和單位負責人批准後，代作原始憑證。

（2）會計憑證封面應註明單位名稱、憑證種類、憑證張數、起止號數、年度、月份、會計主管人員、裝訂人員等有關事項，會計主管人員和保管人員應在封面上簽章。

（3）會計憑證應加貼封條，防止抽換憑證。原始憑證不得外借，其他單位如有特殊原因確實需要使用時，經本單位會計機構負責人、會計主管人員批准，可以複製。向外單位提供的原始憑證複製件，應在專設的登記簿上登記，並由提供人員和收取人員共同簽名、蓋章。

（4）原始憑證較多時，可單獨裝訂，但應在憑證封面註明所屬記帳憑證的日期、編號和種類，同時在所屬的記帳憑證上應註明「附件另訂」及原始憑證的名稱和編號，以便查閱。對各種重要的原始憑證，如押金收據、提貨單等，以及各種需要隨時查閱和退回的單據，應另編制目錄，單獨保管，並在有關的記帳憑證和原始憑證上分別註明日期和編號。

（5）單位會計管理機構按照歸檔範圍和歸檔要求，負責定期將應當歸檔的會計憑證整理立卷，編制會計檔案保管清冊。當年形成的會計檔案，在會計年度終了後，可由單位會計管理機構臨時保管一年，再移交單位檔案管理機構保管。單位會計管理機構臨時保管會計檔案最長不超過三年。臨時保管期間，會計檔案的保管應當符合國家檔案管理的有關規定，且出納人員不得兼管會計檔案。

單位檔案管理機構接收的會計憑證，原則上要保持原卷冊的封裝，個別需要拆封重新整理的，應由會計部門和經辦人員共同拆封整理，以明確責任。會計憑證必須做到妥善保管，存放有序，查找方便，並要嚴防毀損、丟失和洩密。

（6）嚴格遵守會計憑證的保管期限要求。會計憑證的保管期限一般為30年。保管

期未滿,任何人都不得隨意銷毀會計憑證。保管期滿,銷毀會計憑證時,單位檔案管理機構應編制會計檔案銷毀清冊,列明擬銷毀會計憑證的卷號、冊數、起止年度、檔案編號、應保管期限、已保管期限和銷毀時間等內容。單位負責人、檔案管理機構負責人、會計管理機構負責人、檔案管理機構經辦人、會計管理機構經辦人在會計檔案銷毀清冊上簽署意見。單位檔案管理機構負責組織會計檔案銷毀工作,並與會計管理機構共同派員監銷。在會計檔案銷毀前,監銷人應當按照會計檔案銷毀清冊所列內容進行清點核對;在會計檔案銷毀後,應當在會計檔案銷毀清冊上簽名或蓋章。保管期滿但未結清的債權債務會計憑證和涉及其他未了事項的會計憑證不得銷毀,紙質會計檔案應當單獨抽出立卷,電子會計檔案單獨轉存,保管到未了事項完結時為止。

(二)會計憑證的整理與裝訂

1. 會計憑證的整理

由於原始憑證的紙張面積與記帳憑證的紙張面積不可能全部一樣,有時前者大於後者,有時前者小於後者,這就需要會計人員在製作會計憑證時對原始憑證加以適當整理,以便下一步裝訂成冊。對於紙張面積大於記帳憑證的原始憑證,可按記帳憑證的面積尺寸,先自右向後,再自下向後兩次折疊。注意應把憑證的左上角或左側面讓出來,以便裝訂後還可以展開查閱。對於紙張面積過小的原始憑證,一般不能直接裝訂,可先按一定次序和類別排列,再粘在一張同記帳憑證大小相同的白紙上。對於紙張面積略小於記帳憑證的原始憑證,可先用回形針或大頭針別在記帳憑證後面,待裝訂時再抽去回形針或大頭針。有的原始憑證不僅面積大,而且數量多,可以單獨裝訂,如工資單、耗料單等,但在記帳憑證上應註明保管地點。原始憑證附在記帳憑證後面的順序應與記帳憑證所記載的內容順序一致,不應按原始憑證的面積大小來排序。會計憑證經過整理之後,就可以裝訂了。

2. 會計憑證的裝訂

會計憑證的裝訂是指把定期整理完畢的會計憑證按照編號順序,外加封面、封底,裝訂成冊,並在裝訂線上加貼封簽。在封面上,應寫明單位名稱、年度、月份、記帳憑證的種類、起訖日期、起訖號數,以及記帳憑證和原始憑證的張數,並在封簽處加蓋會計主管的騎縫圖章。會計憑證封面如表6-15所示。

表6-15　　　　　　　　　會計憑證封面

本年冊號_____

自　　年　月　日起至　　年　月　日止　　本月共　冊第　冊

記帳憑證自第　號至第　號	共　　張
原始單據(附件)	共　　張
會計憑證總頁數	共　　張

年　月　日裝訂　　　　會計主管:　　　　裝訂員:

會計憑證的裝訂,要求既美觀大方又便於翻閱,所以在裝訂時要先設計好裝訂冊數及每冊的厚度。一般來說,一本憑證,厚度以1.5~2.0厘米為宜,太厚了不便於翻閱核查,太薄了又不利於戳立放置。憑證裝訂冊數可根據憑證多少來定,原則上以月份為單位裝訂,每月訂成一冊或若干冊。有些單位業務量小,憑證不多,把若干個月份的憑證合併訂成一冊就可以了,只要在憑證封面註明本冊所含的憑證月份即可。

具體操作步驟是：首先選擇結實、耐磨、韌性較強的牛皮紙作為憑證封面和封底，分別附在憑證前面和後面，再拿一張牛皮紙放在封面上角，做護角線。然後在憑證的左上角畫一個邊長為5厘米的等腰三角形，用夾子夾住，用裝訂機在底線上分布均勻地打兩個眼兒，用大針引線繩穿過兩個眼兒，在憑證的背面打線結。接著將護角向左上側折，並將一側剪翻至憑證的左上角，然後抹上膠水，向後折疊，並將側面和背面的線繩扣粘緊。等晾干後，最後在裝訂的憑證本包角側面寫上「某年某月第×號至第×號」以及「第×冊共×冊」字樣，裝訂人在裝訂線封簽處簽名或者蓋章。

【本章小結】

會計憑證是會計核算工作的起點，在會計核算中具有重要的意義。按會計憑證的填制程序和用途，可分為原始憑證和記帳憑證。原始憑證按來源又分為自製原始憑證和外來原始憑證。原始憑證主要從真實性、合法性、合理性、完整性和正確性等方面去審核。記帳憑證又分為收款憑證、付款憑證、轉帳憑證。涉及庫存現金、銀行存款收款業務的，選擇收款憑證；涉及庫存現金、銀行存款付款業務的，選擇付款憑證；與庫存現金、銀行存款等貨幣資金收付業務無關的，選擇轉帳憑證。必須注意的是，對於貨幣資金之間相互劃轉的業務，按照慣例只選擇付款憑證。記帳憑證主要從真實性、完整性、正確性和清晰性等方面去審核。會計憑證的填寫與編制要符合《會計基礎工作規範》的各項規定。企業要科學合理地制定會計憑證的傳遞程序和傳遞時間，並妥善保管會計憑證。

【閱讀材料】

電子發票時代面臨的審計和會計變革

《網路發票管理辦法》的頒布實施，對節約社會成本、促進經濟實體便利化納稅起到了積極作用，同時也極大地契合了新型電商銷售模式。目前，中國電子發票尚處於試點階段，大力推廣、盡快縮短試點週期並在全國範圍內實行很有必要，具有深遠意義，對相關行業也將產生革命性的影響。

（一）電子發票優勢盡顯

相比傳統紙質發票，電子發票的優勢非常明顯。

一是電子發票環節單一，安全可靠。

傳統紙質發票印製環節複雜，至少應該經過批准、定點印刷、印刷模板的製作與銷毀、紙張的選用、保管、儲存、運輸等各個環節，稍有不慎就存在遺漏等風險。而電子發票在經過初始設置授權後，只存在後臺維護備份風險，在現有成熟的技術階段，技術風險已經可以忽略不計。如現有的證券交易所、銀行卡等業務均是通過電子技術實現的，其運行的數據量相對於經濟實體間的交易量要大得多，但其運行多年來，一直保持穩定。可以說，電子發票即使出現問題，現有技術也是可以在極短時間內予以解決的。

二是電子票據運行成本低。因傳統紙質發票是實物形態，其無論是消耗的社會物資資源還是人力資源，都以海量計算。而電子發票除了大數據的硬軟件系統、網路資源及其維護所必需的人力資源外，幾乎無其他任何消耗。比較而言，電子發票將極大地降低發票運行成本。

三是電子發票具有稅收徵納和稽查優勢。電子發票系統屬於共享系統，稅務徵收部門可以遠程查驗票據，有利於稅務部門快捷、適時地瞭解經濟實體解繳稅金的情況。同時，電子發票可以極為方便地進行網上雙方鉤稽核對，核對時長幾乎為零，其真實性、可靠性高度依賴於誠實的軟件系統，經濟實體間的交易存在相互印證性，其偷逃稅款的概率也降到零。而傳統紙質發票的核對需要通過發函等相對落後的手段進行，核實時間跨度長，且其真實性依賴於接受函件的第三方，可靠度存在不確定性。另外，因傳統紙質發票的多聯式，給發票的套開提供了可能（即同一票號採用不同聯次開具不同金額的方式），具有取證難等諸多不便。

四是電子發票可促進經濟實體誠信守法，降低稅務隱性成本。因電子發票存在唯一、時長幾乎為零的驗證性，大大提高了企業的運作效率，杜絕了應予當期抵扣但因票據傳遞過程時長造成的不能抵扣的現象。同時，電子票據的即時印證性，杜絕了經濟實體套開票據等各種違法違規行為，因為電子發票的授權機制在授權範圍內是可以公開查閱的，杜絕了個別經濟實體和稅務徵納機關相互勾結造成稅收流失的可能。

（二）審計無紙化或將成為可能

電子發票使會計核算無紙化成為可能，而會計核算的無紙化必然帶來審計領域的無紙化，遠程審計也將成為可能。因此，會計核算的無紙化將給目前的審計方法、審計實踐等帶來革命性的影響。

目前的審計方式是基於會計核算的方式而確定的，會計核算雖然實現了電算化，但是由於外來原始憑證的紙質化，所以審計雖然可以採用設定程序抽取樣本，但原始憑證的審核還必須依賴審計人員。而會計核算無紙化後，原始憑證的外部即時印證成為現實，目前採用的風險導向審計方法也將迴歸到詳式審計，對於既定程序化的審核完全可以由數據處理系統代替。

無紙化審計還將極大地節約社會成本。以現行的審計需要對非存放於企業庫存的資產進行外部函證為例，其浪費了大量的人力、物力，不僅僅對事務所和被審計單位是一種資源浪費，更多的是一種整體社會資源的浪費。而無紙化審計後，這種浪費情形將不復存在。

筆者進行更為大膽和長遠的暢想：經濟實體電子化自動生成的財務報表依賴於授權範圍內公開的相互勾稽的基礎數據，這種數據來源真實可靠，帳務處理系統也完全自動化，這將導致經濟實體的財務造假等行為不復存在，而鑒證性審計也將隨之失去應有的價值，取而代之的將是對企業財務等方面的諮詢業務。

（三）會計核算方式的深刻革命

原始票據的無紙化處理必然影響到記帳憑證的無紙化處理。目前，企業會計核算大都已經過渡到依賴於 ERP（企業資源計劃）系統，而 ERP 系統的核心是實現了企業內部管理的無紙化運作，即實現了自製原始憑證的無紙化。發票作為企業外來原始憑證中的主要票據，目前依然嚴重依賴於傳統的紙質版本，顯然限制了會計核算邁向無紙化的步伐。而一旦發票事項電子化，便使得會計核算無紙化成為可能。

外來原始憑證的電子化將帶來會計核算方式的深刻革命，這是一種極大思維慣式和行為的轉換。我們可以暢想，不僅僅會計憑證無紙化成為可能，其記帳方法也將隨之而改變。或許未來，電子化原始憑證對應於會計核算帳務處理的固化亦成為可能，帳務處理的固化可將會計人員從繁重的帳務處理中解脫出來，這將是非常大的變化。

資料來源：胡勇，白勇．電子發票時代面臨的審計和會計變革［N］．中國會計報，2016－04－01．

第七章

會計帳簿

【結構框架】

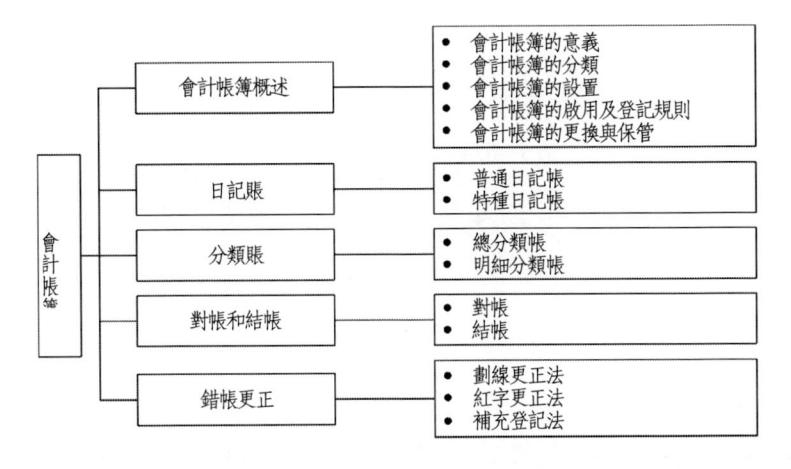

```
                              ┌─ 會計帳簿的意義
                              ├─ 會計帳簿的分類
                   會計帳簿概述 ─┼─ 會計帳簿的設置
                              ├─ 會計帳簿的啟用及登記規則
                              └─ 會計帳簿的更換與保管

                              ┌─ 普通日記帳
                   日記賬 ─────┤
                              └─ 特種日記帳

會計帳簿 ─┬─                   ┌─ 總分類帳
         │        分類賬 ─────┤
         │                    └─ 明細分類帳
         │
         │                    ┌─ 對帳
         │        對帳和結帳 ──┤
         │                    └─ 結帳
         │
         │                    ┌─ 劃線更正法
         └─      錯帳更正 ────┼─ 紅字更正法
                              └─ 補充登記法
```

【學習目標】

　　本章主要闡述會計帳簿的設置和登記。通過本章的學習，讓學生瞭解設置和登記帳簿對於系統地提供經濟信息、加強經濟管理的作用；熟悉會計帳簿的分類、設置原則；掌握各種帳簿的設置、登記，以及對帳、結帳和錯帳更正。

第一節 會計帳簿概述

在會計核算工作中，對每一項經濟業務，都應該取得和填制會計憑證。但由於會計憑證只能零星地反映個別經濟業務的內容，不能連續、系統、全面地反映和監督一個特定單位在一定時期內某類和全部經濟業務的變化情況。而且，隨著經濟業務量的不斷增加，會計憑證的數量也會更多，不但易散失且不利於經濟信息的歸類匯總。因此，有必要採用登記會計帳簿（Book of Accounts）這一專門的方法，把分散在會計憑證上的大量核算資料，加以集中和歸類整理，以便為報表使用者決策提供有用的信息。

一、會計帳簿的意義

會計帳簿是指由具有一定格式、相互聯繫的帳頁組成的，以審核無誤的會計憑證為依據，用來序時地、分類地記錄和反映有關經濟業務的會計簿籍（又稱帳簿或帳本）。設置和登記會計帳簿是會計核算的一種專門方法，也是會計核算的中心環節，對充分發揮會計在經濟管理中的作用具有重要意義。

1. 會計帳簿是全面系統地登記和累積會計資料的重要工具

通過設置和登記會計帳簿，可以把分散在會計憑證上的大量的、個別的核算資料，按照帳戶進行歸類和整理，並按經濟業務發生的先後順序，進行序時登記，從而為經濟管理提供系統、完整的會計核算資料。

2. 會計帳簿是編制財務報表的主要依據

由於會計帳簿是分門別類地對經濟業務進行登記的，因此，按期結帳後的帳簿記錄，就分門別類地匯集了本期所有經濟業務的數據資料，從而為財務報表的編制提供了相關的數據。

3. 會計帳簿是會計分析和會計檢查的必需資料

通過設置和登記會計帳簿，可以從帳簿中獲得各項資產、負債和所有者權益的增減變動和結餘資料，以及收入、費用和利潤的形成資料，借以評價企業的經營成果和財務狀況等。

二、會計帳簿的分類

一個特定的企事業單位，擁有的會計帳簿不是一本兩本，而是擁有一整套功能各異、結構有別的帳簿，形成一個完整的帳簿體系。為了認識各種會計帳簿的特點，以便更好地掌握和運用，現對會計帳簿從不同角度進行分類。

（一）會計帳簿按用途分類

會計帳簿按用途不同，可以分為序時帳簿、分類帳簿和備查帳簿。

1. 序時帳簿

序時帳簿簡稱序時帳（Journal），又稱日記帳，是按照經濟業務發生時間的先後順序，逐日逐筆登記經濟業務的帳簿。通常各個單位都對庫存現金及銀行存款的收付業務，設置庫存現金日記帳和銀行存款日記帳，以便加強對貨幣資金的管理。

2. 分類帳簿

分類帳簿簡稱分類帳（Ledger），是對全部經濟業務按照總分類帳戶和明細分類帳戶進行分類登記的帳簿。分類帳又分為總分類帳簿和明細分類帳簿。按總分類帳戶分類登記的帳簿叫總分類帳簿（簡稱總帳）；按明細分類帳戶分類登記的帳簿叫明細分類帳簿（簡稱明細帳）。分類帳是編制財務報表的主要依據。

3. 備查帳簿

備查帳簿又稱輔助帳簿，簡稱備查帳，是對某些未能在序時帳和分類帳中記錄的事項或記載不全的經濟業務進行補充登記的帳簿，如應收票據備查簿。利用備查帳，可以為某些經濟業務提供必要的補充資料。

序時帳和分類帳是各個單位必須設置的，且對其格式及登記都有一定的規範和要求，而備查帳各單位可根據具體情況及實際需要靈活設置，並無固定的格式，登記時也不需要以會計憑證為依據。

（二）會計帳簿按外形分類

會計帳簿按其外表形式不同，分為訂本式帳簿、活頁式帳簿和卡片式帳簿。

1. 訂本式帳簿

訂本式帳簿，簡稱訂本帳，是在啟用前就將一定數量的帳頁固定裝訂在一起的帳簿。這種帳簿的帳頁不能隨意調換，一般用於重要的、具有統馭性的帳簿，如庫存現金日記帳、銀行存款日記帳、總帳。訂本帳的優點是帳頁固定，可以避免帳頁散失和任意調換。但這種形式的帳簿使用起來要為每一個帳戶預留空白帳頁，如留頁不夠會影響帳戶的連續記錄，留頁過多又會造成浪費等。

2. 活頁式帳簿

活頁式帳簿，簡稱活頁帳，是在啟用前並不將帳頁固定地裝訂在一起，而是根據需要將零星的帳頁集中後放置在帳夾內，可隨時添加、取放的帳簿。其優點是可以根據記帳需要隨時增、減帳頁，靈活裝訂，從而能夠提高工作效率且有利於記帳人員的分工合作。但是，由於其很容易被調換或丟失，因此不允許用於總帳、庫存現金日記帳和銀行存款日記帳等重要帳簿，一般用於明細帳。同時，在使用中應注意編號，並交專人保管，於會計期末裝訂成冊。

3. 卡片式帳簿

卡片式帳簿，簡稱卡片帳，是在啟用前由一定數量具有專門格式的、分散的硬卡片組成的帳簿。該帳簿的優缺點與活頁帳相似，且它可以跨年度使用，不需要每年更換，如「固定資產明細帳」帳簿。

三、會計帳簿的設置

（一）會計帳簿設置的原則

每一個特定單位都應該根據其自身經濟業務的特點及經濟管理的需要，設置相應的帳簿體系，包括確定帳簿的種類、設計帳頁的格式、規定帳簿的登記方法等。一般而言，設置帳簿主要應遵循下列原則：

1. 適應規模，滿足需要

設置的帳簿應能夠滿足企業對可能發生的所有交易或事項進行記錄的需要，以保證因交易或事項的發生而引起的各會計要素的增減變化及其結果能夠得到連續、系統、

全面的反映；同時滿足企業方便地對會計信息進行加工整理、以向會計信息使用者及時提供決策有用的會計信息之需要。

2. 體系完整，組織嚴密

設置帳簿要求做到帳簿體系完整，既有分工又有聯繫，有關帳戶之間還應具有統馭和被統馭的關係；既要避免記錄遺漏，又要防止重複記錄，帳簿之間提供的會計信息應具有嚴密的鈎稽關係。

3. 簡便易行，結合實際

設置帳簿要在保證會計記錄、核算指標完整的前提下，力求簡便，帳簿冊數不宜過多，帳冊中帳頁的格式應簡單明了。設置帳簿要充分考慮到各單位經濟活動和業務工作的特點，根據其規模大小、會計機構設置、人員配備等情況進行綜合設計。

(二) 會計帳簿的基本內容

各種帳簿記載的經濟業務可能不同，格式也多種多樣，但它們都應該包含以下基本內容：

1. 封面

在封面上要寫明會計帳簿的名稱和記帳單位的名稱。

2. 扉頁

由兩張表組成，一是「帳簿啟用交接表」（見表7-1），具體登記帳簿的使用情況，包括帳簿啟用日期及截止日期、記帳人員簽章及記帳人員變更交接一覽表、共計頁數和冊數、會計主管人員簽章等；二是「科目索引表」或稱「帳戶目錄」（見表7-2），以方便登記帳簿時檢索。

表7-1　　　　　　　　　　　帳簿啟用交接表

單位名稱					公章		
帳簿名稱			（第　　冊）				
帳簿編號							
帳簿頁數							
啟用日期							

經管人員	單位主管		財務主管		復核		記帳	
	姓名	蓋章	姓名	蓋章	復核	姓名	蓋章	

交接記錄	經管人員		接管			交出			
	職別	姓名	年	月	日	蓋章	年	月	日	蓋章

備註	

表7-2　　　　　　　　　　　科目索引表

編號	科目	起訖頁碼	編號	科目	起訖頁碼
1001	庫存現金	1～3	2202	應付帳款	35～36
1002	銀行存款	4～8	2203	預收帳款	37～38
1121	應收票據	9～10	2211	應付職工薪酬	39～40
1122	應收帳款	11～12	2221	應交稅費	41～42
…			…		
2001	短期借款	30～31	6711	營業外支出	99
2201	應付票據	33～34	6801	所得稅費用	100

3. 帳頁

帳頁是帳簿中用來記錄經濟業務內容的部分。一般應包括：①帳戶名稱，即會計科目，通常在帳頁的上端按照有關規定規範書寫，此時，該帳頁就成為具體的帳戶。專業術語「登帳」，也稱記帳或過帳，就是指在標有會計科目的帳頁中記錄經濟業務的過程。②日期欄（即記帳的年、月、日）。③憑證種類和號數欄。④摘要欄。⑤金額欄（記錄本帳戶發生的增減變化的金額及相應的餘額數）。⑥總頁次和分戶頁次等。

（三）帳頁的格式

由於需要記載的會計信息資料的詳細程度不同，並且還有一些特殊的要求，所以應將帳頁設置成不同的格式。一般而言，帳頁具有下述三種格式：

1. 三欄式

三欄式帳頁一般採用「借方」「貸方」和「餘額」三欄作為基本結構（參見表7-4），分別用來反映會計要素的增加、減少和結餘情況。三欄式帳頁適用於只需要進行金額核算的經濟業務。

2. 數量金額式

從本質上講，數量金額式也是採用「借方」「貸方」和「餘額」三欄作為基本結構（可簡稱三大欄），只是在每一大欄內再設置「數量」「單價」「金額」三小欄（參見表7-7），為了反映這一特性，故名數量金額式。該帳頁適用於不但需要進行金額核算還需要進行數量核算的經濟業務。

3. 多欄式

多欄式還是三大欄基本結構，只是有時對經濟業務還需要更加詳細地予以記載，於是就在借方欄內再設置多個小欄目（稱為借方多欄）（參見表7-8）；有時要在貸方欄內設置多個小欄目（稱為貸方多欄）（參見表7-9）；有時在借方、貸方欄內都會根據需要再設置多個小欄目（稱為借貸方均多欄）（參見表7-10）。該帳頁適用於需要進行分項目反映的經濟業務。

四、會計帳簿的啟用及登記規則

登記帳簿是會計核算的基礎工作和中心環節。為保證帳冊記錄的正確、清晰，為成本計算、考核經營成果和編制財務報表等提供可靠的數據資料，登記帳簿必須遵守

如下規則：

(一) 帳簿啟用、更換和記帳人員交接的規則

會計帳簿是一種需要長期保管的重要的會計檔案。在新年度開始時，除固定資產明細帳等少數帳簿因變動不大可繼續使用外，其餘帳簿一般均應結束舊帳，啟用新帳，切忌跨年度使用，以免造成歸檔保管和查閱困難。為了明確記帳責任，保證帳簿記錄的合法性和完整性，每本帳簿在啟用時，都應在帳簿扉頁上填寫「帳簿啟用及交接表」(如表 7－1 所示)，嚴格按照要求規範填寫。

帳簿啟用後應由專人負責，如果要更換記帳人員，必須辦理帳簿的交接手續。交接時，應由有關人員監交。一般記帳人員交接，由會計主管人員監交；會計主管人員交接，由單位負責人監交。同時，在交接記錄上要填寫交接日期和交接雙方及監交人員姓名並蓋章，以明確經濟責任。

(二) 帳簿登記的一般規則

1. 正確使用藍、黑、紅墨水

為了使帳簿記錄清晰、耐久，防止塗改，記帳時必須使用鋼筆並用藍、黑墨水或碳素墨水，不得使用圓珠筆（銀行的複寫帳簿除外）或鉛筆書寫。紅墨水只限於在結帳時劃線、改錯、衝帳等規定情況下使用。

(1) 在只設借方欄（或只設貸方欄）的多欄式帳頁中，登記減少數（參見表 7－9）；

(2) 在三欄式帳頁的餘額欄前，如未印明餘額方向的，在餘額欄內登記負數餘額；

(3) 按照紅字更正法更正錯帳和衝銷錯誤的帳簿記錄；

(4) 按照規定應該使用紅筆劃線，如劃線更正法更正錯帳時劃線註銷及在期末結帳時用紅筆劃結帳線（除年末為雙紅線外，其餘期末皆為單紅線）；

(5) 根據國家統一會計制度的規定可以使用紅字登記的其他會計記錄。

2. 保持帳簿清潔、規範

書寫的文字和數字要規範、端莊、清楚；文字和數字要緊靠底線，不得寫滿整格，一般占格距的二分之一。這樣既能保持帳簿清晰、整潔，又為日後可能出現的差錯留有改錯的空間。

3. 保證帳簿記錄完整

帳簿記錄應以審核無誤的會計憑證為依據。記帳時，應將記帳憑證中的日期、種類、編號、摘要、金額逐項記入帳內，同時要在記帳憑證的「帳頁」欄（或過帳欄）內註明所記帳頁頁碼（或打「√」符號）表示已經過帳，以免重記、漏記。

4. 按序登記

各種帳簿必須按事先編寫的頁碼，逐頁、逐行順序連續登記，不得隔頁、跳行。如不慎發生此種情況，應在空頁或空行處用紅色墨水對角劃線註銷，並註明「作廢」字樣，同時由經手人員蓋章以明確負責。對訂本帳中某些帳戶預留帳頁不夠需要跳頁登記的，應在原預留帳頁的最後一頁末行摘要欄內註明「過入第×頁」，並在新帳頁第一行摘要欄內註明「上承第×頁」。

5. 按規定辦理轉頁手續

每一張帳頁登記到倒數第二行時，應留出最後一行辦理轉頁手續，即在最後一行加計本頁發生額並結出餘額，在「摘要」欄內註明「轉下頁」或「轉次頁」字樣；同

時將發生額的總數和餘額填寫在下一頁帳頁的第一行，並在此行的「摘要」欄內註明「承上頁」或「承前頁」字樣，然後從第二行開始登記新業務。

6. 正確結帳

凡需要結出餘額的帳戶（每日或期末），結出餘額後，應在「借」或「貸」欄內以「借」或「貸」字標明餘額的方向；沒有餘額的帳戶，應在「借」或「貸」欄內書寫「平」字，並在餘額欄內用數字「0」表示。

7. 按規定更正錯帳

記帳時，如果帳簿記錄發生差錯，不準塗改、挖補、刮擦，不得用褪色藥水消除字跡，也不得重新抄寫，必須使用規定的錯帳更正方法予以更正（參見本章第五節）。

上述各條是登記帳簿的要求，也是每一個會計人員必須切實遵守的規則。

五、會計帳簿的更換與保管

1. 會計帳簿的更換

一般情況下，總帳、庫存現金日記帳和銀行存款日記帳及大部分明細帳，都應每年更換。只有少部分的明細帳，如固定資產明細帳，不必每年更換。

通常，在每年年度終了，對需要更換新帳的帳簿內的每一個帳戶，將其年末餘額直接記入新帳戶的第一頁的第一行（注意，不必填製記帳憑證），並在摘要欄內註明「上年結轉」或「年初餘額」字樣。

對於在年度中間記滿需要更換新帳的，其操作也與上述年初更換新帳一樣。

2. 會計帳簿的保管

會計帳簿是重要的經濟檔案和歷史資料，必須按照有關規定妥善保管，不得任意銷毀。年度結帳後，對於更換下來的訂本帳應編號歸檔保管；活頁帳、卡片帳應先裝訂成冊，再編號歸檔保管。每一個企事業單位還應制定檔案調閱規定，設置「會計檔案調閱登記簿」，調閱時必須履行調閱手續，將調閱的日期、調閱人員的姓名、調閱的理由、調閱憑證或帳冊的名稱及編號、批准調閱人姓名、歸還的日期等內容，詳細地登記在會計檔案調閱登記簿上。未經會計主管人員同意，本單位人員不得調閱；未經單位領導批准，外單位人員不得調閱。未經批准，不能將會計檔案攜帶外出或摘錄有關數據及影印複製。

第二節　日記帳

日記帳就是序時帳，特別強調按照經濟業務發生的先後順序逐日逐筆登記。按照序時帳記載經濟業務的範圍不同，又將其分為普通日記帳和特種日記帳。

一、普通日記帳

普通日記帳是用來記錄全部經濟業務發生情況的簿籍。它的特點是將發生的每一筆經濟業務，按其發生時間的先後順序，根據原始憑證逐筆登記。通過普通日記帳把每一筆經濟業務轉化為會計分錄，再登記分類帳。其常見的格式為二欄式，分為借方金額欄和貸方金額欄。會計分錄序時、整齊地排列在帳頁上，所以，普通日記帳又稱為分錄簿（或分錄日記帳）（見表7-3）。

表7-3　　　　　　　　　　　　普通日記帳　　　　　　　　　　　第×頁

201×年		摘要	帳戶名稱	借方	貸方	過帳
月	日					
12	1	提取現金	庫存現金	100,000		√
			銀行存款		100,000	√
	1	支付工資	應付職工薪酬	100,000		√
			庫存現金		100,000	√
	2	購買設備	固定資產	50,000		√
			應交稅費	8,500		√
			銀行存款		58,500	√
		……				

使用普通日記帳可以序時、集中地記錄所有的經濟業務，但顯然不利於會計人員的分工，在工作中肯定會遇到許多困難，尤其是在經濟業務量較大時。因此，在手工記帳環境下，普通日記帳很少被採用，但其適用於會計電算化。

二、特種日記帳

由於在一本帳簿中記錄所有的經濟業務存在著明顯的不足，人們就在普通日記帳的基礎上發展了既序時又分類記錄的特種日記帳。比如，專門記錄購貨業務的日記帳——購貨日記帳，專門記錄銷貨業務的日記帳——銷貨日記帳。像這種專門用來記錄某一類經濟業務發生情況的帳簿，就稱為特種日記帳。企業中最常見的特種日記帳有庫存現金日記帳和銀行存款日記帳。而且，根據有關制度，每一個經濟單位都必須設置庫存現金日記帳和銀行存款日記帳，用以序時核算庫存現金和銀行存款的收入、支出和結存情況，借以加強對貨幣資金的管理。

（一）庫存現金日記帳

庫存現金日記帳一般採用三欄式帳頁格式，即「借方」欄（即收入欄）、「貸方」欄（即支出欄）和「餘額」欄（即結存欄），分別用來記錄庫存現金的增加額、減少額和結存額。其格式如表7-4所示。

表7-4　　　　　　　　　　　　庫存現金日記帳

201×年		憑證		摘要	對方科目	借方	貸方	借或貸	餘額
月	日	種類	編號						
5	1			期初餘額				借	1,000
	2	現付	1	預支丁一差旅費	其他應收款		800	借	200
	2	銀付	1	提取現金	銀行存款	1,000		借	1,200
	2	現付	2	購辦公用品	管理費用		200	借	1,000
	2	現收	1	王三退差旅費餘款	其他應收款	100		借	1,100
	2			本日合計		1,100	1,000	借	1,100

表7-4(續)

201×年		憑證		摘要	對方科目	借方	貸方	借或貸	餘額
月	日	種類	編號						
				……					
	31			本日合計		1,300	1,120	借	1,050
5	31			本月合計		9,800	9,750	借	1,050

　　庫存現金日記帳是由出納人員根據審核無誤的庫存現金收款憑證、庫存現金付款憑證，逐日逐筆序時地予以登記（庫存現金日記帳由出納人員據現收、現付逐日逐筆登記）。但由於從銀行提取現金，習慣上只填制銀行存款付款憑證，此時庫存現金日記帳中借方欄就應根據該銀行存款付款憑證予以登記（見表7－4中第二筆業務）。每日終了，出納人員應分別結計出當日的現金增加額（如表7－4中2日的借方發生額1,100元）、現金減少額（如表7－4中2日的貸方發生額1,000元）及餘額（如表7－4中的1,100元），並將庫存現金日記帳的帳面餘額與庫存現金實有數核對，借以檢查每日的現金收付情況等。該項工作稱為「日清」。同樣，月末要計算本月現金的增加額、減少額及月末餘額，並與庫存現金實有數進行核對，此稱為「月結」。也就是實務中對庫存現金日記帳，要做到「日清月結」。

　　值得一提的是，庫存現金日記帳中「對方科目」欄，是指針對一筆具體的業務編制的記帳憑證中與「庫存現金」科目所對應的那個會計科目。例如，表7－4中「現付1」所反映的經濟業務的記帳憑證（會計分錄）是：

　　借：其他應收款　　　　　　　　　　　　　　　　800
　　　　貸：庫存現金　　　　　　　　　　　　　　　　800

　　在這筆會計分錄中，與「庫存現金」科目所對應的科目就是「其他應收款」。

　　（二）銀行存款日記帳

　　銀行存款日記帳是用來逐日逐筆登記銀行存款的增加、減少和結存情況的日記帳。其格式一般也採用三欄式，基本結構與庫存現金日記帳相同（如表7－5所示）。

表7-5　　　　　　　　　銀行存款日記帳

201×年		憑證		摘要	對方科目	借方	貸方	借或貸	餘額
月	日	種類	編號						
5	1			期初餘額				借	61,000
	2	銀收	1	收到貨款	應收帳款	50,000		借	111,000
	2	銀付	1	提取現金	庫存現金		1,000	借	110,000
	2	銀付	2	購買設備	固定資產		30,000	借	80,000
	2	現付	1	多餘現金存入銀行	庫存現金	1,500		借	81,500
	2			本日合計		51,500	31,000	借	81,500
				……					
	31			本日合計		32,300	25,000	借	235,000
5	31			本月合計		320,800	146,800	借	235,000

銀行存款日記帳是由出納人員根據審核無誤的銀行存款收款憑證、銀行存款付款憑證，逐日逐筆序時地予以登記（銀行存款日記帳由出納人員據銀收、銀付逐日逐筆登記）。但由於將現金存入銀行的業務，習慣上只填制庫存現金付款憑證，此時銀行存款日記帳中借方欄就應根據該庫存現金付款憑證予以登記（參見表7-5中第四筆業務）。每日終了，出納人員應分別結計出當日的銀行存款增加額（如表7-5中2日的借方發生額51,500元）、銀行存款減少額（如表7-5中2日的貸方發生額31,000元）及餘額（表7-5中的81,500元），並定期（一般每月一次）與銀行對帳單核對（參見本書第八章的內容）。

　　出納人員登記庫存現金日記帳和銀行存款日記帳後，還應把各種收付款憑證交由會計人員據以登記總帳和有關的明細帳。通過「庫存現金」和「銀行存款」總帳與日記帳的定期核對，達到控製、監督貨幣資金使用的目的。

　　另外，若一個企業開設多個銀行存款帳戶，應根據不同的銀行開設銀行存款日記帳，以便於和銀行核對帳目，且有利於企業對銀行存款進行管理。同時，為了實現會計工作各崗位的職責分離，出納人員不得登記庫存現金日記帳和銀行存款日記帳以外的任何帳簿。

　　應當指出的是，上述特種日記帳採用三欄式帳頁格式，是就一般情況而言的。如果涉及庫存現金、銀行存款的業務量很大時，還可以在三欄式帳頁的借方欄、貸方欄（即收入欄、支出欄）中，再按其對應科目設置若干專欄，即所謂的多欄式特種日記帳。

第三節　分類帳

　　分類帳是帳簿體系的主幹。各企事業單位除了設置庫存現金日記帳和銀行存款日記帳外，還應該設置分類帳，用來全面、系統、分類地反映企業的各項經濟業務，以便為編制財務報表提供必要的資料。分類帳按其所提供資料的詳細程度的不同，又可分為總分類帳和明細分類帳。

一、總分類帳

　　總分類帳簡稱總帳，是按照一級科目或總帳科目開設帳戶，用以全面、系統、總括地反映全部經濟業務情況的簿籍。總帳必須採用訂本式帳簿，按會計科目的編號順序設置帳戶，每個帳戶按業務量的大小預留若干帳頁。總帳核算只要求使用貨幣量度，故其格式一般採用借、貸、餘三欄式（見表7-6）。

表7-6　　　　　　　　　　　原材料總帳

| 201×年 || 憑證 || 摘要 | 借方 | 貸方 | 借或貸 | 餘額 |
月	日	種類	編號					
12	1			期初餘額			借	265,000
	2	轉	1	甲材料入庫	41,000			

表7-6(續)

201×年		憑證		摘要	借方	貸方	借或貸	餘額
月	日	種類	編號					
	3	轉	2	生產領用		131,200		
	14	轉	6	乙材料入庫	40,000			
12	31			本月合計	81,000	131,200	借	214,800

總帳的登帳依據和方法,取決於所採用的帳務處理程序,可以直接根據記帳憑證逐筆登記,也可以把各種記帳憑證匯總填制成匯總記帳憑證或科目匯總表,再予以登記。關於帳務處理程序和總帳的登記方法將在第九章中予以介紹。

二、明細分類帳

明細分類帳簡稱明細帳,是按二級科目或明細科目開設的、分類、連續地記錄或反映有關經濟業務詳細情況的簿籍。明細帳受總帳統馭,提供詳細、具體的核算資料,是對總帳的必要補充,也是編制財務報表的依據之一。

明細帳一般採用活頁式帳簿,也可以採用卡片式帳簿。其帳頁格式因其記錄的經濟業務內容的不同,可以分為三欄式、數量金額式和多欄式。

(一) 三欄式明細帳

三欄式明細分類帳的格式與總帳的三欄式格式相同,即在帳頁上只設置「借」「貸」「餘」三個金額欄。適用於那些只需要進行金額核算而不需要進行數量核算的債權、債務結算業務。如「應收帳款」「應付帳款」等科目的明細帳就採用三欄式帳頁(見表7-7)。

表7-7　　　　　　　　　　　應收帳款明細帳

二級科目　紅光公司

201×年		憑證		摘要	借方	貸方	借或貸	餘額
月	日	種類	編號					
12	1			期初餘額			借	200,000
	2	轉	1	賒銷商品	42,000			
	3	收	1	收回原銷貨款		200,000		
	14	轉	2	賒銷商品	40,000			
12	31			本月合計	82,000	200,000	借	82,000

(二) 數量金額式明細帳

數量金額式明細帳,其帳頁中設有「收入」(即借方)、「發出」(即貸方)和「結存」(即餘額)三大欄,每一大欄下再設置「數量」「單價」「金額」三小欄。這種格式適用於既需要進行金額核算又需要進行實物數量核算的各種實物資產的明細分類核算。如「原材料」「庫存商品」等科目的明細分類核算就需要採用數量金額式帳頁。其格式見表7-8。

表 7-8　　　　　　　　　　　　　原材料明細帳

二級科目　甲材料　　　　　　　　　　　　　　　　　　　　　　　單位：千克、元

201×年		憑證字號	摘要	收入			發出			結存		
月	日			數量	單價	金額	數量	單價	金額	數量	單價	金額
12	1		月初餘額							2,000	80.00	160,000
	2	轉1	材料入庫	500	82.00	41,000				2,500		201,000
	3	轉2	A產品領用				1,200	80	96,000	1,300		105,000
12	31		本月合計	500		41,000	1,200		96,000	1,300		105,000

(三) 多欄式明細帳

多欄式明細帳是根據經濟業務的特點和提供資料的要求，在「借方」欄或「貸方」欄內再分設若干個小專欄，以提供更加詳細的資料。比如，若在會計期末，經理人員被告知本期管理費用是10萬元，那麼他的第一反應就是想知道這10萬元都被用在了何處，職工薪酬、折舊費、辦公費用等各佔據了多少，而這些詳細資料的提供，就需要會計人員在日常進行會計核算時分項予以記錄。也就是說，應該在管理費用明細帳頁的借方欄內分設多個項目欄，這就是所謂的借方多欄式帳頁。

借方多欄式適用於借方需要設置多個明細項目的帳戶，如「生產成本」「管理費用」等成本費用類的明細核算（見表7-9）。

表 7-9　　　　　　　　　　　　　管理費用明細帳

201×年		憑證		摘要	借方							貸方	餘額
月	日	種類	編號		工資費	辦公費	折舊費	差旅費	招待費	其他	合計		
12	6	銀付	5	法律諮詢費						4,000	4,000		
	12	轉	5	差旅費				480			480		
	16	銀付	9	購買辦公品		600					600		
	26	銀付	12	業務招待費					36,900		36,900		
	28	銀付	14	電費						1,500	1,500		
	31	轉	7	行管人員薪酬	20,000						20,000		
	31	轉	8	辦公樓折舊費			1,400				1,400		
	31	轉	9	攤銷報刊費						420	420		
	31	轉	13	轉至本年利潤								65,300	
12	31			本月合計	20,000	600	1,400	480	36,900	5,920	65,300	65,300	0

貸方多欄式適用於貸方需要設置多個明細項目的帳戶，如「營業外收入」「主營業務收入」等收入類的明細核算（見表7-10）。

表 7-10　　　　　　　　　　　營業外收入明細帳

201×年		憑證		摘要	貸方			
月	日	種類	編號		盤盈所得	沒收押金	罰款收入	合計
12	6	現收	5	罰款收入			700	700
	12	轉	14	沒收押金		1,500		1,500
	26	轉	29	現金盤盈	300			300
	31	轉	50	轉至本年利潤	|300| |1,500| |700| |2,500|
12	31			本月合計	0	0	0	0

註1：表7-9內「☐」符號表示紅字。

註2：表7-9內「轉50」這筆業務，應為「營業外收入」帳戶的借方發生額，而該帳戶格式未設有借方欄，故以紅字反映在「貸方」欄。

借貸方多欄式適用於借貸方都需要設置多個明細項目的帳戶，如「本年利潤」帳戶的明細核算（見表7-11）。

表 7-11　　　　　　　　　　　本年利潤明細帳

201×年		憑證字號	摘要	借方				貸方				借或貸	餘額
月	日			主營業務成本	管理費用	…	合計	主營業務收入	其他業務收入	…	合計		

明細帳可以直接根據記帳憑證、原始憑證或原始憑證匯總表逐日逐筆登記，也可以定期匯總登記。一般來說，固定資產、債權債務等明細帳應當逐筆登記；庫存商品、原材料等可以逐筆登記，也可以定期匯總登記。總之，各單位應根據本單位業務量的大小、經營管理的需要，以及所記錄的經濟業務內容而定。而且，為了檢查和核對帳目，在明細帳的摘要欄內應將有關經濟業務的內容簡明扼要地填寫清楚；明細帳在每次登帳之後，還要結出餘額。

第四節　對帳和結帳

一、對帳

對帳是指在會計期末對有關帳簿記錄進行核對，以保證帳簿記錄正確性的工作。中國的《會計基礎工作規範》中規定，各單位應當定期對會計帳簿記錄的有關數字與庫存實物、貨幣資金、有價證券、往來單位或者個人等進行相互核對，保證帳證相符、帳帳相符、帳實相符。其目的在於使期末編制財務報表的數據真實、可靠。對帳工作

每年至少進行一次。

對帳工作的內容一般應包括以下幾方面：

(一) 帳證核對

帳證核對，是指核對會計帳簿記錄與原始憑證、記帳憑證的時間、憑證字號、內容、金額是否一致，記帳方向是否相符。

帳證核對是將帳簿記錄與據以記帳的記帳憑證核對，必要時再與原始憑證核對。日常核對應逐筆進行，期末核對可採用抽查的方法，以檢查所記帳目是否正確。核對中若發現帳證不符，應查明原因，採用規定的錯帳更正方法進行更正。

(二) 帳帳核對

帳帳核對，是指核對不同會計帳簿之間的帳簿記錄是否相符。具體包括下述四項內容：

(1) 總帳有關帳戶的核對。既核對全部帳戶本期借方發生額合計數與全部帳戶本期貸方發生額合計數是否相符，又核對全部帳戶期末借方餘額合計數與全部帳戶期末貸方餘額合計數是否相符。核對時可採用編製「試算平衡表」的方法，如編製「總分類帳戶本期發生額和餘額試算平衡表」。

(2) 總帳與明細帳核對。總分類帳戶的借、貸方本期發生額和期末餘額與其所屬明細分類帳的借、貸方本期發生額和期末餘額之和核對相符。核對時可編製「明細分類帳本期發生額及餘額明細表」與有關總分類帳的本期發生額及餘額進行核對。

(3) 總帳與日記帳核對。核對庫存現金、銀行存款總分類帳的本期發生額和期末餘額與庫存現金、銀行存款日記帳的本期發生額和期末餘額是否相符。

(4) 核對會計部門的財產物資明細帳與財產物資保管和使用部門的有關明細帳是否相符。

(三) 帳實核對

帳實核對，是指核對會計帳簿記錄與各項財產物資、貨幣資金、債權債務等實有數額是否相符，也稱為「財產清查」。具體包括下述內容：

(1) 庫存現金日記帳帳面餘額與現金實際庫存數相核對。庫存現金日記帳的帳面餘額應每天與現金實際庫存數進行核對，做到日清月結。

(2) 銀行存款日記帳帳面餘額定期與銀行對帳單相核對。銀行存款日記帳的帳面餘額應同開戶銀行寄送企業的銀行對帳單相核對，一般至少每月核對一次。

(3) 各種財物明細帳帳面餘額與財物實存數額相核對。原材料、庫存商品、固定資產等財產物資明細帳的帳面餘額應與其實有數量相核對。

(4) 各種應收、應付款明細帳帳面餘額與有關債務、債權單位或者個人核對。各種應收款、應付款、銀行借款等結算款項，應定期寄送對帳單同有關單位或個人進行核對。

二、結帳

結帳，是指按照規定將一定時期內所發生的經濟業務登記入帳，並將各種帳簿結算清楚的帳務處理工作。具體要求在會計期末將各帳戶餘額結清或轉至下期，使各帳戶記錄暫告一段落。

及時結帳有利於準確、及時地確定當期的經營成果，掌握會計期間內資產、負債、

所有者權益的增減變化及其結果，同時為編制財務報表提供所需的資料。

（一）結帳的程序

結帳的程序和具體內容如下：

（1）將本期內所發生的各項經濟業務以及期末帳項調整業務全部登記入帳。若發生漏帳、錯帳，應及時補記、更正。注意，既不能提前結帳，也不能將本期發生的經濟業務推至下期登帳。

（2）成本類帳戶的結轉。期末應將本期發生的「製造費用」分配記入有關成本核算對象，將本帳戶本期發生額轉入「生產成本」帳戶；本期完工產品的生產成本，應從「生產成本」帳戶的貸方轉到「庫存商品」帳戶的借方。

（3）虛帳戶的結轉。將損益類帳戶轉入「本年利潤」帳戶，結平全部損益類帳戶。

（4）實帳戶的結轉。結算出資產、負債、所有者權益帳戶的本期發生額和餘額，並結轉至下期。

（二）結帳的方法

結帳工作可分為月結、季結和年結三種。

1. 月結

月結在每月末進行。需要結出當月發生額的，應當在「摘要」欄內註明「本月合計」（本月發生額和餘額）字樣，並在下面通欄劃單紅線。需要結出本年累計發生額的，應當在「摘要」欄內註明「本年累計」字樣，並在下面通欄劃單紅線；12月末的「本年累計」就是全年累計發生額。全年累計發生額下面應當通欄劃雙紅線。

2. 季結

季結在每季末進行。其結帳方法與月結相同，但「摘要」欄中應註明「本季合計」。

3. 年結

年結在年末進行，所有總帳帳戶都應當結出全年發生額和年末餘額。年度終了，要把各帳戶的餘額結轉到下一會計年度，並在「摘要」欄註明「結轉下年」字樣；在下一會計年度新建有關會計帳簿的第一行「餘額」欄內填寫上年結轉的餘額，並在「摘要」欄註明「上年結轉」字樣。

結帳的具體方法如表 7 - 12 所示。

表 7 - 12　　　　　　　　　　　　總分類帳戶

帳戶名稱：銀行存款

20×1 年		憑證號數	摘要	借方	貸方	借/貸	餘額
月	日						
1	1		上年結轉			借	46,000
	6	（略）		310,000		借	356,000
	16			60,000		借	416,000
	25				225,000	借	191,000
1	31		本月合計	370,000	225,000	借	191,000
2	5			50,000		借	241,000
	26				110,000	借	131,000
2	28		本月合計	50,000	110,000	借	131,000

表7-12(續)

20×1年		憑證號數	摘要	借方	貸方	借/貸	餘額
月	日						
3	12				97,000	借	34,000
	18			260,000		借	294,000
	28				124,000	借	170,000
3	31		本月合計	260,000	221,000	借	170,000
			本季合計	680,000	556,000	借	170,000
			⋮				
12	31		本年合計	2,660,000	2,570,000	借	136,000
20×2年							
1	1		上年結轉			借	136,000

第五節 錯帳更正

記帳作為一項手工工作，難免會出差錯。記帳差錯有不同情況，諸如記帳憑證填錯，包括會計科目用錯、記帳方向錯誤、文字和數字錯誤，或者過帳時筆誤以及結帳時發生的計算錯誤等。對於記帳過程中出現的差錯，應區別不同情況，按照規定的方法予以更正。必須強調的是，此處所講的錯帳，都是已經根據記帳憑證登記入帳後才發現出錯。在這一前提條件下，才存在運用下述某種方法予以更正的問題。如果是在填制記帳憑證時發現出錯，則將該張記帳憑證銷毀，再填制一張正確的記帳憑證即可。

一、劃線更正法

劃線更正法，是指用劃單紅線註銷原有錯誤記錄，另用藍字作正確記錄以更正錯誤的方法。這種方法適用於記帳憑證沒有差錯，但帳簿記錄中文字或數字出錯，在記帳當時或在結帳前就發現錯誤的更正。

採用劃線更正法的具體做法是：先將帳簿中出現錯誤的文字或數字用紅筆劃一單紅線註銷，然後在錯誤的文字或數字上方的空白處登記正確的文字或數字，同時記帳人員要在更正處蓋章以示負責。

比如，過帳時，將記帳憑證上一筆經濟業務的發生額358.57元在帳簿中誤記為385.57元，則其更正結果如下：

$$\begin{array}{c}358.57\\ \overline{385.57}\end{array} \boxed{王某某}$$

必須注意，對於錯誤的金額，不可只劃銷整筆數字中的個別錯誤數字，而應將整筆數字全部劃銷，且劃銷的部分要保持原有字跡仍可辨認，以備查考。但對文字上的錯誤，則更改個別錯誤即可。

二、紅字更正法

紅字更正法，是指用紅字衝銷或衝減原有數額，以更正或調整帳簿記錄的一種方法。其適用於記帳憑證出錯，且已登記入帳的情況。

第一，記帳以後發現據以過帳的記帳憑證中記帳方向、會計科目都沒有出錯，只是所記金額大於應記金額。

【例7-1】某企業201×年5月12日生產車間一般性耗料領用原材料480元。

記帳人員填制的記帳憑證（為節省篇幅，以會計分錄代替）如下：

(1) 5月12日，車間一般性耗料

借：製造費用　　　　　　　　　　　　　　　　　　4,800
　貸：原材料　　　　　　　　　　　　　　　　　　　4,800

且已經登記入帳，如圖7-1所示。

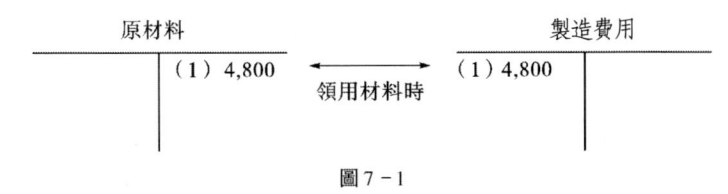

```
     原材料                           製造費用
    ┌───────┐                       ┌───────┐
    │(1) 4,800│ ←─領用材料時─→    │(1) 4,800│
```

圖 7-1

顯然上述處理的結果，是將「原材料」「製造費用」都多記了4,320元，所以要將這多記的4,320元衝銷，而紅字可以起到衝銷的作用。

5月31日結帳時發現上述錯誤，則具體操作如下：

(2) 5月31日，更正5月12日錯帳

借：製造費用　　　　　　　　　　　　　　　　　　4,320
　貸：原材料　　　　　　　　　　　　　　　　　　　4,320

注意：在實務中，為更正錯帳所填制的記帳憑證中，借貸方發生額4,320應該以紅字書寫。但鑒於印刷問題，在教學中所編制的上述分錄中，以□表示紅字。更正結果如圖7-2所示。

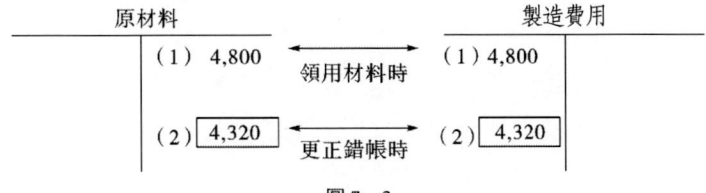

```
     原材料                           製造費用
    ┌────────┐                      ┌────────┐
    │(1) 4,800 │ ←─領用材料時─→   │(1) 4,800 │
    │(2) 4,320 │ ←─更正錯帳時─→   │(2) 4,320 │
```

圖 7-2

由於這種更正錯帳的方法，僅需編制一張紅字記帳憑證，故也可稱為紅字衝銷法。

第二，記帳以後發現據以過帳的記帳憑證本身就已發生了錯誤，包括借貸方發生額雖然正確但填錯了科目，或者會計科目和借貸方發生額均已出錯，總之是會計科目出現了差錯。

【例 7-2】某企業 201×年 5 月 12 日生產車間一般性耗料領用原材料 480 元。
記帳人員填制的記帳憑證如下：
(1) 5 月 12 日，車間一般性耗料

借：管理費用　　　　　　　　　　　　　　　　　　4,800
　　貸：原材料　　　　　　　　　　　　　　　　　　　4,800

且已經登記入帳，如圖 7-3 所示。

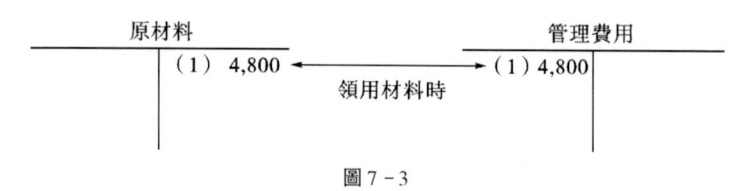

```
     原材料                   管理費用
   (1) 4,800  ←領用材料時→  (1) 4,800
```

圖 7-3

此筆業務處理借方科目出錯，則只要能將錯帳衝銷（紅衝），再填制一張正確的記帳憑證（藍字）就可以了，所以也可將此方法稱為紅衝藍更法。

5 月 31 日結帳時發現上述錯誤，則具體操作如下：
(2) 5 月 31 日，衝銷 5 月 12 日錯帳

借：管理費用　　　　　　　　　　　　　　　　　　|4,800|
　　貸：原材料　　　　　　　　　　　　　　　　　　　|4,800|

(3) 5 月 31 日，更正 5 月 12 日錯帳

借：製造費用　　　　　　　　　　　　　　　　　　　480
　　貸：原材料　　　　　　　　　　　　　　　　　　　　480

更正結果如圖 7-4 所示。

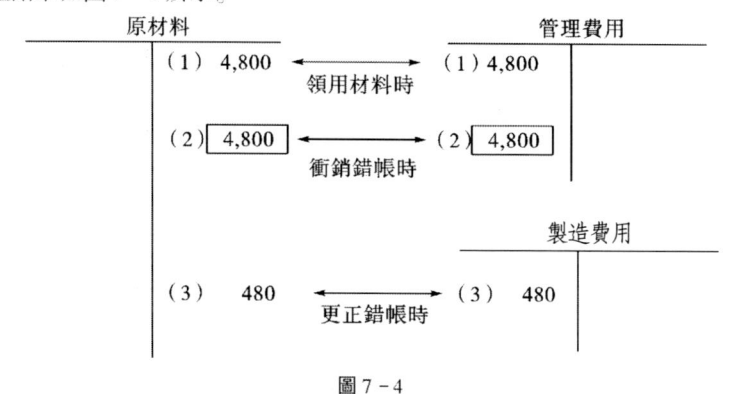

```
        原材料                      管理費用
    (1) 4,800   ←領用材料時→    (1) 4,800

    (2) |4,800| ←衝銷錯帳時→    (2) |4,800|

                                    製造費用
    (3)  480    ←更正錯帳時→    (3)  480
```

圖 7-4

三、補充登記法

補充登記法，是指用藍字補充原有金額，以更正或調整帳簿記錄的一種方法。其適用於記帳憑證中會計科目及記帳方向都對，只是所記金額小於應記金額的情況。

【例 7-3】某企業 201×年 5 月 12 日生產車間一般性耗料領用原材料 480 元。
記帳人員填制的記帳憑證如下：

(1) 5月12日，車間一般性耗料
　　借：製造費用　　　　　　　　　　　　　　　　　　　　　48
　　　　貸：原材料　　　　　　　　　　　　　　　　　　　　　48
且已經登記入帳，如圖7-5所示。

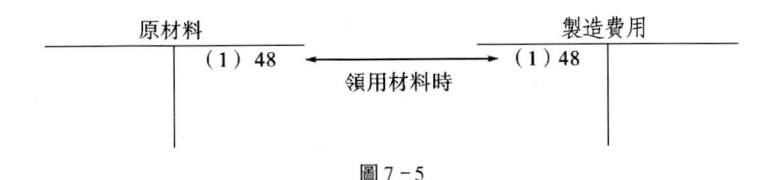

```
        原材料                          製造費用
      |  (1) 48    ←領用材料時→    (1) 48  |
```

圖7-5

5月31日結帳時發現上述錯誤，則具體操作如下：
(2) 5月31日，更正5月12日錯帳
　　借：製造費用　　　　　　　　　　　　　　　　　　　　432
　　　　貸：原材料　　　　　　　　　　　　　　　　　　　　432
更正結果如圖7-6所示。

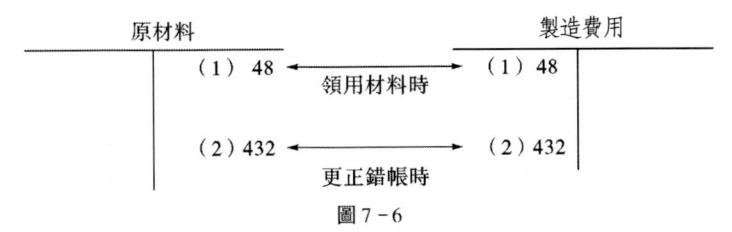

```
        原材料                          製造費用
      |  (1) 48    ←領用材料時→    (1) 48  |
      | (2) 432    ←更正錯帳時→   (2) 432  |
```

圖7-6

【本章小結】

　　會計帳簿是由一定格式、相互聯繫的帳頁所組成的。設置和登記帳簿是會計核算的一種專門方法，對充分發揮會計在經濟管理中的作用具有重要意義。會計帳簿根據不同的標準有不同的分類；會計主體應按照一定的原則、方法設置和登記會計帳簿，並按照規定對帳簿予以對帳和結帳；對於記帳過程中的錯誤應採用規定的錯帳更正法予以更正。

【閱讀材料】

走近 XBRL 全球帳簿分類標準

　　為促進會計信息的電子化交換、提高會計信息的利用效率和深度、落實《企業會計信息化工作規範》規定，財政部從2014年年初開始著手制定企業會計軟件數據接口標準。近日發布的《企業會計軟件數據接口標準業務元素清單（徵求意見稿）》，提出「接口標準以國際通的可擴展商業報告語言全球帳簿分類標準（XBRLGL）技術為基礎制定」，把這一技術引入了廣大會計人的視野，激起會計信息化大潮中的又一朵浪花。

全面的標準化數據格式

　　什麼是XBRL？XBRL與XBRLGL有何關聯？自20世紀90年代末美國提出可擴展商業報告語言以來，XBRL已經成為財務信息處理的重要技術之一，在發達國家和發展中國家迅速傳播應用。在XBRL蓬勃發展的同時，我們也看到，國際、國內對這一新

技術的應用大多數停留在財務報告層面，往往不涉及企業的核算層次，沒有在原始交易時就在核算的基本元素上打上 XBRL 標記。

一個機構提供的商業報告信息，通常是另一個機構信息處理過程的信息來源。這樣前後銜接的處理過程通常稱為商業報告的信息供應鏈。目前的 XBRL 報告，通常是某個行業或者地區的外部商業報告，處理的大都是商業報告信息供應鏈上中高端的匯總數據，通常稱之為財務報告。而 XBRL 全球帳簿分類標準是針對商業報告信息供應鏈上中低端的明細數據，這些數據與特定的行業、特定的會計準則沒有關係，具有更高的通用性和靈活性。

XBRLGL 不是「總分類帳」，而是「全球帳簿」，意在表明可以處理任何交易級信息。這一技術是一種全面的標準化數據格式，可以展現明細的財務和非財務信息，可以作為不同應用系統之間數據交換的樞紐，支持從匯總報告向下鑽取到明細數據。XBRLGL 在從最初的記帳憑證到最終的商業報告的各層次數據之間架起一座「橋樑」，為企業管理人員、會計審計人員、投資方、監管機構提供更準確、更透明的數據。

可見，XBRLGL 是會計界的「世界語」。通過對會計語言「字」「詞」「句」的標準化，旨在消除會計信息交流的障礙，構建沒有「孤島」的會計信息化樂園。

摸索中前行

2010 年 10 月，財政部發布企業會計準則通用分類標準並部署實施和擴展，極大地推動了中國 XBRL 應用的進程。

企業會計準則通用分類標準與 XBRLGL，既有相同點也有不同點，還相互關聯。兩者都是 XBRL 分類標準，都嚴格遵循其技術規範。

財政部開發的企業會計準則通用分類標準實現了會計報告數據的標準化，XBRL 國際組織開發的 XBRLGL 分類標準實現了會計憑證、帳簿數據的標準化。通過上卷與下鑽處理，兩者定義的元素之間存在匯總與明細的關係，你中有我，我中有你。

多年以來，在財政部會計司、銀監會財會部的指導下，XBRLGL 的研究和推動工作從未停歇。

2009 年 9 月，上海召開首屆 XBRLGL 研討會。2011 年 9 月，財政部印發《會計改革與發展「十二五」規劃綱要》，提出適時研究引入 XBRLGL 技術。2012 年 12 月，全國會計信息化標準化技術委員會成立，將 XBRLGL 納入會計信息標準體系。2013 年 11 月，XBRL 中國地區組織體驗中心開設相關課程。2014 年 4 月，上海國家會計學院舉辦了針對這一技術應用的高端研修與培訓班。

近幾年，中國積極參與 XBRL 國際組織中文標籤的開發，在國際會議上發表相關學術論文，讓世界聽到了更多的中國聲音。同時，結合中國標準化信息化的成果，探索中國的 XBRLGL 應用模式，描繪出了企業會計軟件數據接口標準的技術路線圖。XBRLGL 正在中國會計信息化的道路上探索前行。

經過十餘年的發展和完善，XBRLGL 已經成為一項成熟的信息交換格式標準，用於保存各種企業營運數據以及會計或 ERP 系統中的數據定義。目前，這一技術在全球範圍內廣泛應用於對會計分類帳的審計檢查、在異構環境中實現數據合併、在需要時提供明細報告、實現系統間交易級會計數據遷移等方面。隨著中國會計人對 XBRLGL 認識和研究的深入，這一技術必將在會計應用領域發揮出更大的作用。

資料來源：賈欣泉. 走近 XBRL 全球帳簿分類標準［N］. 中國會計報，2015-01-30.

第八章

財產清查

【結構框架】

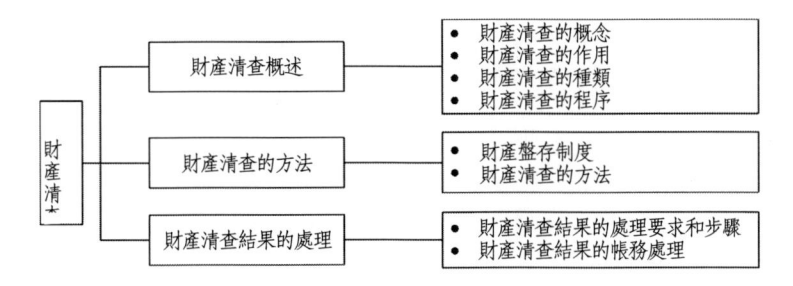

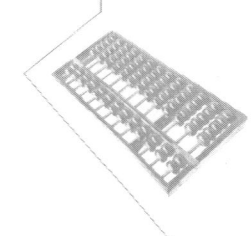

```
                          • 財產清查的概念
          ┌─ 財產清查概述 ─┤ • 財產清查的作用
          │                │ • 財產清查的種類
          │                • 財產清查的程序
          │
財產清查 ─┼─ 財產清查的方法 ─┤ • 財產盤存制度
          │                  • 財產清查的方法
          │
          └─ 財產清查結果的處理 ─┤ • 財產清查結果的處理要求和步驟
                                • 財產清查結果的帳務處理
```

【學習目標】

　　通過本章的學習，讓學生瞭解財產清查的意義、種類，掌握財產物資的盤存制度，理解財產清查的具體方法；掌握銀行存款餘額調節表的編制方法；熟悉財產清查結果的帳務處理方法。

第一節 財產清查概述

一、財產清查的概念

反映和監督企業財產物資的保管和使用情況，保護財產的安全與完整，提高各項財產的使用效果，是會計核算的基本任務之一。一個單位的財產，通常包括其所擁有的各項財產物資、貨幣資金以及債權債務結算款項。根據財產管理的要求，各單位應通過帳簿記錄來反映和監督上述各項財產的增減變化和結存情況。為了保證帳簿記錄正確，各單位應加強會計憑證的日常審核，定期核對帳簿記錄，做到帳證相符、帳帳相符。但是，帳簿記錄的正確不能說明帳簿所做的記錄真實可靠。這是因為，有很多的客觀原因使各項財產的帳面數額與實際結存數額出現差異，即帳實不符。在實際工作中，造成帳實不符的原因是多方面的。有時是工作上的差錯；有時是外界的影響有些是可以避免的，有些是不能或不能完全避免的；還有時會發生人力所不可抗拒的自然災害或意外損失等。概括起來，主要有以下幾個方面的原因：

（1）財產物資保管過程中的自然損益。如由於物理、化學性質或氣候變化引起的自然損益和短缺。

（2）管理不善造成的損益。比如計量不準；錯收錯付；保管不善造成殘損、霉變；記帳錯誤，造成重複登帳或漏登帳；貪污盜竊造成的損失等。

（3）自然災害和意外事故造成的損失。

（4）結算過程中由於帳單未到或拒付等原因造成債權債務與往來單位帳面記錄不一致。

綜上所述，財產清查是通過對財產物資、貨幣資金和往來款項進行實地盤點與核對，以查明其實有數同帳面數是否相符的一種專門的會計方法。財產清查的範圍極為廣泛：從形態上看，既包括各種實物的清點，也包括各種債權、債務和結算款項的查詢核對；從存放地點看，既包括對存放在本企業的財產物資的清查，也包括對存放在外單位的實物和款項的清查。另外，對其他單位委託代為保管或加工的材料物資，也同樣要進行清查。

財產清查的目的是查明並保證各資產項目的帳實一致。企業和行政、事業等單位的各種財產物資，其增減變動及結存情況，都是以會計帳簿來記錄、反映的。準確地反映各項資產的真實情況，是經濟管理對會計核算的客觀要求，也是會計核算的基本原則。然而，在客觀上卻存在著種種可能導致帳實不符的原因。

二、財產清查的作用

為了保證會計帳簿記錄的真實、準確，建立健全財產物資的管理制度，確保財產物資的安全與完整，就必須運用財產清查這一行之有效的會計核算方法，對企業的各項財產物資進行定期或不定期的清查，以保證帳實相符，提高各項財產物資的使用效果。財產清查主要有以下幾方面的作用：

（1）保證會計資料的真實性；

（2）保護財產物資的安全完整，加強經濟責任；
（3）保證財經紀律和結算紀律的貫徹執行；
（4）促進企業經營管理工作的改進，提高經濟效益。

三、財產清查的種類

財產清查總是在具體的時間、地點和一定範圍內進行的。為了正確使用財產清查方法，必須對其進行分類考察。財產清查可以按不同的標準進行分類。

（一）按清查的對象和範圍劃分，可分為全面清查和局部清查

1. 全面清查

全面清查就是對所有的財產進行全面的盤點與核對。全面清查涉及企業的全部財產，如全部固定資產、存貨、貨幣資金、有價證券、結算資金、在途商品、代外單位加工及保管的各種財產物資等。

全面清查工作量大，通常在以下幾種情況下才進行全面清查：

（1）在年終結算之前，以確保年度財務報表的真實可靠，需進行全面清查；
（2）在企業撤銷、解散、合併或改變隸屬關係時，為明確經濟責任，需進行全面清查；
（3）在需對企業進行清產核資時，為準確核定資產，必須進行全面清查；
（4）企業股份制改制前，需進行全面清查；
（5）單位主要負責人調離前，需進行全面清查。

2. 局部清查

局部清查是根據需要，對部分財產進行盤點與核對。由於全面清查費力，難以經常進行，所以企業應時常進行局部清查。其清查的主要對象是流動性較大的財產，如庫存現金、材料、在產品和產成品等。局部清查一般在以下幾種情況下進行：

（1）流動性較大的物資，如材料、產成品等，除了年度清查外，年內還要輪流盤點或重新抽查一次；
（2）對於各種貴重物資，每月應清查盤點一次；
（3）對於銀行存款和銀行借款，每月同銀行核對一次；
（4）庫存現金由出納人員在每日終了時，自行清查一次；
（5）各種往來款項，每年至少要核對一至兩次。

另外，對發現某種物品被盜或者由於自然力造成物品毀損，以及其他責任事故造成物品損失等，都應及時進行局部清查，以便查明原因，及時處理，並調整帳簿記錄。

（二）按清查的時間劃分，可分為定期清查和不定期清查

1. 定期清查

定期清查是指根據管理制度的規定或預先安排的時間，對財產物資、貨幣資金和往來款項進行盤點和核對。這種清查通常在年末、季末、月末結帳時進行，目的主要在於保證會計核算資料的真實、正確。定期清查根據不同需要，可以全面清查，也可以局部清查。一般情況下，年末進行全面清查，季末、月末則只進行局部清查。

2. 不定期清查

不定期清查是指事先並不規定清查時間，而是根據實際需要臨時決定對財產物資進行盤點與核對。一般在以下幾種情況下進行：

（1）更換財產物資和庫存現金保管人員時，為分清經濟責任，需對有關人員所保管的財產物資和庫存現金進行清查；

　（2）發生非常災害和意外損失時，要對受災損失的財產進行清查，以查明損失情況；

　（3）上級主管部門、財政和審計部門，要對本單位進行會計檢查時，應按檢查要求及範圍進行清查，以驗證會計資料的真實可信；

　（4）按照有關規定，進行臨時性的清產核資工作，以摸清企業的家底。

　根據上述情況進行不定期清查，其對象和範圍可以是全面清查，也可以是局部清查，應根據實際需要而定。

四、財產清查的程序

　財產清查是一項工作量大、涉及面廣的工作，為了保證財產清查的質量，達到清查的目的，應該按科學合理的程序進行財產清查。財產清查一般可分為準備階段、實施清查階段、分析和處理階段。

　（一）準備階段

　財產清查涉及管理部門、財務會計部門、財產物資保管部門，以及與本單位有業務和資金往來的外部有關單位和個人。為了保證財產清查工作有條不紊地進行，財產清查前必須有組織、有領導、有步驟地做好準備工作。

　1. 組織準備

　財產清查前，應建立由單位有關負責人、會計主管人員、專業人員和職工代表參加的財產清查領導小組，具體負責組織財產清查工作。應根據財產清查的目的和要求，制訂財產清查計劃，確定財產清查的時間、進度、對象範圍、清查人員的分工及清查中出現問題後的解決方法、原則等。

　2. 業務準備

　財產清查前，有關部門應做好下列工作，為財產清查做好準備：

　（1）會計人員應將有關帳目結算清楚，做到帳證、帳帳相符，為清查工作提供可靠依據。

　（2）財產物資保管人員和有關部門，在清查截止日，應將全部業務填好憑證登記入帳並結出餘額。同時，要對所保管的財產物資進行整理，貼上標籤，標明品種、規格、結存數量，以便盤點查對。

　（3）清查人員應準備好各種計量器具，並準備好清查盤點用的單據和表格。

　（二）實施清查階段

　財產清查的重要環節是盤點財產物資的實存數量。為明確責任，在財產清查過程中，實物保管人員必須在場，並參加盤點工作。盤點結果應由清查人員填寫「盤存單」，詳細說明各項財產物資的編號、名稱、規格、計量單位、數量、單價、金額等，並由盤點人員和實物保管人員分別簽字蓋章。盤存單是實物盤點結果的書面證明。其一般格式如表 8-1 所示。

表 8-1　　　　　　　　　　　盤　存　單　　　　　　　編號
單位名稱　　　　　　　　　　　　　　　　　　　　　盤點時間
財產類別　　　　　　　　　　　　　　　　　　　　　存放地點

編號	名稱	規格	計量單位	數量	單價	金額	備註

盤點人簽章：　　　　　　　　　　實物保管人簽章：

（三）分析和處理階段

盤點完畢，會計部門應根據盤存單上所列物資的實際結存數與帳面結存記錄進行核對，對於帳實不符的，編制實存帳存對比表，確定財產物資盤盈或盤虧的數額。「實存帳存對比表」是調整帳面記錄的重要原始憑證，也是分析盤盈盤虧原因、明確經濟責任的重要依據。其一般格式如表 8-2 所示。

表 8-2　　　　　　　　　　實存帳存對比表
單位名稱　　　　　　　　　　　年　月　日

編號	類別及名稱	計量單位	單價	實存		帳存		對比結果				備註
								盤盈		盤虧		
				數量	金額	數量	金額	數量	金額	數量	金額	

第二節　財產清查的方法

一、財產盤存制度

財產盤存制度是指在日常會計核算中採取什麼方式來確定各項財產物資的帳面結存額的一種制度，具體包括永續盤存制和實地盤存制兩種。

（一）永續盤存制

永續盤存制，也稱帳面盤存制，是指通過帳簿記錄連續反映各項財產物資增減變化及結存情況的方法。採用這種方法，要求平時在各種財產物資的明細帳上，根據會計憑證將各項財產物資的增減數額都必須連續進行登記，並隨時在帳面上結算各項存貨的結存數並定期與實際盤存數對比，確定存貨盤盈盤虧。使用永續盤存制可以隨時反映某一存貨在一定會計期間內收入、發出及結存的詳細情況（見表 8-3），有利於加強對存貨的管理與控製，取得庫存積壓或不足的資料，以便及時組織庫存品的購銷或

處理，加速資金週轉。可根據下列公式結出帳面餘額：

期末存貨結存數量＝期初存貨結存數量＋本期增加存貨數量－本期發出存貨數量

期末存貨結存金額＝期初存貨結存金額＋本期增加存貨金額－本期發出存貨金額

存貨的收入、發出數量平時要根據有關的會計憑證在存貨明細帳中進行連續記錄，並隨時結算出帳面結存數量，期末存貨的帳面結存金額根據會計主體採用的成本計算方法（如先進先出法、加權平均法、移動平均法等）的不同分別確定。由於存貨明細帳記錄中已經計算出了期末結存數，清查的目的僅在於查明帳實是否相符以及帳實不符的原因，並通過調整帳簿記錄做到帳實一致。

表 8－3　　　　　　　　　　　原材料明細帳

二級科目：A 材料　　　　　　　　　　　　　　　　　　　　單位：千克、元

201×年		憑證字號	摘要	收入			發出			結存		
月	日			數量	單價	金額	數量	單價	金額	數量	單價	金額
12	1		月初餘額							1,000	20.00	20,000
	11	轉11	車間領用材料				500	20.00	10,000	500	20.00	10,000
	14	銀付2	購入材料	500	20.00	10,000				1,000	20.00	20,000
	25	轉34	車間領用材料				500	20.00	10,000	500	20.00	10,000
	28	轉45	賒購材料	1,000	20.00	20,000				1,500	20.00	30,000
	31		合計	1,500	20.00	30,000	1,000	20.00	20,000	1,500	20.00	30,000

（二）實地盤存制

實地盤存制是指對各項財產物資平時只在明細帳中登記增加數，不登記減少數，月末根據實地盤點的結存數倒擠出財產物資減少數，並據以登記有關帳簿的一種方法（見表 8－4）。本期減少數的計算公式如下：

期末存貨金額＝期末存貨盤點數量×存貨單價

本期減少金額＝期初帳面結存金額＋本期增加金額－期末存貨金額

表 8－4　　　　　　　　　　　原材料明細帳

二級科目：A 材料　　　　　　　　　　　　　　　　　　　　單位：千克、元

201×年		憑證字號	摘要	收入			發出			結存		
月	日			數量	單價	金額	數量	單價	金額	數量	單價	金額
12	1		月初餘額							1,000	20.00	20,000
	14	銀付2	購入材料	500	20.00	10,000						
	28	轉45	賒購材料	1,000	20.00	20,000						
			盤點				1,000	20.00	20,000	1,500	20.00	30,000
	31		合計	1,500	20.00	30,000	1,000	20.00	20,000	1,500	20.00	30,000

採用實地盤存制，平時對財產物資的減少數可以不作明細記錄，這大大簡化了核算手續，減少了工作量。但其不能隨時反映財產物資的收發存動態，難以利用帳簿記

錄來加強對財產物資的管理。

相對於永續盤存制而言，實地盤存制的核算手續不夠嚴密。在採用永續盤存制時，為了防止帳實不符，需要對各項財產物資進行清查盤點。若發現帳實不符，則及時按實存數調整帳面記錄，以達到帳實一致。而在採用實地盤存制時，由於以實際盤點數作為計算減少數的依據，容易出現人為的差錯，會掩蓋管理中存在的問題，因此，除了特殊情況（如笨重、量大、價格低廉、領發手續複雜且不便於分次辦理憑證手續的某些材料物資），一般不採用實地盤存制。

二、財產清查的方法

（一）實物資產的清查

實物資產的清查是指對固定資產、原材料、在產品、委託加工材料和庫存商品等，應從質量上和數量上進行清查，並核定其實際價值。對實物資產的清查通常有以下幾種方法：

（1）實地盤點法。這是通過逐一清點或使用計量器計量的方法確定物資實存數量的一種方法。這種方法適用於原材料、機器設備和庫存商品等多數財產物資的清查。

（2）抽樣盤存法。這是通過測算總體積或總重量，再抽樣盤點單位體積和單位重量，然後測算出總數的方法。這種方法適用於那些價值小、數量多、質量比較均勻的財產物資，如煤、鹽、裝包前倉庫裡的糧食等。

（3）技術推算法。這是通過量方、計尺等技術推算的方法來確定財產物資結存數量的一種方法。這種方法適用於難以逐一清點的物資，如散裝的飼料、化肥等。

（4）函證核對法。這是通過去函、去人調查，並與本單位實存數相核對的一種方法。這種方法適用於委託加工、保管的材料和物品的清查。

（二）庫存現金的清查

庫存現金的清查應採用實地盤點法，即通過盤點庫存現金的實有數，然後與庫存現金日記帳相核對，確定帳存與實存是否相等。庫存現金清查包括以下兩種情況：

一是由出納人員每日清點庫存現金的實有數，並與庫存現金日記帳的餘額相核對，以確保帳實相符。這是出納人員的職責。

二是由清查人員定期或不定期地進行清查。清查時，出納人員必須在場，配合清查人員清查帳務處理是否合理合法、帳簿記錄有無錯誤，以確定帳實是否相符。對於臨時挪用和借給個人的庫存現金，不允許以白條收據抵庫；對於超過銀行核定限額的庫存現金要及時送存開戶銀行；不允許任意坐支庫存現金。

庫存現金盤點結束後，應根據實地盤點的結果及與庫存現金日記帳核對的情況及時填制「庫存現金盤點報告表」。庫存現金盤點報告表也是重要的原始憑證，它既起「實物盤存單」的作用，又起「實存帳存對比表」的作用。也就是說，庫存現金盤點報告表既能反映庫存現金的實存數，是據以調整帳面記錄的原始憑證，又是分析庫存現金餘缺的依據。所以，庫存現金盤點報告表應由盤點人員和出納員認真填寫，共同簽章。其一般格式如表 8-5 所示。

表 8-5　　　　　　　　　　庫存現金盤點報告表

單位名稱：　　　　　　　　　　年　　月　　日

實存金額	帳存金額	對比結果		備註
		盤盈	盤虧	

盤點人員簽章　　　　　　　　　　　　　　　出納員簽章

（三）銀行存款的清查

銀行存款的清查，主要是將銀行送來的對帳單上銀行存款的餘額與本單位銀行存款日記帳的帳面餘額逐筆進行核對，以查明帳實是否相符。在同銀行核對帳目之前，應先詳細檢查本單位銀行存款日記帳的正確性與完整性，然後與銀行送來的對帳單逐筆核對。但由於辦理結算手續和憑證傳遞時間的原因，即使企業和銀行雙方記帳過程中都沒有錯誤，企業銀行存款日記帳的餘額和銀行對帳單的餘額也可能不一致。產生這種不一致的原因是可能存在未達帳項。所謂未達帳項，是指由於結算憑證傳遞時間的原因，造成企業與銀行之間對於同一項業務，一方先收到結算憑證、先收款或付款、記帳，而另一方尚未收到結算憑證、未收款或未付款、未記帳。企業與銀行之間的未達帳項大致有以下四種類型：

（1）企業存入銀行的款項，企業已經作為存款入帳，而開戶銀行尚未辦妥手續，未記入企業存款戶，簡稱「企收銀未收」。

（2）企業開出支票或其他付款憑證，已作為存款減少登記入帳，而銀行尚未支付或辦理，未記入企業存款戶，簡稱「企付銀未付」。

（3）企業委託銀行代收的款項或銀行付給企業的利息，銀行已收妥登記入帳，而企業沒有接到有關憑證尚未入帳，簡稱「銀收企未收」。

（4）銀行代企業支付款項後，已作為款項減少記入企業存款戶，但企業沒有接到通知尚未入帳，簡稱「銀付企未付」。

上述任何一種情況的發生，都會導致企業銀行存款日記帳的餘額與銀行對帳單的餘額不一致。因此，在對銀行存款的清查中，除了對發現記帳造成的錯誤要及時進行處理外，還應注意有無未達帳項。如果發現有未達帳項，應通過編制「銀行存款餘額調節表」予以調節，以檢驗雙方的帳面餘額是否相符。銀行存款餘調節表的編制方法是：在企業、銀行兩方面餘額的基礎上各自補記一方已入帳而另一方尚未入帳的數額，以消除未達帳項的影響，求得雙方的一致。需要注意的是，銀行存款餘額調節表不能作為記帳的原始依據，對於銀行已入帳而企業尚未入帳的未達帳項，企業應在收到有關結算憑證後再進行有關帳務處理。

【例 8-1】某公司 201×年 8 月 31 日銀行存款日記帳的餘額為 560,000 元，銀行轉來對帳單的餘額為 740,000 元，經過逐筆核對發現有下列未達帳項：

企業收到銷貨款 20,000 元，已記銀行存款增加，銀行尚未記增加；

企業支付購料款 180,000 元，已記銀行存款減少，銀行尚未記減少；

銀行代收某公司匯來購貨款100,000元，銀行已登記存款增加，企業尚未記增加；銀行代企業支付購料款80,000元，銀行已登記存款減少，企業尚未記減少。

根據以上資料編制銀行存款餘額調節表（如表8-6所示）。

表8-6　　　　　　　　　　　**銀行存款餘額調節表**

201×年8月31日　　　　　　　　　　　　　　單位：元

項　目	金　額	項　目	金　額
企業銀行存款日記帳餘額	560,000	銀行對帳單餘額	740,000
加：銀行已收企業未收款	100,000	加：企業已收銀行未收款	20,000
減：銀行已付企業未付款	80,000	減：企業已付銀行未付款	180,000
調節後的存款餘額	580,000	調節後的存款餘額	580,000

（四）往來款項的清查

企業的往來款項一般包括應收帳款、其他應收款、預付帳款、應付帳款、其他應付款和預收帳款等。對這些往來款項的清查，一般採取「函證核對法」進行，也就是採取同對方經濟往來單位核對帳目的方法。清查時，首先將本企業的各項應收、應付等往來款項正確完整地登記入帳，然後逐戶編制一式兩聯的往來款項對帳單，送交對方單位並委託對方單位進行核對。如果對方單位核對無誤，應在回單上蓋章後退回本單位；如果對方發現數字不符，應在回單上註明不符的具體內容和原因後退回本單位，作為進一步核對的依據。「往來款項對帳單」的格式如圖8-1所示。

```
                    往來款項對帳單
單位：
    你單位×年×月×日購入我單位×產品××臺，已付貨款××元，尚有××元
    貨款未付，請核對後將回單聯寄回。
                                                核查單位：（蓋章）
                                                    201×年×月×日
·················沿此虛線裁開，將以下回單聯寄回！·······················
                  往來款項對帳單　（回聯）
核查單位：
    你單位寄來的「往來款項對帳單」已經收到，經核對相符無誤（或不符，
    應註明具體內容）。
                                                ××單位（蓋章）
                                                    201×年×月×日
```

圖8-1

發出「往來款項對帳單」的單位收到對方的回單聯後，對其中不符或錯誤的帳目應及時查明原因，並按規定的手續和方法進行更正。最後再根據清查的結果編制「往來款項清查報告表」。其一般格式如表8-7所示。

表 8－7　　　　　　　　　　往來款項清查報告表
××企業　　　　　　　　　　　×年×月×日

明細科目		清查結果		不符單位及原因分析				備註
名稱	金額	相符	不符	不符單位名稱	爭執中款項	未達帳項	無法收回	拖付款項

記帳人員簽章　　　　　　　　　　　　　　　　清查人員簽章

第三節　財產清查結果的處理

一、財產清查結果的處理要求和步驟

通過財產清查，必然會發現財產管理上和會計核算方面存在的各種問題。對於這些問題都必須認真查明原因，根據國家有關的政策、法令和制度的規定，認真予以處理。

（1）認真查明帳實不符的性質和原因，並確定處理辦法；
（2）積極處理多餘物資和清理長期不清的債權和債務；
（3）總結經驗教訓，建立健全財產管理制度；
（4）及時調整帳目，做到帳實相符。

對於財產清查的帳務處理，應當分兩個步驟進行：

第一步，審批之前，將已查明的財產物資盤盈、盤虧和損失等，根據清查中取得的原始憑證（如實存帳存對比表）編制記帳憑證，據以登記有關帳簿，做到帳實相符。調整帳簿記錄的原則是：以「實存」為準，當盤盈時，補充帳面記錄；當盤虧時，衝銷帳面記錄。在調整了帳面記錄，做到帳實相符之後，就可以將所編制的「實存帳存對比表」和所撰寫的文字說明，按照規定程序一併報送有關領導和部門批准。

第二步，當有關領導部門對所呈報的財產清查結果提出處理意見後，企業單位應嚴格按照批覆意見編制有關的記帳憑證，進行批准後的帳務處理，登記有關帳簿，並追回由於責任者個人原因所造成的財產損失。

二、財產清查結果的帳務處理

（一）帳戶設置

為了反映和監督企業在財產清查中查明的各種財產盤盈、盤虧和毀損及其處理情況，應設置「待處理財產損溢」帳戶。該帳戶屬於資產類帳戶，用於核算財產物資盤盈、盤虧和毀損情況及處理情況。其借方登記發生的待處理財產盤虧、毀損數和結轉已批准處理的財產盤盈數，貸方登記發生的待處理財產盤盈數和結轉已批准處理的財產盤虧和毀損數。帳戶的餘額在借方，表示尚未批准處理的財產物資的淨損失；餘額在貸方，表示尚未批准處理的財產物資的淨溢餘。為了進行明細核算，可在「待處理財產損溢」帳戶下設置「待處理固定資產損溢」和「待處理流動資產損溢」兩個明細

帳戶。「待處理財產損溢」帳戶的結構如圖8-2所示。

借方	待處理財產損溢	貸方
（1）清查確定的各種待處理財產物資的盤虧和毀損數 （2）經批準後結轉的各種財產物資的盤盈數		（1）清查確定的各種待處理財產物資的盤盈數 （2）經批準後結轉的各種財產物資的盤虧和毀損數
期末餘額：尚未批準處理的各種待處理財產物資淨損失額		期末餘額：尚未批準處理的各種待處理財產物資淨溢餘額

圖8-2

（二）固定資產盤盈和盤虧的帳務處理

1. 固定資產盤盈的核算

固定資產是單位價值較高、使用期限較長的一種有形資產，因此，對於管理規範的企業而言，在清查中發現盤盈的固定資產是比較少見的，也是不正常的，並且固定資產盤盈會影響財務報表使用者對企業以前年度財務狀況、經營成果和現金流量的判斷。所以，企業在財產清查中盤盈的固定資產應作為前期差錯處理，通過「以前年度損益調整」帳戶核算。

盤盈的固定資產，應按以下規定確定其入帳價值：如果同類或類似固定資產存在活躍市場的，按同類或類似固定資產的市場價格，減去按該項資產的新舊程度估計的價值損耗後的餘額，作為入帳價值；如果同類或類似資產不存在活躍市場的，按該項固定資產的預計未來現金流量的現值，作為入帳價值。企業應按上述規定確定的入帳價值，借記「固定資產」帳戶，貸記「以前年度損益調整」帳戶。

2. 固定資產盤虧的核算

所謂固定資產盤虧，是指在清查中，實際固定資產數量和價值低於固定資產帳面數量及價值而發生的固定資產損失。在審批前，應按帳面淨值借記「待處理財產損溢——待處理固定資產損溢」帳戶；審批後，根據上級批准意見，借記「營業外支出」帳戶，貸記「待處理財產損溢——待處理固定資產損溢」帳戶。

3. 帳務處理舉例

【例8-2】某公司在財產清查中，發現帳外設備一臺，其重置價值為48,000元。

借：固定資產　　　　　　　　　　　　　　　　　　　48,000
　　貸：以前年度損益調整　　　　　　　　　　　　　48,000

【例8-3】某公司在財產清查中發現短缺設備一臺，原價80,000元，已提折舊20,000元。

（1）發現盤虧固定資產，報經批准前應先調整帳面記錄。應作會計分錄如下：

借：待處理財產損溢——待處理固定資產損溢　　　　60,000
　　累計折舊　　　　　　　　　　　　　　　　　　　20,000
　　貸：固定資產　　　　　　　　　　　　　　　　　80,000

（2）經董事會批准盤虧設備列為「營業外支出」處理。根據批准文件作會計分錄

如下：
  借：營業外支出   60,000
    貸：待處理財產損溢——待處理固定資產損溢   60,000

（三）庫存現金盤盈和盤虧的帳務處理

  在庫存現金清查中，發現現金短缺或溢餘時，應及時根據「庫存現金盤點報告表」進行帳務處理。現金短缺或溢餘，應先通過「待處理財產損溢」帳戶調整帳簿，待查明原因後，根據批准的處理意見進行帳戶處理。
  對於庫存現金的短缺，由人員過失造成的，應確認賠償，計入其他應收款；由企業負擔損失部分，經確認計入管理費用。對於庫存現金溢餘，屬於應支付給有關人員或單位的，計入其他應付款；屬於無法查明原因的長款計入營業外收入。

  【例 8-4】某公司在清查盤點庫存現金時，發現短缺 800 元，其中 500 元是由出納員的過失造成的，300 元系無法查明的其他原因造成的。
  （1）財產清查中發現庫存現金短缺應先調整帳簿記錄，做到帳實相符，根據「庫存現金盤點報告表」作會計分錄如下：
  借：待處理財產損溢——待處理流動資產損溢   800
    貸：庫存現金   800
  （2）上述庫存現金短缺經董事會批准後予以轉銷。
  根據批准文件，短缺庫存現金應由出納員賠償 500 元，其餘 300 元記入「管理費用」帳戶，作會計分錄如下：
  借：其他應收款——×××   500
    管理費用   300
    貸：待處理財產損溢——待處理流動資產損溢   800

  【例 8-5】某公司在進行現金清查中發現長款 80 元。
  （1）批准前，根據「庫存現金盤點報告表」作會計分錄如下：
  借：庫存現金   80
    貸：待處理財產損溢——待處理流動資產損溢   80
  （2）經核查，該款項未能查明原因，報經批准後，作企業的收益處理，則會計分錄為：
  借：待處理財產損溢——待處理流動資產損溢   80
    貸：營業外收入   80

（四）存貨盤盈和盤虧的帳務處理

1. 存貨盤盈的核算

  對於存貨的盤盈，經查明是收發計量或核算上的誤差等原因造成的，應及時辦理有關手續，以實際數為標準調整帳面記錄，借記有關帳戶，貸記「待處理財產損溢——待處理流動資產損溢」帳戶；報經有關部門批准後，再沖減管理費用，借記「待處理財產損溢——待處理流動資產損溢」帳戶，貸記「管理費用」帳戶。
  存貨和固定資產的盤盈都屬於前期差錯，但存貨盤盈通常金額較小，不會影響財務報表使用者對企業以前年度的財務狀況、經營成果和庫存現金流量進行判斷，因此，存貨由於流動快，不容易區別具體年份，按管理權限報經批准後沖減「管理費用」，不作為前期差錯，調整以前年度的報表。

2. 存貨盤虧和毀損的核算

發生盤虧和毀損的存貨，在上級主管部門下發批准意見前，應先結轉到「待處理財產損溢——待處理流動資產損溢」帳戶的借方，批准以後再根據造成盤虧和毀損的原因，分別情況進行處理。

(1) 屬於非正常損失的，能確定過失人的由過失人負責賠償，列入「其他應收款」；屬於自然災害造成的損失，扣除保險公司賠款和殘值後，列入「營業外支出」帳戶。

(2) 屬於正常損失的，經批准後轉作管理費用，應借記「管理費用」帳戶，貸記「待處理財產損溢——待處理流動資產損溢」帳戶。

3. 帳務處理舉例

【例8-6】某公司在財產清查中，發現E材料盤盈1,000千克，價值5,000元。

(1) 財產清查中發現材料盤盈應先調整帳面記錄，做到帳實相符。根據「實存帳存對比表」作會計分錄如下：

借：原材料——E材料　　　　　　　　　　　　　　5,000
　　貸：待處理財產損溢——待處理流動資產損溢　　　　　5,000

(2) 上述E材料盤盈，經董事會批准後予以轉銷。

經查明E材料的盤盈是由於計量不準造成的，經董事會批准，直接衝減期間費用記入「管理費用」帳戶。根據批准文件作會計分錄如下：

借：待處理財產損溢——待處理流動資產損溢　　　　5,000
　　貸：管理費用　　　　　　　　　　　　　　　　　　5,000

【例8-7】某公司在財產清查中，發現B材料短缺和毀損，價值7,000元。

(1) 在清查中發現盤虧材料，在報經批准前應先調整帳面記錄，使帳實相符。根據「實存帳存對比表」作會計分錄如下：

借：待處理財產損溢——待處理流動資產損溢　　　　7,000
　　貸：原材料——B材料　　　　　　　　　　　　　　7,000

(2) 上項盤虧的材料，報批准後予以轉銷。材料盤虧，報經董事會批准分別作如下處理：

材料短缺的800元由過失人賠償；由非常災害造成的材料毀損3,500元，列入「營業外支出」；另2,700元材料短缺是由經營不善造成的，列入「管理費用」。

根據上述處理意見，作會計分錄如下：

借：其他應收款——×××　　　　　　　　　　　　800
　　營業外支出　　　　　　　　　　　　　　　　　3,500
　　管理費用　　　　　　　　　　　　　　　　　　2,700
　　貸：待處理財產損溢——待處理流動資產損溢　　　7,000

需要指出的是，如果企業清查的各種財產的損益，在期末結帳前尚未批准處理，應在對外提供財務會計報告時先按上述規定進行預處理，並在財務報表附註中作出說明；如果其後批准處理的金額與已處理的金額不一致，應調整會計報表相關項目的年初數。

【本章小結】

為了完整地核算和監督財產清查中查明的各種財產盤盈、盤虧和毀損的價值和處理情況，企業應設置「待處理財產損溢」帳戶。財產清查結果的帳務處理分報經審批前和審批後兩個階段進行。企業應查明財產損益的原因，根據不同原因記入相關帳戶，在期末結帳前處理完畢，處理後「待處理財產損溢」帳戶應無餘額。

【閱讀材料】

「互聯網＋」與大會計時代

互聯網技術正以前所未有的速度蓬勃發展，並以前所未有的深度和廣度介入經濟社會的各個領域，引起了商業模式、交易方式、管理活動等方面的重大變革，同樣也對會計行業產生了重大而深刻的影響。

——在職能拓展方面，互聯網技術改變了傳統的事後核算模式，實現會計核算與業務活動的同步集成，會計監督、內部控制與業務流程的有機融合，更好地促進會計工作對經濟活動的實時反映和有效監控，更好地為內部管理服務。

——在核算技術方面，互聯網技術解決了電子信息在單位之間的快速傳遞，電子合同、電子發票等電子檔案將逐步取代紙質憑證，大量會計資料以電子形式生成、傳遞和保存，會計工作將逐步實現無紙化。特別是利用可擴展商業報告語言（XBRL）技術強大的識別、分析、比較、匯總等功能，會計信息由人工識別轉化為計算機識別，由單一信息整合為系統信息，由多次錄入信息改進為一次性編報信息，會計信息的準確性、時效性、集成度都將得到大幅提升。

——在組織形式方面，互聯網的發展促進了會計核算與業務活動在物理空間上的適度分離，依靠高效率、高度集成的軟件系統和通信技術，使會計工作從分散式的獨立核算模式向集中式的財務共享模式轉變。

——在服務模式方面，利用現代信息技術和互聯網平臺，會計服務機構將線下業務發展為以線上業務為主，打破了會計服務的地域限制，實現了實時記帳和實時財務諮詢，將為客戶提供更多、更高效、更便捷的會計服務。同時，互聯網的發展也為會計管理部門的政務公開、電子政務、網上交流等服務提供了有效平臺，促進了會計管理部門管理服務模式的進一步轉變。

可以說，互聯網及其承載的技術和思想，正在推動著生產方式和生產關係的深刻變革，也推動著會計行業的深刻變革與跨越式發展。

在看到互聯網給會計行業發展帶來積極影響的同時，我們也應當深刻認識到互聯網給會計行業所帶來的衝擊和挑戰：

比如，在觀念更新方面，我們要認識到，「互聯網＋」中的「＋」不僅是技術上的「＋」，更是思維、理念、模式上的「＋」。「互聯網＋」需要會計行業突破傳統思維、傳統模式的禁錮，以更加積極、開放的心態，深入瞭解互聯網對會計工作本身及其所處環境產生的影響，主動利用互聯網平臺，在生產方式、組織形式、知識結構、服務模式等方面變革調整。

比如，在標準建設方面，伴隨著互聯網發展所出現的新的產業形態、商業模式、交易工具、業務活動，必然要求會計法律法規、準則制度適應各方面的要求，進一步規範會計活動，提高會計信息質量。

比如，在系統集成方面，不同會計核算系統之間、會計核算系統與相關業務系統之間、行業監管平臺之間，都需要建立統一的數據標準和數據接口，以利於會計數據的跨平臺傳遞和有效利用。

比如，在信息安全方面，伴隨著互聯網、移動設備、雲計算和社交媒體等新技術、新載體的大量採用，會計信息系統將面臨被外部攻擊的風險。如何防範會計數據被截取、篡改、損壞、丟失、洩露等風險，都將是各單位和政府監管部門所面臨的重要現實問題。

基於以上現實，要求會計管理部門正確認識互聯網的發展趨勢，主動抓住機遇、迎接挑戰。

第一，進一步加強標準制度建設。努力適應經濟社會發展要求，特別是針對互聯網環境下經濟活動中出現的新情況、新問題以及對會計提出的新要求，及時完善相關規範，包括會計準則、內部控製規範、會計信息化規範、會計基礎工作規範、會計檔案管理辦法等；同時，應從政策層面支持會計服務創新，積極打造「互聯網＋會計」眾創空間，推動會計服務從線下走到線上，從國內市場走向國際市場。

第二，積極推進會計信息化建設。著力研究會計信息化對會計工作形態、組織架構、業務流程的影響，以推廣應用可擴展商業報告語言（XBRL）技術標準為抓手，加強部門協調，推動監管部門積極應用；研究制定各類單位會計數據標準及相關業務交換標準，實現會計信息化與經營管理信息化的有機融合，加強會計數據的深度利用。加強會計信息安全問題的研究，適時出抬基於互聯網環境下的內部控製規範，指導各單位積極應對互聯網環境下的各類風險。

第三，努力推進會計工作轉型升級。加強政策指導，加快推進管理會計體系建設，引導各單位深入應用管理會計，並有效利用互聯網技術，促進會計管理工作轉型升級。

第四，大力培養會計領軍人才。改進培養模式，完善課程體系，引導會計領軍人才自覺運用互聯網思維創新會計管理模式，更好地為單位實現戰略目標服務；加強互聯網、信息化等知識普及、培訓，使廣大會計人員能夠較好地運用現代信息技術和互聯網平臺。同時，要有效利用互聯網技術，進一步創新人才培養方式，為會計人員提供遠程教育服務。

第五，繼續轉變會計管理職能。會計管理部門應當充分利用互聯網平臺，搞好政務公開、電子政務，促進會計管理職能轉變和簡政放權，增強會計政策制定的公眾參與度，努力為行業發展提供便捷、高效服務。

互聯網時代，代表著創新、變革與融合。會計行業正是在創新、變革與融合中不斷發展壯大。1979年財政部撥款560萬元支持長春第一汽車製造廠進行會計電算化試點，標誌著會計與計算機融合的萌芽；1991年財政部發布的《會計改革綱要（試行）》中，提出建立「數出一門，資料共享」的會計信息中心改革構想，可以認為是會計大數據的雛形；2010年財政部推出XBRL技術標準，為會計、互聯網、大數據等技術的有機融合提供了技術平臺，預示著一個新的會計時代的到來。會計行業正是沿著創新、

變革、融合的道路,不斷發展、不斷壯大。我們相信,在財政部的正確領導下,在會計同仁的共同努力下,會計行業能夠繼續傳承創新、變革、融合的精神,並不斷發揚光大,共同去迎接美好的大會計時代。

資料來源:高一斌.「互聯網+」與大會計時代 [J]. 金融會計,2015 (9):5-6.

第九章

帳務處理程序

【結構框架】

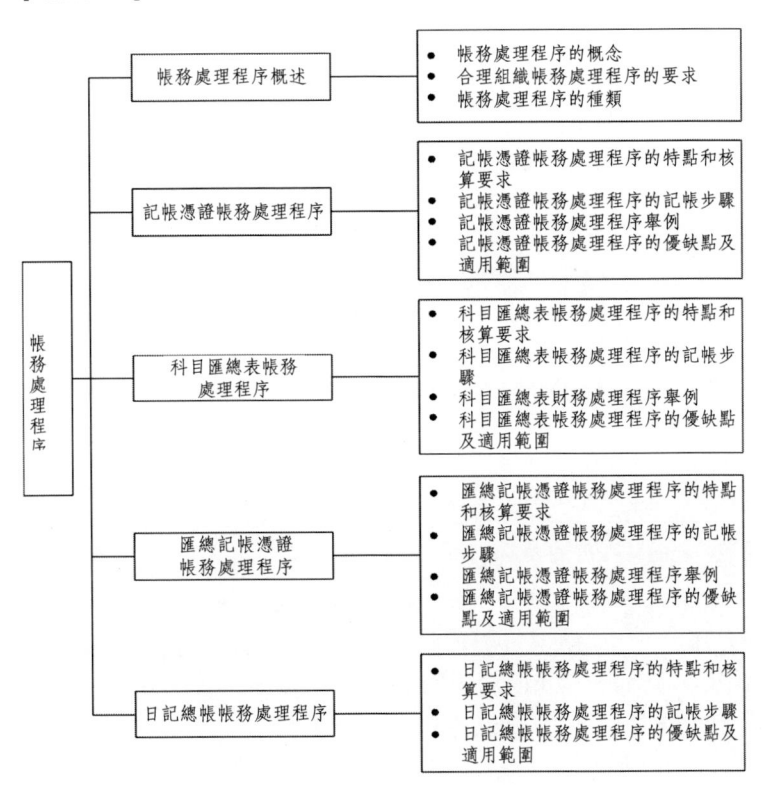

```
                    ┌─ 帳務處理程序概述 ──── • 帳務處理程序的概念
                    │                        • 合理組織帳務處理程序的要求
                    │                        • 帳務處理程序的種類
                    │
                    ├─ 記帳憑證帳務處理程序 ─ • 記帳憑證帳務處理程序的特點和核算要求
                    │                        • 記帳憑證帳務處理程序的記帳步驟
                    │                        • 記帳憑證帳務處理程序舉例
                    │                        • 記帳憑證帳務處理程序的優缺點及適用範圍
                    │
  帳務處理程序 ─────┤
                    ├─ 科目匯總表帳務處理程序 • 科目匯總表帳務處理程序的特點和核算要求
                    │                        • 科目匯總表帳務處理程序的記帳步驟
                    │                        • 科目匯總表財務處理程序舉例
                    │                        • 科目匯總表帳務處理程序的優缺點及適用範圍
                    │
                    ├─ 匯總記帳憑證帳務處理程序 • 匯總記帳憑證帳務處理程序的特點和核算要求
                    │                        • 匯總記帳憑證帳務處理程序的記帳步驟
                    │                        • 匯總記帳憑證帳務處理程序舉例
                    │                        • 匯總記帳憑證帳務處理程序的優缺點及適用範圍
                    │
                    └─ 日記總帳帳務處理程序 ─ • 日記總帳帳務處理程序的特點和核算要求
                                             • 日記總帳帳務處理程序的記帳步驟
                                             • 日記總帳帳務處理程序的優缺點及適用範圍
```

【學習目標】

　　本章主要闡述各種憑證和帳簿結合使用的方式，以及帳務處理程序問題。通過本章的學習，讓學生瞭解合理建立帳務處理程序的意義和基本要求；熟悉各種帳務處理程序的基本內容，包括憑證、帳簿的設置，以及各自的程序和優缺點；掌握三種基本的帳務處理程序的內容及適用範圍。

第一節 帳務處理程序概述

在前述各章中，我們分別介紹了帳戶的設置、會計憑證的填制和審核、日記帳及明細帳簿的登記等會計核算方法。明確企業經濟業務發生後，會計人員首先取得（或填制）憑證，然後據審核無誤的會計憑證再予以登帳，期末，通過編制財務報表的形式向外傳遞財務信息。也就是說，填制憑證、登記帳簿、編制報表是會計核算的三個基本環節，這些環節是每個企事業單位進行帳務處理的共性。但是就其個性而言，企業登記總分類帳簿的方法又不完全一致。這也就形成了不同的記帳程序，即帳務處理程序。

一、帳務處理程序的概念

帳務處理程序，也稱會計核算程序、會計核算組織程序、會計核算形式，是指運用各種會計核算方法，產生和提供會計信息的方法和步驟。也就是從原始憑證的取得、匯總至記帳憑證的填制、匯總，再至日記帳、明細帳、總帳的登記最後到財務報表編制的步驟和方法。在實務操作中，對於發生的一筆經濟業務，是填制通用記帳憑證還是專用記帳憑證，是否要據記帳憑證逐筆登記總帳，各帳簿之帳頁格式如何等所有這些，財會部門都必須按照國家的有關政策法規，結合本企業的具體情況，明確規定各種憑證、各種帳簿和報表之間的銜接關係，並把它們有機地結合起來，以便會計工作能夠有條不紊地進行，確保及時提供有關方面需要的決策有用的會計信息。具體來講，帳務處理程序包括兩部分內容：其一是會計憑證和會計帳簿的組織；其二是記帳程序（步驟）。會計憑證組織是指會計憑證的種類、格式和各種憑證之間的關係；會計帳簿組織是指帳簿的種類、格式和各種帳簿之間的關係；記帳程序是指從會計憑證的取得、填制、傳遞，到會計帳簿的登記，直至編制財務報表整個過程的具體步驟。為了保證帳簿記錄的正確性和完整性，通常還需要在編制財務報表之前，增加一些環節，諸如進行有關帳項調整和進行試算平衡等。

二、合理組織帳務處理程序的要求

由於各企業的組織規模、業務性質、經濟業務的繁簡程度以及管理上的要求可能不盡相同，甚至差別很大，這就要求企業根據自身的特點，制定出恰當的帳務處理程序，以做好會計工作。合理的、適用的帳務處理程序，一般應符合以下要求：

（1）要與企業自身的規模大小、業務繁簡程度相適應；

（2）要能及時全面地提供會計信息，以滿足有關方面使用會計信息的需要；

（3）要有利於節約人力和物力，盡可能簡化不必要的核算手續，即體現效益大於成本的原則，提高會計工作效率，節約帳務處理成本。

三、帳務處理程序的種類

前已述及填制憑證、登記帳簿、編制報表是會計核算的三個基本環節。但由於企業設置的帳簿既有日記帳、明細帳，還有總帳，而日記帳、明細帳因其要提供詳細信

息，必須逐筆登帳，但總帳是提供總括信息的帳簿，故企業既可根據記帳憑證逐筆登記總帳，也可先匯總記帳憑證再據以登記總帳。因此，在實際工作中，常用的帳務處理程序主要有以下幾種：
(1) 記帳憑證帳務處理程序；
(2) 科目匯總表帳務處理程序；
(3) 匯總記帳憑證帳務處理程序；
(4) 日記總帳帳務處理程序。
以上各種帳務處理程序既有相同點，又有各自的特點，其區別主要在於登記總帳的依據和方法不同。

第二節 記帳憑證帳務處理程序

一、記帳憑證帳務處理程序的特點和核算要求

記帳憑證帳務處理程序，既是各種帳務處理程序中最基本的程序，也是其他各種帳務處理程序的基礎。其主要特點是根據各種記帳憑證逐筆登記總帳。採用該帳務處理程序，記帳憑證可採用通用格式，也可採用專用格式；帳簿一般設置有庫存現金日記帳、銀行存款日記帳、總分類帳和明細分類帳。日記帳及總分類帳一般採用三欄式，明細分類帳可根據需要分別採用三欄式、數量金額式或多欄式。

二、記帳憑證帳務處理程序的記帳步驟

記帳憑證帳務處理程序如圖 9－1 所示。

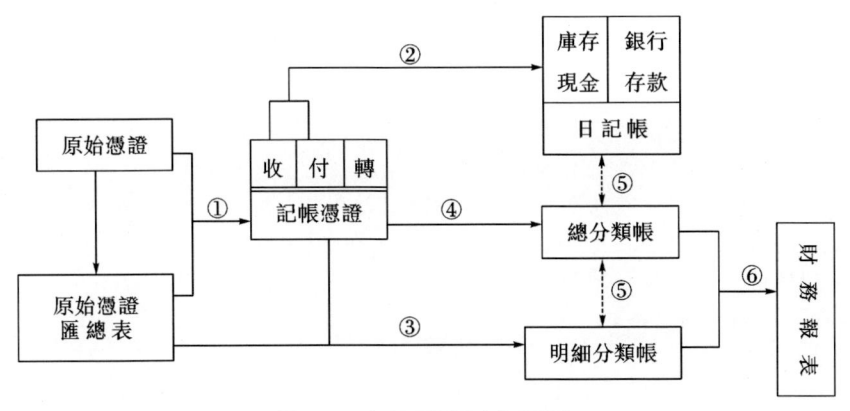

圖 9－1 記帳憑證帳務處理程序

說明：
①根據原始憑證或原始憑證匯總表填制記帳憑證（通用或專用）；
②根據收款憑證、付款憑證逐筆登記庫存現金日記帳和銀行存款日記帳；
③根據記帳憑證和原始憑證（或原始憑證匯總表）逐筆登記明細帳；

④根據記帳憑證逐筆登記總帳；

⑤月終，日記帳餘額及各種明細帳餘額的合計數，分別與總分類帳中有關帳戶的餘額核對相符；

⑥月終，根據總分類帳、各明細分類帳和有關資料編制財務報表。

三、記帳憑證帳務處理程序舉例

【例 9-1】

（一）資料

1. 環球有限責任公司 201×年 12 月初相關帳戶餘額如下（見表 9-1）：

表 9-1　　　　　　　　　　　　　　帳戶期初餘額表

帳戶名稱	借方餘額（元）	帳戶名稱	貸方餘額（元）
庫存現金	2,000	短期借款	107,000
銀行存款	240,000	應付帳款	109,200
應收帳款	220,400	應付職工薪酬	7,900
預付帳款	2,500	預收帳款	204,000
其他應收款	1,000	應交稅費	52,000
原材料	343,000	應付利息	2,000
庫存商品	522,000	本年利潤	1,100,375
生產成本	114,700	盈餘公積	102,000
固定資產	1,049,000	實收資本	595,000
累計折舊	(115,000)	利潤分配	100,125
合計	2,379,600	合計	2,379,600

2. 有關部分明細帳資料如下：

（1）原材料 343,000 元，其中：

甲材料 3,000 千克，單價 80 元，計 240,000 元；

乙材料 1,800 千克，單價 50 元，計 90,000 元；

丙材料 650 千克，單價 20 元，計 13,000 元。

（2）生產成本 114,700 元，皆為 A 產品 770 件在產品的成本，其中：

直接材料費用 65,000 元；

生產工人薪酬 35,000 元；

製造費用 14,700 元。

（3）庫存商品：A 產品 1,200 件，每件生產成本 350 元

　　　　　　　B 產品 600 件，每件生產成本 170 元

（4）應收帳款：應收福源公司貨款 26,500 元

　　　　　　　應收蓮花公司貨款 193,900 元

（5）應付帳款：應付光明公司貨款 10,000 元

　　　　　　　應付星光公司貨款 9,200 元

　　　　　　　應付祥和公司貨款 90,000 元

3. 環球有限責任公司201×年12月份發生下列經濟業務：

（1）1日，開出轉帳支票29,250元，購入新機器一臺，取得增值稅專用發票一張，註明價25,000元，增值稅額4,250元。

（2）1日，向華東工廠購入甲材料500千克，貨款40,000元，增值稅額為6,800元，以轉帳支票結算，料未入庫。

（3）2日，以轉帳支票支付上項材料運費1,110元，取得增值稅專用發票一張，註明運費1,000元，增值稅額110元，材料已到，並驗收入庫。

（4）3日，為生產A產品領用甲材料1,200千克，80元/千克；生產B產品領用乙材料700千克，50元/千克；行政管理部門領用丙材料10千克，20元/千克。

（5）3日，採購員錢興預借差旅費500元，以現金付訖。

（6）4日，開出支票支付上月應交稅費32,000元。

（7）5日，售給興達公司B產品400件，每件售價300元，貨款120,000元，增值稅額為20,400元，款項尚未收到。

（8）6日，以支票支付法律諮詢費4,000元，取得增值稅普通發票。

（9）6日，以支票支付廣告費31,000元，取得增值稅普通發票。

（10）7日，開出現金支票提取現金600元備用。

（11）8日，向光明公司購入乙材料800千克，貨款40,000元，增值稅額為6,800元，款未付，料未入庫。

（12）9日，以現金支付下年度報刊訂閱費720元。

（13）10日，以銀行存款支付本月工資93,000元。

（14）11日，售給華夏公司A產品200件，每件售價500元，貨款100,000元，增值稅額為17,000元，合計117,000元，收到轉帳支票一張。

（15）12日，採購員錢興出差返回報銷差旅費480元，歸還餘額20元。

（16）14日，向聯誼公司出售A產品900件，貨款450,000元，增值稅額為76,500元，款已收訖。

（17）14日，8日向光明公司所購乙材料已到貨，並驗收入庫。

（18）15日，向銀行借入短期借款10,000元，存入企業款戶。

（19）16日，以銀行存款支付廠部管理部門辦公用品購置費702元，取得增值稅專用發票一張，註明價600元，增值稅額102元。

（20）17日，以銀行存款預付明年上半年保險費2,400元，取得增值稅普通發票。

（21）19日，以現金200元支付違約罰款。

（22）20日，收回現金1,000元，系職工王英預借差旅費（王英出差因故取消）。

（23）20日，將現金1,000元送存銀行。

（24）25日，用銀行存款歸還已到期的短期借款27,000元。

（25）26日，用銀行存款支付業務招待費36,700元。

（26）27日，以銀行存款19,200元償還上月所欠光明公司貨款10,000元及星光公司貨款9,200元。

（27）28日，以銀行存款支付電費9,400元，其中車間照明用電7,900元，企業管理部門耗電1,500元。

（28）31日，分配本月職工工資93,000元，其中A產品生產工人工資42,000元，

B 產品生產工人工資 20,000 元，車間管理人員工資 11,000 元，企業管理人員工資 20,000 元。

（29）31 日，計提本月生產部門固定資產折舊費 5,900 元，行政管理部門固定資產折舊費 1,400 元。

（30）31 日，攤銷應由本月負擔的報刊訂閱費 60 元、保險費 360 元。

（31）31 日，以銀行存款支付本季短期借款利息 3,000 元（其中含本年 10、11 兩個月已預提的利息費 2,000 元）。

（32）31 日，將本月份發生的製造費用 24,800 元計入產品生產成本（按生產工人工資比例分配）。

（33）31 日，結轉本月完工入庫產成品的成本：A 產品 770 件全部完工驗收入庫，B 產品尚未完工。

（34）31 日，結轉本月已銷產品生產成本。

（35）31 日，將有關收入、費用結轉至「本年利潤」帳戶。

（36）31 日，計算本月應交所得稅，所得稅率 25％，並結出淨利潤。

（37）31 日，將全年實現淨利潤結轉「利潤分配」帳戶。

（38）31 日，按全年淨利潤的 10% 提取法定盈餘公積金 119,000 元。

（39）31 日，按規定計算應付投資者利潤 500,000 元。

（40）31 日，將「利潤分配」的其他明細帳戶的餘額結轉至「利潤分配——未分配利潤」明細帳。

（二）要求：採用記帳憑證帳務處理程序進行相關帳務處理

第一步，填制記帳憑證（限於篇幅，以下用會計分錄代替記帳憑證）。

（1）12 月 1 日，銀付 1

借：固定資產	25,000
應交稅費——應交增值稅（進項稅額）	4,250
貸：銀行存款	29,250

（2）12 月 1 日，銀付 2

借：在途物資——甲材料	40,000
應交稅費——應交增值稅（進項稅額）	6,800
貸：銀行存款	46,800

（3）12 月 2 日，銀付 3

借：在途物資——甲材料	1,000
應交稅費——應交增值稅（進項稅額）	110
貸：銀行存款	1,110

12 月 2 日，轉 1

借：原材料——甲材料	41,000
貸：在途物資——甲材料	41,000

（4）12 月 3 日，轉 2

借：生產成本——A 產品	96,000
——B 產品	35,000
管理費用	200

　　　　貸：原材料　　　　　　　　　　　　　　　　　　　131,200
（5）12月3日，現付1
借：其他應收款——錢興　　　　　　　　　　　　　　　500
　　　　貸：庫存現金　　　　　　　　　　　　　　　　　　　500
（6）12月4日，銀付4
借：應交稅費　　　　　　　　　　　　　　　　　　32,000
　　　　貸：銀行存款　　　　　　　　　　　　　　　　　　32,000
（7）12月5日，轉3
借：應收帳款——興達公司　　　　　　　　　　　　140,400
　　　　貸：主營業務收入——B產品　　　　　　　　　　　120,000
　　　　　　應交稅費——應交增值稅（銷項稅額）　　　　 20,400
（8）12月6日，銀付5
借：管理費用　　　　　　　　　　　　　　　　　　　4,000
　　　　貸：銀行存款　　　　　　　　　　　　　　　　　　4,000
（9）12月6日，銀付6
借：銷售費用　　　　　　　　　　　　　　　　　　31,000
　　　　貸：銀行存款　　　　　　　　　　　　　　　　　　31,000
（10）12月7日，銀付7
借：庫存現金　　　　　　　　　　　　　　　　　　　　600
　　　　貸：銀行存款　　　　　　　　　　　　　　　　　　　600
（11）12月8日，轉4
借：在途物資——乙材料　　　　　　　　　　　　　 40,000
　　　應交稅費——應交增值稅（進項稅額）　　　　　 6,800
　　　　貸：應付帳款——光明公司　　　　　　　　　　　 46,800
（12）12月9日，現付2
借：預付帳款　　　　　　　　　　　　　　　　　　　　720
　　　　貸：庫存現金　　　　　　　　　　　　　　　　　　　720
（13）12月10日，銀付8
借：應付職工薪酬　　　　　　　　　　　　　　　　93,000
　　　　貸：銀行存款　　　　　　　　　　　　　　　　　　93,000
（14）12月11日，銀收1
借：銀行存款　　　　　　　　　　　　　　　　　 117,000
　　　　貸：主營業務收入——A產品　　　　　　　　　　 100,000
　　　　　　應交稅費——應交增值稅（銷項稅額）　　　　 17,000
（15）12月12日，轉5
借：管理費用　　　　　　　　　　　　　　　　　　　　480
　　　　貸：其他應收款——錢興　　　　　　　　　　　　　　480
12月12日，現收1
借：庫存現金　　　　　　　　　　　　　　　　　　　　 20
　　　　貸：其他應收款——錢興　　　　　　　　　　　　　　 20

（16）12 月 14 日，銀收 2

借：銀行存款　　　　　　　　　　　　　　　526,500
　　貸：主營業務收入——A 產品　　　　　　　450,000
　　　　應交稅費——應交增值稅（銷項稅額）　76,500

（17）12 月 14 日，轉 6

借：原材料——乙材料　　　　　　　　　　　40,000
　　貸：在途物資——乙材料　　　　　　　　　40,000

（18）12 月 15 日，銀收 3

借：銀行存款　　　　　　　　　　　　　　　10,000
　　貸：短期借款　　　　　　　　　　　　　　10,000

（19）12 月 16 日，銀付 9

借：管理費用　　　　　　　　　　　　　　　600
　　應交稅費——應交增值稅（進項稅額）　　102
　　貸：銀行存款　　　　　　　　　　　　　　702

（20）12 月 17 日，銀付 10

借：預付帳款　　　　　　　　　　　　　　　2,400
　　貸：銀行存款　　　　　　　　　　　　　　2,400

（21）12 月 19 日，現付 3

借：營業外支出　　　　　　　　　　　　　　200
　　貸：庫存現金　　　　　　　　　　　　　　200

（22）12 月 20 日，現收 2

借：庫存現金　　　　　　　　　　　　　　　1,000
　　貸：其他應收款　　　　　　　　　　　　　1,000

（23）12 月 20 日，現付 4

借：銀行存款　　　　　　　　　　　　　　　1,000
　　貸：庫存現金　　　　　　　　　　　　　　1,000

（24）12 月 25 日，銀付 11

借：短期借款　　　　　　　　　　　　　　　27,000
　　貸：銀行存款　　　　　　　　　　　　　　27,000

（25）12 月 26 日，銀付 12

借：管理費用　　　　　　　　　　　　　　　36,700
　　貸：銀行存款　　　　　　　　　　　　　　36,700

（26）12 月 27 日，銀付 13

借：應付帳款——光明公司　　　　　　　　　10,000
　　　　　　——星光公司　　　　　　　　　　9,200
　　貸：銀行存款　　　　　　　　　　　　　　19,200

（27）12 月 28 日，銀付 14

借：製造費用　　　　　　　　　　　　　　　7,900
　　管理費用　　　　　　　　　　　　　　　1,500
　　貸：銀行存款　　　　　　　　　　　　　　9,400

(28) 12月31日，轉7
借：生產成本——A產品　　　　　　　　　　　　　　42,000
　　　　　　——B產品　　　　　　　　　　　　　　20,000
　　製造費用　　　　　　　　　　　　　　　　　　　11,000
　　管理費用　　　　　　　　　　　　　　　　　　　20,000
　　貸：應付職工薪酬　　　　　　　　　　　　　　　93,000
(29) 12月31日，轉8
借：製造費用　　　　　　　　　　　　　　　　　　　5,900
　　管理費用　　　　　　　　　　　　　　　　　　　1,400
　　貸：累計折舊　　　　　　　　　　　　　　　　　7,300
(30) 12月31日，轉9
借：管理費用　　　　　　　　　　　　　　　　　　　420
　　貸：預付帳款　　　　　　　　　　　　　　　　　420
(31) 12月31日，銀付15
借：財務費用　　　　　　　　　　　　　　　　　　　1,000
　　應付利息　　　　　　　　　　　　　　　　　　　2,000
　　貸：銀行存款　　　　　　　　　　　　　　　　　3,000
(32) 12月31日，轉10
借：生產成本——A產品　　　　　　　　　　　　　　16,800
　　　　　　——B產品　　　　　　　　　　　　　　8,000
　　貸：製造費用　　　　　　　　　　　　　　　　　24,800
(33) 12月31日，轉11
借：庫存商品——A產品　　　　　　　　　　　　　　269,500
　　貸：生產成本——A產品　　　　　　　　　　　　269,500
(34) 12月31日，轉12
借：主營業務成本　　　　　　　　　　　　　　　　　453,000
　　貸：庫存商品——A產品　　　　　　　　　　　　385,000
　　　　　　　——B產品　　　　　　　　　　　　　68,000
(35) 12月31日，轉13
借：本年利潤　　　　　　　　　　　　　　　　　　　550,500
　　貸：主營業務成本　　　　　　　　　　　　　　　453,000
　　　　銷售費用　　　　　　　　　　　　　　　　　31,000
　　　　管理費用　　　　　　　　　　　　　　　　　65,300
　　　　財務費用　　　　　　　　　　　　　　　　　1,000
　　　　營業外支出　　　　　　　　　　　　　　　　200
12月31日，轉14
借：主營業務收入　　　　　　　　　　　　　　　　　670,000
　　貸：本年利潤　　　　　　　　　　　　　　　　　670,000
(36) 12月31日，轉15
借：所得稅費用　　　　　　　　　　　　　　　　　　29,875

贷：应交税费——应交所得税　　　　　　　　　　　29,875

12月31日，转16

借：本年利润　　　　　　　　　　　　　　　　　　29,875

　　贷：所得税费用　　　　　　　　　　　　　　　　29,875

(37) 12月31日，转17

借：本年利润　　　　　　　　　　　　　　　　　1,190,000

　　贷：利润分配——未分配利润　　　　　　　　1,190,000

(38) 12月31日，转18

借：利润分配——提取法定盈余公积　　　　　　　119,000

　　贷：盈余公积　　　　　　　　　　　　　　　　119,000

(39) 12月31日，转19

借：利润分配——应付股利　　　　　　　　　　　500,000

　　贷：应付股利　　　　　　　　　　　　　　　　500,000

(40) 12月31日，转20

借：利润分配——未分配利润　　　　　　　　　　619,000

　　贷：利润分配——提取法定盈余公积　　　　　　119,000

　　　　　　　　——应付股利　　　　　　　　　　500,000

　　需要說明的是，上述是針對不同的業務編制的專用記帳憑證。當然，企業也可以選擇編制通用記帳憑證。

　　第二步，根據收款憑證、付款憑證，按業務發生時間的先後順序逐筆登記庫存現金日記帳和銀行存款日記帳。

　　限於篇幅，此處將該步驟省略。但需要強調的是，日記帳應該在每日終了進行結帳，即進行所謂的「日清」工作。

　　第三步，根據記帳憑證或結合原始憑證，按業務發生時間的先後順序逐筆登記明細帳。

　　實際工作中明細帳應根據需要採用不同的帳頁格式，包括三欄式、數量金額式和多欄式。此處只演示原材料和庫存商品明細帳的登帳過程及結果（見表9-2至表9-6）。

表9-2　　　　　　　　　　　原材料明細帳

二級科目：甲材料　　　　　　　　　　　　　　　　單位：千克、元

201×年		憑證字號	摘要	收入			發出			結存		
月	日			數量	單價	金額	數量	單價	金額	數量	單價	金額
12	1		月初餘額							3,000	80.00	240,000
	2	轉1	材料入庫	500	82.00	41,000				3,500		281,000
	3	轉2	A產品領用				1,200	80.00	96,000	2,300		185,000
12	31		本月合計	500	—	41,000	1,200	—	96,000	2,300	—	185,000

表9-3　　　　　　　　　　　　　原材料明細帳

二級科目：乙材料　　　　　　　　　　　　　　　　　　　單位：千克、元

201×年		憑證字號	摘要	收入			發出			結存		
月	日			數量	單價	金額	數量	單價	金額	數量	單價	金額
12	1		月初餘額							1,800	50.00	90,000
	3	轉2	B產品領用				700	50.00	35,000	1,100		55,000
	14	轉6	材料入庫	800	50.00	40,000				1,900		95,000
12	31		本月合計	800	—	40,000	700	—	35,000	1,900	—	95,000

表9-4　　　　　　　　　　　　　原材料明細帳

二級科目：丙材料　　　　　　　　　　　　　　　　　　　單位：千克、元

201×年		憑證字號	摘要	收入			發出			結存		
月	日			數量	單價	金額	數量	單價	金額	數量	單價	金額
12	1		月初餘額							650	20.00	13,000
	3	轉2	管理部門耗用				10	20.00	200	640		12,800
12	31		本月合計				10	—	200	640	—	12,800

表9-5　　　　　　　　　　　　　庫存商品明細帳

二級科目：A產品　　　　　　　　　　　　　　　　　　　單位：件、元

201×年		憑證字號	摘要	收入			發出			結存		
月	日			數量	單價	金額	數量	單價	金額	數量	單價	金額
12	1		月初餘額							1,200	350.00	420,000
	11	銀收1	銷售給華夏公司				200			1,000		
	14	銀收2	銷售給聯誼公司				900			100		
	31	轉12	完工入庫	770		269,500				870		
	31		本月合計	770		269,500	1,100	350.00	385,000	870		304,500

表9-6　　　　　　　　　　　　　庫存商品明細帳

二級科目：B產品　　　　　　　　　　　　　　　　　　　單位：件、元

201×年		憑證字號	摘要	收入			發出			結存		
月	日			數量	單價	金額	數量	單價	金額	數量	單價	金額
12	1		月初餘額							600	170.00	102,000
	5	轉3	銷售給興達公司				400			200		
12	31		本月合計				400	170.00	68,000	200	170.00	34,000

第四步，根據記帳憑證，按業務發生時間的先後順序逐筆登記總帳（見表9-7至表9-36）。

表 9-7　　　　　　　　　　　　庫存現金　總分類帳戶

201×年		憑證		摘要	借方	貸方	借或貸	餘額
月	日	字	號					
12	1			期初餘額			借	2000 00
	3	現付	1	預支差旅費		500 00	借	1500 00
	7	銀付	7	提現	600 00		借	2100 00
	9	現付	2	預付報刊費		720 00	借	1380 00
	12	現收	1	差旅費餘額	20 00		借	1400 00
	19	現付	3	支付罰款		200 00	借	1200 00
	20	現收	2	退回差旅費	1000 00		借	2200 00
	20	現付	4	現金存銀行		1000 00	借	1200 00
12	31			本月合計	1620 00	2420 00	借	1200 00

表 9-8　　　　　　　　　　　　銀行存款　總分類帳戶

201×年		憑證		摘要	借方	貸方	借或貸	餘額
月	日	字	號					
12	1			期初餘額			借	240000 00
	1	銀付	1	購買設備		29250 00		
	1	銀付	2	支付購料款		4680 00		
	2	銀付	3	付材料運費		111 00		
	4	銀付	4	付上月稅款		3200 00		
	6	銀付	5	付諮詢費		400 00		
	6	銀付	6	付廣告費		310 00		
	7	銀付	7	提現		600 00		
	10	銀付	8	支付工資		9300 00		
	11	銀收	1	售A收款	11700 00			
	14	銀收	2	售A收款	52650 00			
	15	銀收	3	向銀行借款	10000 00			
	16	銀付	9	付辦公費		702 00		
	17	銀付	10	預付保險費		240 00		
	20	現付	4	現金存銀行	1000 00			
	25	銀付	11	歸還借款		2700 00		
	26	銀付	12	付招待費		367 00		
	27	銀付	13	歸還欠款		1920 00		
	28	銀付	14	支付電費		940 00		
	31	銀付	15	支付利息		300 00		
12	31			本月合計	65450 00	33616 200	借	558338 00

表 9－9　　　　　　　　　　應收帳款　總分類帳戶

201×年		憑證		摘要	借方	貸方	借或貸	餘額
月	日	字	號		百十萬千百十元角分	百十萬千百十元角分		百十萬千百十元角分
12	1			期初餘額			借	2 2 0 4 0 0 0 0
	5	轉	3	銷售B產品	1 4 0 4 0 0 0 0			
12	31			本月合計	1 4 0 4 0 0 0 0		借	3 6 0 8 0 0 0 0

表 9－10　　　　　　　　　　預付帳款　總分類帳戶

201×年		憑證		摘要	借方	貸方	借或貸	餘額
月	日	字	號		百十萬千百十元角分	百十萬千百十元角分		百十萬千百十元角分
12	1			期初餘額			借	2 5 0 0 0 0
	9	現付	2	預付報刊費	7 2 0 0 0			
	17	銀付	10	預付保險費	2 4 0 0 0 0			
	31	轉	9	攤銷報刊費等		4 2 0 0 0		
12	31			本月合計	3 1 2 0 0 0	4 2 0 0 0		5 2 0 0 0 0

表 9－11　　　　　　　　　　其他應收款　總分類帳戶

201×年		憑證		摘要	借方	貸方	借或貸	餘額
月	日	字	號		百十萬千百十元角分	百十萬千百十元角分		百十萬千百十元角分
12	1			期初餘額			借	1 0 0 0 0 0
	3	現付	1	預支差旅費	5 0 0 0 0			
	12	轉	5	報銷差旅費		4 8 0 0 0		
	12	現收	1	差旅費餘款		2 0 0 0		
	20	現收	2	退回差旅費		1 0 0 0 0 0		
12	31			本月合計	5 0 0 0 0	1 5 0 0 0 0	平	0

表 9－12　　　　　　　　　　原材料　總分類帳戶

201×年		憑證		摘要	借方	貸方	借或貸	餘額
月	日	字	號		百十萬千百十元角分	百十萬千百十元角分		百十萬千百十元角分
12	1			期初餘額			借	3 4 3 0 0 0 0 0
	2	轉	1	甲材料入庫	4 1 0 0 0 0 0			
	3	轉	2	生產領用		1 3 1 2 0 0 0 0		
	14	轉	6	乙材料入庫	4 0 0 0 0 0 0			
12	31			本月合計	8 1 0 0 0 0 0	1 3 1 2 0 0 0 0	借	2 9 2 8 0 0 0 0

表 9-13　　　　　　　　　　　在途物資　總分類帳戶

201×年		憑證		摘要	借方	貸方	借或貸	餘額
月	日	字	號		百十萬千百十元角分	百十萬千百十元角分		百十萬千百十元角分
12	1	銀付	2	購料，未入庫	4 0 0 0 0 0			
	2	銀付	3	付運費	1 0 0 0 0 0			
	2	轉	1	甲材料入庫		4 1 0 0 0 0		
	8	轉	4	購料，未入庫	4 0 0 0 0 0			
	14	轉	6	乙材料入庫		4 0 0 0 0 0		
12	31			本月合計	8 1 0 0 0 0	8 1 0 0 0 0	平	0

表 9-14　　　　　　　　　　　庫存商品　總分類帳戶

201×年		憑證		摘要	借方	貸方	借或貸	餘額
月	日	字	號		百十萬千百十元角分	百十萬千百十元角分		百十萬千百十元角分
12	1			期初餘額			借	5 2 2 0 0 0 0
	31	轉	11	A完工入庫	2 6 9 5 0 0 0			
	31	轉	12	結轉已售成本		4 5 3 0 0 0 0		
12	31			本月合計	2 6 9 5 0 0 0	4 5 3 0 0 0 0	借	3 3 8 5 0 0 0

表 9-15　　　　　　　　　　　生產成本　總分類帳戶

201×年		憑證		摘要	借方	貸方	借或貸	餘額
月	日	字	號		百十萬千百十元角分	百十萬千百十元角分		百十萬千百十元角分
12	1			期初餘額			借	1 1 4 7 0 0 0
	3	轉	2	生產耗料	1 3 1 0 0 0 0			
	31	轉	7	分配工資	6 2 0 0 0 0			
	31	轉	10	轉入製造費用	2 4 8 0 0 0			
	31	轉	11	完工入庫		2 6 9 5 0 0 0		
12	31			本月合計	2 1 7 8 0 0 0	2 6 9 5 0 0 0	借	6 3 0 0 0 0

表 9-16　　　　　　　　　　　固定資產　總分類帳戶

201×年		憑證		摘要	借方	貸方	借或貸	餘額
月	日	字	號		百十萬千百十元角分	百十萬千百十元角分		百十萬千百十元角分
12	1			期初餘額			借	1 0 4 9 0 0 0 0
	1	銀付	1	購買設備	2 5 0 0 0 0			
12	31			本月合計	2 5 0 0 0 0		借	1 0 7 4 0 0 0 0

第九章 帳務處理程序

表 9-17　　　　　　　　　　　累計折舊　總分類帳戶

201×年		憑證		摘要	借方	貸方	借或貸	餘額
月	日	字	號		百十萬千百十元角分	百十萬千百十元角分		百十萬千百十元角分
12	1			期初餘額			貸	1 1 5 0 0 0 0 0
	31	轉	8	計提折舊		7 3 0 0 0 0		
12	31			本月合計		7 3 0 0 0 0	貸	1 2 2 3 0 0 0 0

表 9-18　　　　　　　　　　　短期借款　總分類帳戶

201×年		憑證		摘要	借方	貸方	借或貸	餘額
月	日	字	號		百十萬千百十元角分	百十萬千百十元角分		百十萬千百十元角分
12	1			期初餘額			貸	1 0 7 0 0 0 0 0
	15	銀收	3	向銀行借款		1 0 0 0 0 0 0		
	25	銀付	11	歸還借款	2 7 0 0 0 0 0			
12	31			本月合計	2 7 0 0 0 0 0	1 0 0 0 0 0 0	貸	9 0 0 0 0 0 0

表 9-19　　　　　　　　　　　應付帳款　總分類帳戶

201×年		憑證		摘要	借方	貸方	借或貸	餘額
月	日	字	號		百十萬千百十元角分	百十萬千百十元角分		百十萬千百十元角分
12	1			期初餘額			貸	1 0 9 2 0 0 0 0
	8	轉	4	賒購材料		4 6 8 0 0 0 0		
	27	銀付	13	歸還到期款	1 9 2 0 0 0 0			
12	31			本月合計	1 9 2 0 0 0 0	4 6 8 0 0 0 0	貸	1 3 6 8 0 0 0 0

表 9-20　　　　　　　　　　　預收帳款　總分類帳戶

201×年		憑證		摘要	借方	貸方	借或貸	餘額
月	日	字	號		百十萬千百十元角分	百十萬千百十元角分		百十萬千百十元角分
12	1			期初餘額			貸	2 0 4 0 0 0 0
12	31			本月合計			貸	2 0 4 0 0 0 0

表 9-21　　　　　　　　　　　應付職工薪酬　總分類帳戶

201×年		憑證		摘要	借方	貸方	借或貸	餘額
月	日	字	號		百十萬千百十元角分	百十萬千百十元角分		百十萬千百十元角分
12	1			期初餘額			貸	7 9 0 0 0 0
	10	銀付	8	支付工資	9 3 0 0 0 0 0			
	31	轉	7	分配工資		9 3 0 0 0 0 0		
12	31			本月合計	9 3 0 0 0 0 0	9 3 0 0 0 0 0	貸	7 9 0 0 0 0

表 9－22　　　　　　　　　　應交稅費　總分類帳戶

201×年		憑證		摘要	借方	貸方	借或貸	餘額
月	日	字	號		百十萬千百十元角分	百十萬千百十元角分		百十萬千百十元角分
12	1			期初餘額				5 2 0 0 0 0 0
	1	銀付	1	購買設備	4 2 5 0 0 0			
	1	銀付	2	購料進項	6 8 0 0 0 0			
	2	銀付	3	購材料運費	1 1 0 0 0			
	4	銀付	4	交納上月稅	3 2 0 0 0 0 0			
	5	轉	3	銷貨銷項稅		2 0 4 0 0 0 0		
	8	轉	4	購料進項稅	6 8 0 0 0 0			
	11	銀收	1	銷貨銷項稅		1 7 0 0 0 0 0		
	14	銀收	2	銷貨銷項稅		7 6 5 0 0 0		
	16	銀付	9	購辦公用品	1 0 2 0 0			
	31	轉	15	計交所得稅		2 9 8 7 5 0 0		
12	31			本月合計	5 0 0 6 2 0 0	1 4 3 7 7 5 0 0	貸	1 4 5 7 1 3 0 0

表 9－23　　　　　　　　　　應付股利　總分類帳戶

201×年		憑證		摘要	借方	貸方	借或貸	餘額
月	日	字	號		百十萬千百十元角分	百十萬千百十元角分		百十萬千百十元角分
12	31	轉	19	分配利潤		5 0 0 0 0 0 0 0		
12	31			本月合計		5 0 0 0 0 0 0 0	貸	5 0 0 0 0 0 0 0

表 9－24　　　　　　　　　　應付利息　總分類帳戶

201×年		憑證		摘要	借方	貸方	借或貸	餘額
月	日	字	號		百十萬千百十元角分	百十萬千百十元角分		百十萬千百十元角分
12	1			期初餘額			貸	2 0 0 0 0 0
	31	銀付	15	支付利息費	2 0 0 0 0 0			
12	31			本月合計	2 0 0 0 0 0		平	0

表 9－25　　　　　　　　　　實收資本　總分類帳戶

201×年		憑證		摘要	借方	貸方	借或貸	餘額
月	日	字	號		百十萬千百十元角分	百十萬千百十元角分		百十萬千百十元角分
12	1			期初餘額			貸	5 9 5 0 0 0 0 0
12	31			本月合計			貸	5 9 5 0 0 0 0 0

表 9－26　　　　　　　　　　　盈餘公積　總分類帳戶

201×年 月	日	憑證 字	憑證 號	摘要	借方 百十萬千百十元角分	貸方 百十萬千百十元角分	借或貸	餘額 百十萬千百十元角分
12	1			期初餘額			貸	1 0 2 0 0 0 0 0
	31	轉	18	提取盈餘公積		1 1 9 0 0 0 0 0		
12	31			本月合計		1 1 9 0 0 0 0 0	貸	2 2 1 0 0 0 0 0

表 9－27　　　　　　　　　　　利潤分配　總分類帳戶

201×年 月	日	憑證 字	憑證 號	摘要	借方 百十萬千百十元角分	貸方 百十萬千百十元角分	借或貸	餘額 百十萬千百十元角分
12	1			期初餘額			貸	1 0 0 1 2 5 0 0
	31	轉	17	轉入淨利潤		1 1 9 0 0 0 0 0		
	31	轉	18	提取盈餘公積	1 1 9 0 0 0 0 0			
	31	轉	19	分配利潤	5 0 0 0 0 0 0 0			
	31	轉	20	結轉其明細帳	6 1 9 0 0 0 0 0	6 1 9 0 0 0 0 0		
12	31			本月合計	1 2 3 8 0 0 0 0 0	1 8 0 9 0 0 0 0 0	貸	6 7 1 1 2 5 0 0

表 9－28　　　　　　　　　　　本年利潤　總分類帳戶

201×年 月	日	憑證 字	憑證 號	摘要	借方 百十萬千百十元角分	貸方 百十萬千百十元角分	借或貸	餘額 百十萬千百十元角分
12	1			期初餘額			貸	1 1 0 0 3 7 5 0 0
	31	轉	13	轉入費用	5 5 0 5 0 0 0 0			
	31	轉	14	轉入收入		6 7 0 0 0 0 0 0		
	31	轉	16	所得稅費用	2 9 8 7 5 0 0			
	31	轉	17	轉出淨利潤	1 1 9 0 0 0 0 0			
12	31			本月合計	1 7 7 0 3 7 5 0 0	6 7 0 0 0 0 0 0	平	0

表 9－29　　　　　　　　　　　製造費用　總分類帳戶

201×年 月	日	憑證 字	憑證 號	摘要	借方 百十萬千百十元角分	貸方 百十萬千百十元角分	借或貸	餘額 百十萬千百十元角分
12	28	銀付	14	電費	7 9 0 0 0 0			
	31	轉	7	工資費	1 1 0 0 0 0 0			
	31	轉	8	折舊費	5 9 0 0 0 0			
	31	轉	10	分配結轉		2 4 8 0 0 0 0		
12	31			本月合計	2 4 8 0 0 0 0	2 4 8 0 0 0 0	平	0

表9-30　　　　　　　　　　主營業務收入　總分類帳戶

201×年		憑證		摘要	借方	貸方	借或貸	餘額
月	日	字	號		百十萬千百十元角分	百十萬千百十元角分		百十萬千百十元角分
12	5	轉	3	賒銷B產品		1 2 0 0 0 0 0		
	11	銀收	1	現銷A產品		1 0 0 0 0 0 0		
	14	銀收	2	現銷A產品		4 5 0 0 0 0 0		
	31	轉	14	轉至本年利潤	6 7 0 0 0 0 0 0			
12	31			本月合計	6 7 0 0 0 0 0 0	6 7 0 0 0 0 0 0	平	0

表9-31　　　　　　　　　　主營業務成本　總分類帳戶

201×年		憑證		摘要	借方	貸方	借或貸	餘額
月	日	字	號		百十萬千百十元角分	百十萬千百十元角分		百十萬千百十元角分
12	31	轉	12	結轉銷售成本	4 5 3 0 0 0 0			
	31	轉	13	轉至本年利潤		4 5 3 0 0 0 0		
12	31			本月合計	4 5 3 0 0 0 0	4 5 3 0 0 0 0	平	0

表9-32　　　　　　　　　　管理費用　總分類帳戶

201×年		憑證		摘要	借方	貸方	借或貸	餘額
月	日	字	號		百十萬千百十元角分	百十萬千百十元角分		百十萬千百十元角分
12	3	轉	2	行管耗料	2 0 0 0 0			
	6	銀付	5	付諮詢費	4 0 0 0 0 0			
	12	轉	6	差旅費	4 8 0 0 0			
	16	銀付	9	付辦公費	6 0 0 0 0			
	26	銀付	12	業務招待費	3 6 7 0 0 0 0			
	28	銀付	14	水電費	1 5 0 0 0 0			
	31	轉	7	工資費	2 0 0 0 0 0 0			
	31	轉	8	折舊費	1 4 0 0 0 0			
	31	轉	9	攤銷報刊費等	4 2 0 0 0			
	31	轉	13	轉至本年利潤		6 5 3 0 0 0 0		
12	31			本月合計	6 5 3 0 0 0 0	6 5 3 0 0 0 0	平	0

表9-33 　　　　　　　　　　　銷售費用　總分類帳戶

201×年		憑證		摘要	借方	貸方	借或貸	餘額
月	日	字	號		百十萬千百十元角分	百十萬千百十元角分		百十萬千百十元角分
12	6	銀付	6	廣告費	3 1 0 0 0 0 0			
	31	轉	14	轉至本年利潤		3 1 0 0 0 0 0		
12	31			本月合計	3 1 0 0 0 0 0	3 1 0 0 0 0 0	平	0

表9-34 　　　　　　　　　　　財務費用　總分類帳戶

201×年		憑證		摘要	借方	貸方	借或貸	餘額
月	日	字	號		百十萬千百十元角分	百十萬千百十元角分		百十萬千百十元角分
12	31	銀付	15	本月利息費	1 0 0 0 0 0			
	31	轉	13	轉至本年利潤		1 0 0 0 0 0		
12	31			本月合計	1 0 0 0 0 0	1 0 0 0 0 0	平	0

表9-35 　　　　　　　　　　　所得稅費用　總分類帳戶

201×年		憑證		摘要	借方	貸方	借或貸	餘額
月	日	字	號		百十萬千百十元角分	百十萬千百十元角分		百十萬千百十元角分
12	31	轉	15	計交所得稅	2 9 8 7 5 0 0			
	31	轉	16	轉至本年利潤		2 9 8 7 5 0 0		
12	31			本月合計	2 9 8 7 5 0 0	2 9 8 7 5 0 0	平	0

表9-36 　　　　　　　　　　　營業外支出　總分類帳戶

201×年		憑證		摘要	借方	貸方	借或貸	餘額
月	日	字	號		百十萬千百十元角分	百十萬千百十元角分		百十萬千百十元角分
12	19	現付	3	支付罰款	2 0 0 0 0			
	31	轉	13	轉至本年利潤		2 0 0 0 0		
12	31			本月合計	2 0 0 0 0	2 0 0 0 0	平	0

第五步，帳帳核對。

實務中在編制財務報表之前，往往先編制總分類帳戶本期發生額及餘額試算平衡表（見表9-37），既可以起到試算平衡的作用，又可以為報表編制匯集相關的數據。

表 9-37　　　　　　　總分類帳戶本期發生額及餘額試算平衡表

201×年 12 月 31 日　　　　　　　　　　　　　　　　單位：元

帳戶名稱	期初餘額 借方	期初餘額 貸方	本期發生額 借方	本期發生額 貸方	期末餘額 借方	期末餘額 貸方
庫存現金	2,000		1,620	2,420	1,200	
銀行存款	240,000		654,500	336,162	558,338	
應收帳款	220,400		140,400		360,800	
預付帳款	2,500		3,120	420	5,200	
其他應收款	1,000		500	1,500	0	
在途物資			81,000	81,000	0	
原材料	343,000		81,000	131,200	292,800	
庫存商品	522,000		269,500	453,000	338,500	
固定資產	1,049,000		25,000		1,074,000	
累計折舊		115,000		7,300		122,300
短期借款		107,000	27,000	10,000		90,000
應付帳款		109,200	19,200	46,800		136,800
應付職工薪酬		7,900	93,000	93,000		7,900
預收帳款		204,000				204,000
應交稅費		52,000	50,062	143,775		145,713
應付利息		2,000	2,000			0
應付股利				500,000		500,000
實收資本		595,000				595,000
盈餘公積		102,000		119,000		221,000
利潤分配		100,125	1,238,000	1,809,000		671,125
本年利潤		1,100,375	1,770,375	670,000		0
生產成本	114,700		217,800	269,500	63,000	
製造費用			24,800	24,800		0
主營業務收入			670,000	670,000		0
主營業務成本			453,000	453,000		0
銷售費用			31,000	31,000		0
管理費用			65,300	65,300		0
財務費用			1,000	1,000		0
營業外支出			200	200		0
所得稅費用			29,875	29,875		0
合計	2,494,600	2,494,600	5,949,252	5,949,252	2,693,838	2,693,838

第六步，結合總帳和明細帳編制財務報表。(略)

四、記帳憑證帳務處理程序的優缺點及適用範圍

從上述操作中可以看出，隨著每一筆經濟業務的發生，會計人員需要做的工作是：填制記帳憑證；逐筆登記日記帳；逐筆登記明細帳；逐筆登記總帳；期末編制財務報表。該程序容易理解，也便於掌握，且總分類帳記錄比較詳細，便於查帳。但是由於總帳的登記也是根據記帳憑證逐筆進行的，當每期的業務量較大時，勢必造成登記總帳的工作量也較大。所以，記帳憑證帳務處理程序一般適用於規模較小、經濟業務量也較小的企業。

那麼能否減少登記總帳的工作量呢？由於總帳是提供總括信息的帳簿，所以，當經濟業務量較大時，可以採取根據每一筆經濟業務填制的記帳憑證定期匯總後再予以登記總帳的方法，這樣就可以簡化登記總帳的工作了。

第三節　科目匯總表帳務處理程序

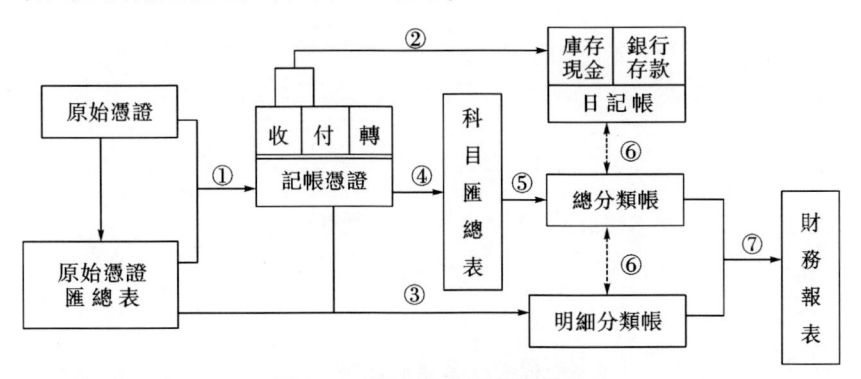

一、科目匯總表帳務處理程序的特點和核算要求

科目匯總表帳務處理程序的特點就是根據定期編制的科目匯總表登記總帳。

採用該帳務處理程序，記帳憑證同樣既可採用通用格式，也可採用專用格式；同時還需設置科目匯總表，也稱記帳憑證匯總表（一般格式見表9-37所示），以便定期匯總記帳憑證。其帳簿組織與上述記帳憑證帳務處理程序相似。

科目匯總表按科目定期（5日、10日或15日等）分借方、貸方發生額分別加以匯總。在實際工作中，科目匯總表多長時間匯總填列一次，取決於企業業務量的大小。

二、科目匯總表帳務處理程序的記帳步驟

科目匯總表帳務處理程序如圖9-2所示。

圖9-2　科目匯總表帳務處理程序

說明：

① 根據原始憑證或原始憑證匯總表填制記帳憑證；

②根據收款憑證和付款憑證逐筆登記庫存現金日記帳和銀行存款日記帳；
③根據記帳憑證或原始憑證（或原始憑證匯總表）逐筆登記各種明細分類帳；
④根據各種記帳憑證定期編制科目匯總表；
⑤根據科目匯總表登記總分類帳；
⑥月終，日記帳餘額及各種明細帳餘額的合計數，分別與總分類帳中有關帳戶的餘額核對相符；
⑦月終，根據總分類帳、各明細分類帳和有關資料編制財務報表。

三、科目匯總表財務處理程序舉例

【例9-2】有關資料見例9-1。

第一步，填制記帳憑證。

第二步，根據收款憑證、付款憑證逐筆登記庫存現金日記帳、銀行存款日記帳。

第三步，根據記帳憑證或原始憑證逐筆登記明細分類帳。

上述三個步驟的過程和結果與例9-1相同，故此處從略。

第四步，根據記帳憑證定期編制科目匯總表（見表9-38至表9-40）。

表9-38

科目匯總表

201×年12月1日至10日　　　　　　　　　　第　1　號

會計科目	本期發生額 借方	本期發生額 貸方	記帳憑證起訖號數
庫存現金	600	1,220	
銀行存款		237,760	
應收帳款	140,400		
預付帳款	720		
其他應收款	500		
在途物資	81,000	41,000	
原材料	41,000	131,200	
生產成本	131,000		1~13
固定資產	25,000		
應付帳款		46,800	
應付職工薪酬	93,000		
應交稅費	49,960	20,400	
主營業務收入		120,000	
管理費用	4,200		
銷售費用	31,000		
合計	598,380	598,380	

表 9-39

科目匯總表

201×年 12 月 11 日至 20 日　　　　　第　2　號

會計科目	本期發生額		記帳憑證 起訖號數
	借方	貸方	
庫存現金	1,020	1,200	
銀行存款	654,500	3,102	
預付帳款	2,400		
其他應收款		1,500	
在途物資		40,000	
原材料	40,000		14～23
短期借款		10,000	
應交稅費	102	93,500	
主營業務收入		550,000	
管理費用	1,080		
營業外支出	200		
合計	699,302	699,302	

表 9-40

科目匯總表

201×年 12 月 21 日至 31 日　　　　　第　3　號

會計科目	本期發生額		記帳憑證 起訖號數
	借方	貸方	
銀行存款		95,300	
預付帳款		420	
庫存商品	269,500	453,000	
生產成本	86,800	269,500	
製造費用	24,800	24,800	
累計折舊		7,300	
短期借款	27,000		
應付帳款	19,200		
應付職工薪酬		93,000	
應交稅費		29,875	
應付股利		500,000	
應付利息	2,000		24～40
盈餘公積		119,000	
利潤分配	1,238,000	1,809,000	
本年利潤	1,770,375	670,000	
主營業務收入	670,000		
主營業務成本	453,000	453,000	
管理費用	60,020	65,300	
銷售費用		31,000	
財務費用	1,000	1,000	
所得稅費用	29,875	29,875	
營業外支出		200	
合計	4,651,570	4,651,570	

第五步，根據科目匯總表登記總帳。

限於篇幅，此處只列示庫存現金及銀行存款總帳的登記結果（見表9－41、表9－42）。

表9－41　　　　　　　　　　庫存現金　總分類帳戶

201×年		憑證		摘要	借方								貸方								借或貸	餘額							
月	日	字	號		百	十	萬	千	百	十	元	角	分	百	十	萬	千	百	十	元	角	分		百	十	萬	千	百	十	元	角	分
12	1			期初餘額																			借			2	0	0	0	0	0
	10	科匯	1	1～10發生額				6	0	0	0	0					1	2	2	0	0	0									
	20	科匯	2	11～20發生額			1	0	2	0	0	0					1	2	0	0	0	0									
12	31			本月合計			1	6	2	0	0	0					2	4	2	0	0	0	借				1	2	0	0	0	0

表9－42　　　　　　　　　　銀行存款　總分類帳戶

201×年		憑證		摘要	借方								貸方								借或貸	餘額							
月	日	字	號		百	十	萬	千	百	十	元	角	分	百	十	萬	千	百	十	元	角	分		百	十	萬	千	百	十	元	角	分
12	1			期初餘額																			借		2	4	0	0	0	0	0	0
	10	科匯	1	1～10發生額											2	3	7	7	6	0	0											
	20	科匯	2	11～20發生額			6	5	4	5	0	0	0				3	1	0	2	0	0										
	31	科匯	3	21～31發生額													9	5	3	0	0	0										
12	31			本月合計			6	5	4	5	0	0	0			3	3	6	1	6	2	0	借		5	5	8	3	3	8	0	0

第六步，帳帳核對。（略）

第七步，結合總帳和明細帳編制財務報表。（略）

四、科目匯總表帳務處理程序的優缺點及適用範圍

由表9－41、表9－42不難發現，根據科目匯總表登記總帳，大大減少了登記總帳的工作量，而且還可以利用科目匯總表進行試算平衡。由於採用科目匯總表匯總之後再予以登記總帳，即使企業的經濟業務相對較多，登記總帳的工作量也是可以減少的，所以科目匯總表帳務處理程序適用於規模大、業務量也較大的企業。

值得說明的是，為便於編制科目匯總表，使在分別匯總計算其借方和貸方金額時不易發生差錯，平時填制記帳憑證時，應盡可能使帳戶之間的對應關係保持「一借一貸」。最好填製單項記帳憑證，以便匯總。

此外，由於科目匯總表是定期匯總每一科目的本期借方、貸方發生額，而並不按對應帳戶進行歸類匯總，故科目匯總表反映不出帳戶的對應關係，不便於分析檢查經濟業務的來龍去脈。上述表9－42中，銀行存款帳戶貸方三筆發生額反映的是銀行存

款每十天內減少的額度,但若進一步追問「每一筆減少的額度是為何減少的」,銀行存款總帳就無法提供這一信息,從科目匯總表中也無法解釋。那麼是否存在這樣一種帳務處理程序:與記帳憑證帳務處理程序相比,它可以減少登記總帳的工作量;與科目匯總表帳務處理程序相比,匯總的信息也能夠反映帳戶之間的對應關係?

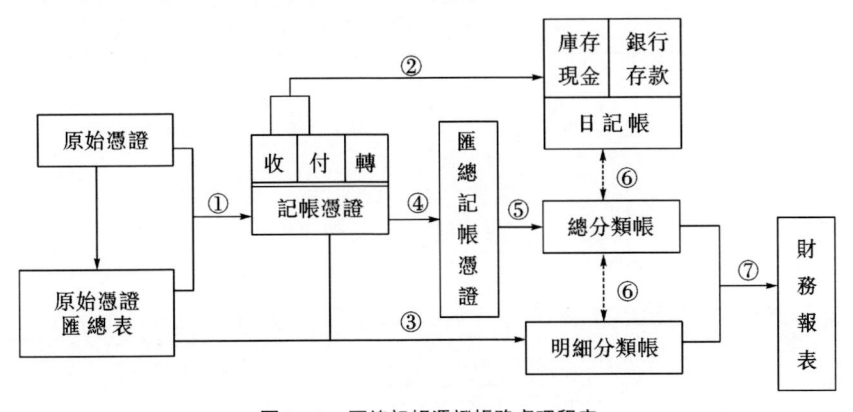

第四節　匯總記帳憑證帳務處理程序

一、匯總記帳憑證帳務處理程序的特點和核算要求

匯總記帳憑證帳務處理程序的主要特點是定期根據記帳憑證編制匯總記帳憑證,然後再據以登記總帳。

這種帳務處理程序,記帳憑證必須採用專用格式,分別按收款、付款及轉帳業務設置收款憑證、付款憑證及轉帳憑證三種專用格式。同時,還需設置匯總收款憑證、匯總付款憑證及匯總轉帳憑證,其一般格式見表9-42至表9-49所示。該程序下的帳簿組織與記帳憑證帳務處理程序下的帳簿組織基本相同。

匯總記帳憑證應分別按相應的記帳憑證匯總填制。具體來說,匯總收款憑證,應根據庫存現金和銀行存款的收款憑證,按庫存現金或銀行存款科目的借方設置,並分別按其對應的貸方科目加以歸類;匯總付款憑證,應根據庫存現金和銀行存款的付款憑證,按庫存現金或銀行存款科目的貸方設置,並分別按其對應的借方科目加以歸類;匯總轉帳憑證,應根據各種轉帳憑證,按每一貸方科目設置,並分別按其對應的借方科目加以歸類。每種匯總記帳憑證,定期(如五天或十天)匯總填列一次,每月編制一張匯總記帳憑證,月終結出合計數,據以登記總分類帳。為了方便填制匯總轉帳憑證,平時填制轉帳憑證時,應使帳戶的對應關係保持一借一貸或一貸多借。

二、匯總記帳憑證帳務處理程序的記帳步驟

匯總記帳憑證帳務處理程序如圖9-3所示。

圖9-3　匯總記帳憑證帳務處理程序

說明：

①根據原始憑證或原始憑證匯總表填制專用記帳憑證；

②根據收款憑證和付款憑證逐筆登記庫存現金日記帳和銀行存款日記帳；

③根據記帳憑證或原始憑證（或原始憑證匯總表）逐筆登記各種明細分類帳；

④根據各種記帳憑證定期編制匯總記帳憑證；

⑤根據匯總記帳憑證登記總分類帳；

⑥月終，日記帳餘額及各種明細帳餘額的合計數，分別與總分類帳中有關帳戶的餘額核對相符；

⑦月終，根據總分類帳、各明細分類帳和有關資料編制財務報表。

三、匯總記帳憑證帳務處理程序舉例

【例9－3】有關資料見例9－1。

第一步，填制專用記帳憑證。

第二步，根據收款憑證、付款憑證逐筆登記庫存現金日記帳、銀行存款日記帳。

第三步，根據記帳憑證或原始憑證逐筆登記明細分類帳。

上述三個步驟的過程和結果與例9－1相同，故此處略。

第四步，根據記帳憑證定期編制匯總記帳憑證（見表9－43至表9－48）。

表9－43　　　　　　　匯總收款憑證

借方科目：庫存現金　　　　201×年12月　　　　　　第　1　號

貸方科目	金額				總帳頁數	
	1—10日 收款憑證 第　號至第　號	11—20日 收款憑證 第1號至第2號	21—31日 收款憑證 第　號至第　號	合計	借方	貸方
其他應收款		1,020		1,020		
合　計		1,020		1,020		

表9－44　　　　　　　匯總收款憑證

借方科目：銀行存款　　　　201×年12月　　　　　　第　2　號

貸方科目	金額				總帳頁數	
	1—10日 收款憑證 第　號至第　號	11—20日 收款憑證 第1號至第3號	21—31日 收款憑證 第　號至第　號	合計	借方	貸方
短期借款		10,000		10,000		
應交稅費		93,500		93,500		
主營 業務收入		550,000		550,000		
合　計		653,500		653,500		

表 9－45　　　　　　　　　　　匯總付款憑證

貸方科目：庫存現金　　　　201×年12月　　　　　　　第　3　號

借方科目	金額				總帳頁數	
	1—10日 收款憑證 第　號至第　號	11—20日 收款憑證 第　號至第　號	21—31日 收款憑證 第　號至第　號	合計	借方	貸方
銀行存款		1,000		1,000		
預付帳款	720			720		
其他應收款	500			500		
營業外支出		200		200		
合　計	1,220	1,200		2,420		

表 9－46　　　　　　　　　　　匯總付款憑證

貸方科目：銀行存款　　　　201×年12月　　　　　　　第　4　號

借方科目	金額				總帳頁數	
	1—10日 收款憑證 第1號至第8號	11—20日 收款憑證 第9號至第10號	21—31日 收款憑證 第11號至第15號	合計	借方	貸方
庫存現金	600			600		
預付帳款		2,400		2,400		
在途物資	41,000			41,000		
固定資產	25,000			25,000		
短期借款			27,000	27,000		
應付帳款			19,200	19,200		
應付職工薪酬	93,000			93,000		
應交稅費	43,160	102		43,262		
應付利息			2,000	2,000		
管理費用	4,000	600	38,200	42,800		
銷售費用	31,000			31,000		
財務費用			1,000	1,000		
製造費用			7,900	7,900		
合　計	237,760	3,102	95,300	336,162		

表 9-47　　　　　　　　　　匯總轉帳憑證
貸方科目：在途物資　　　　201×年 12 月　　　　　　　第 5 號

借方科目	金額				總帳頁數	
	1—10 日 收款憑證 第 1 號至第　號	11—20 日 收款憑證 第 6 號至第　號	21—31 日 收款憑證 第　號至第　號	合計	借方	貸方
原材料	41,000	40,000		81,000		
合　計	41,000	40,000		81,000		

表 9-48　　　　　　　　　　匯總轉帳憑證
貸方科目：原材料　　　　　201×年 12 月　　　　　　　第 6 號

貸方科目	金額				總帳頁數	
	1—10 日 收款憑證 第 2 號至第　號	11—20 日 收款憑證 第　號至第　號	21—31 日 收款憑證 第　號至第　號	合計	借方	貸方
生產成本	131,000			131,000		
管理費用	200			200		
合　計	131,200			131,200		

其餘匯總轉帳憑證填制方法與上述以「在途物資」科目、「原材料」科目為主編制的匯總轉帳憑證（見表 9-47、表 9-48）類似，限於篇幅此處省略。

第五步，根據匯總記帳憑證登記總帳。

限於篇幅，此處只列示庫存現金及銀行存款總帳的登記結果（見表 9-49、表 9-50）。

表 9-49　　　　　　　　　庫存現金　總分類帳戶

201×年		憑證		摘要	借方									貸方									借或貸	餘額								
月	日	字	號		百	十萬	萬	千	百	十	元	角	分	百	十萬	萬	千	百	十	元	角	分		百	十萬	萬	千	百	十	元	角	分
12	1			期初餘額																			借			2	0	0	0	0	0	
	31	匯總	1	1—31發生額				1	0	2	0	0	0																			
	31	匯總	3	1—31發生額													2	4	2	0	0	0										
	31	匯總	4	1—31發生額					6	0	0	0	0																			
12	31			本月合計				1	6	2	0	0	0				2	4	2	0	0	0	借			1	2	0	0	0	0	

表 9-50　　　　　　　　銀行存款　總分類帳戶

201×年		憑證		摘要	借方 百十萬千百十元角分	貸方 百十萬千百十元角分	借或貸	餘額 百十萬千百十元角分
月	日	字	號					
12	1			期初餘額			借	2 4 0 0 0 0 0 0
	31	匯總	2	1—31發生額	6 5 3 5 0 0 0 0			
	31	匯總	3	1—31發生額	1 0 0 0 0 0			
	31	匯總	4	1—31發生額		3 3 6 1 6 2 0 0		
12	31			本月合計	6 5 4 5 0 0 0 0	3 3 6 1 6 2 0 0	借	5 5 8 3 3 8 0 0

第六步，帳帳核對。（略）

第七步，結合總帳和明細帳編制財務報表。（略）

四、匯總記帳憑證帳務處理程序的優缺點及適用範圍

從上述操作過程中我們不難發現，該程序的優點是平時只填制專用憑證，無需過入總帳，定期把若干張專用記帳憑證分現收、銀收、現付、銀付及轉帳憑證歸類匯總，月終根據匯總記帳憑證一次過入總分類帳，大大簡化了登記總帳的工作。而且，由於採取的是分類且按照對應的科目進行匯總，從而該帳務處理程序還能夠反映帳戶之間的對應關係。以表 9-50 為例，貸方發生額反映的是銀行存款在 12 月份減少了 336,162 元。那麼是為何減少的呢？銀行存款總帳中雖然無法揭示這一信息，但匯總收款憑證（即匯總4）完全可以解釋。由匯總4我們可知，本月從銀行存款提取現金 600 元、預付款項 2,400 元、購買材料 41,000 元、購買固定資產 25,000 元等。也就是說，匯總記帳憑證帳務處理程序不僅可以簡化登記總帳的工作（克服了記帳憑證帳務處理程序的缺點），而且還可以反映帳戶之間的對應關係（克服了科目匯總表帳務處理程序的缺點）。不過，這種帳務處理程序在減少登記總帳工作量的同時，卻增加了一些填制匯總轉帳憑證的工作。該程序一般適用於規模較大、業務較多的企業。

第五節　日記總帳帳務處理程序

一、日記總帳帳務處理程序的特點和核算要求

日記總帳帳務處理程序的主要特點是設置日記總帳。在該程序下，記帳憑證既可以採用通用格式，也可以採用專用格式；其帳簿組織要求設置庫存現金日記帳、銀行存款日記帳、總分類帳和明細分類帳。其中還需將總分類帳設置成日記總帳格式（見表 9-51）；明細分類帳的設置與記帳憑證帳務處理程序相同。

二、日記總帳帳務處理程序的記帳步驟

日記總帳帳務處理程序如圖 9-4 所示。

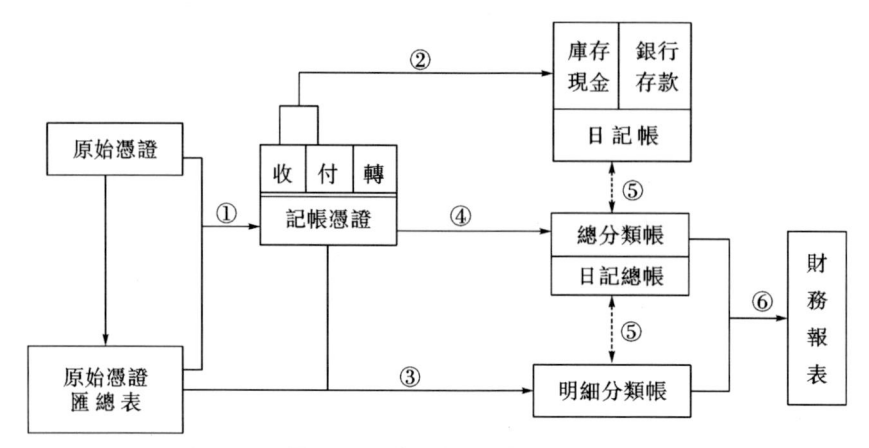

图 9-4 日記總帳帳務處理程序

說明：
①根據原始憑證或原始憑證匯總表填製記帳憑證（通用或專用）；
②根據收款憑證、付款憑證逐筆登記庫存現金日記帳和銀行存款日記帳；
③根據記帳憑證和原始憑證（或原始憑證匯總表）逐筆登記明細帳；
④根據記帳憑證逐筆登記日記總帳；
⑤月終，日記帳餘額及各種明細帳餘額的合計數，分別與總分類帳中有關帳戶的餘額核對相符；
⑥月終，根據日記總帳、各明細分類帳和有關資料編製財務報表。

表 9-51　　　　　　　　　　日記總帳

年		憑證		摘要	發生額	庫存現金		銀行存款		應收帳款		原材料		庫存商品		…
月	日	字	號			借方	貸方	借方	貸方	借方	貸方	借方	貸方	借方	貸方	

三、日記總帳帳務處理程序的優缺點及適用範圍

由表 9-51 可以看出，日記總帳是將日記帳與分類帳二者合併，因此又稱聯合帳簿。日記總帳帳務處理程序的特點就是根據記帳憑證直接登記日記總帳。日記總帳把全部會計科目都集中在一張帳頁上，可以反映每一筆經濟業務所記錄的帳戶對應關係，為檢查、分析經濟業務提供了方便，而且根據日記總帳編製財務報表也可以簡化編表工作。但是，當企事業單位的業務量較大，運用的會計科目較多時，帳頁就會過寬，給登帳工作帶來麻煩，容易導致錯行等；再者，由於是在一本帳簿中進行登記，也不

便於會計人員的分工。該帳務處理程序一般適用於規模小、業務量小且使用會計科目較少的企業。

【本章小結】

帳務處理程序就是從原始憑證的取得、匯總至記帳憑證的填制，再至日記帳、明細帳、總帳的登記，最後到財務報表編制的步驟和方法。由原始憑證填制記帳憑證、由記帳憑證登記日記帳、由記帳憑證或結合原始憑證登記明細帳，以及帳帳核對，直至編制財務報表，實務中的處理方法都是一樣的，唯獨登記總帳的依據不同，可以是根據記帳憑證逐筆登記，也可以根據記帳憑證匯總後再登記總帳，而這就形成了不同的帳務處理程序。不同的帳務處理程序各有其自身的特點，從而也就有了不同的適用性。

【閱讀材料】

當會計核算遇上人工智能

現代會計經過近百年的發展，核算與監督兩項基本職能愈發成熟。近年來，財務共享服務中心的興盛，將這種成熟推至更標準、更統一、更完善的層面。與此同時，另一個領域正不斷進步，其對大量行業的補充性或替代性作用越來越明顯，工作中似乎總是快人一步且極少出錯。

這個領域就是人工智能。

一年前，德勤發文宣布與 Kira Systems 合作，使用人工智能讀取分析財務合同及複雜文件。隨後不久，畢馬威開始與 IBM 合作，使用 Watson 認知計算技術開展審計工作。緊接著的 2016 年 8 月，中國會計學會會計信息化年會在溫州召開，會議重頭戲之一的辯論賽論題是「人工智能系統是否必將會取代人類傳統會計工作」。在剛剛步入 2017 年之時，數個學術界權威刊物和組織也相繼發起人工智能如何「入侵」會計的討論。

接踵而至的信息無不表明，會計已經不得不面對人工智能的挑戰了。對這次碰撞的結果，此時下定論還為時尚早，但不可否認的是，人工智能在基礎會計工作中，尤其是核算部分有非常可靠的實施方法，一旦成熟，將為企業節省大量財務營運成本。

人工智能定義的四個誤區

人工智能是依靠算法和程序，讓非人物體像人一樣思考和行動，同時，其思考和行動是理性的、有序的、自主的。在探索人工智能如何與會計核算結合之前，我們先瞭解什麼是人工智能及筆者總結出的研發人工智能應用的四個主要誤區：

誤區一，人工智能就是自動化。自動化古時就有，興於工業革命，是較大的概念範疇。放在今天，筆者認為人工智能只是實現自動化的一條途徑，且很多時候研發人工智能不是為了實現自動化。核算規則預制進電算化系統、預算核算造表映射、標籤式代入生成等都是實現核算自動化的方法，但它們和人工智能最大的區別在於後者能如人一般舉一反三。

誤區二，大數據是人工智能的核心。近些年人們聊互聯網，嘴上不掛著「大數據」就總覺得有所缺失。大數據是好東西，然而真正懂大數據、做大數據的是極少數。筆者認為，大數據與人工智能是兩個完全不同的領域，只能說優質的大數據庫是人工智能的基礎，而非核心。科學合理的算法模型和持之以恒的訓練態度才是做好人工智能

的關鍵所在。

誤區三，人工智能成本高昂。聽聞「人工智能」之初，總覺得何其「高大上」，企業要做相關應用，一定非常燒錢。其實不然。網上的資源非常豐富，很大部分使用起來並無障礙。算法模型也有大量書籍介紹，配合一定數學和計算機基礎，也能快速掌握基礎層面。相較錢而言，更需要的是一個願意為之努力和拼搏的團隊。

誤區四，機器學習等於人工智能。機器學習是人工智能的一個領域，不是等同關係。任何一種能鑒識、推理、執行、訓練的程序都可以稱為人工智能。若要讓機器掌握以上行為，就需要通過機器學習方式進行，但人工智能的實施主體絕不是只有機器。

如何應用人工智能

據瞭解，目前有團隊從人工智能定義出發，正在研發一款代號「AA」的軟件，目的是通過這款軟件可以實現系統自動讀取分析企業歷史帳務信息，並通過分析形成的命令流，對當下和未來的經濟事項進行自動核算，同時在這一過程中不斷完善「自我」。也許就在明年，你只需要將封裝在移動儲存介質中的「AA」插入系統，一部分的會計事項就再也不需人工作業。隨著時間的推移，「AA」懂的會計核算規則也越來越多，最終每一份憑證的會計簽名處不再是「楊某某」「翁某某」……而是「AA」（當然你也可以把名稱修改為任何你想要的）。這就是人工智能應用於會計核算的場景之一，廉價而高效，準確而穩定。

紙質文檔電子化方式

將紙上的漢字和數字轉為電子文檔的方式主要有三種：一是通過識別軟件讀取，如 OCR（文字識別軟件）；二是利用人工轉換；三是集成機器學習，直接臨摹。第三種方式近年發展緩慢，技術問題也較多，遠沒到可直接應用的地步，因此我們通常採用第一和第二種方式結合的途徑開展關鍵詞電子化工作。當紙質憑證經過掃描成為影像時，「AA」的「眼睛」——OCR 開始工作，先識別影像的版式，這一步主要確定原始憑證種類關鍵詞，解析出「入庫單」「清單」或「合同」……再讀取重要信息關鍵詞，列示出發票項目「辦公用品」，或清單金額「500 元」，或差旅明細表中人數「3」……最後與核算科目形成的關鍵詞通過算法進行匹配，計算出相關性百分比，鎖定核算科目。

然而，OCR 要達到非常高的準確率需要不斷進行全干涉訓練，且這項技術從現在來看，離企業財務信息差錯底線還有一定距離，對無法識別的關鍵詞需要依靠人工提取。財務眾包模式是性價比最高的人工提取手段。當 OCR 不能識別時會給「AA」大腦返回相關命令，「AA」隨即將不能識別的部分接入財務眾包平臺，眾包商根據平臺提示補充完整關鍵詞信息。隨著時間的推移，OCR 可被訓練得越發靈敏，且國家正力推電子發票，相信在不久的將來，全自動化的滿足所有場景的人工智能會計核算軟件就能問世。

「AA」工作的最後一步是將核算完成的信息接入企業帳務系統，生成總帳、明細帳及相關報表。我們正在暢想並為之努力，能在有一天，把「AA」打造為機器人，行走在職場中，任何財務需求只需一個響指便來到你身邊，溫柔地說：「你好，我是 AA，有什麼可以幫你？」你用移動儲存介質無線導入經濟事項的相關附件，「AA」即刻完成財務工作，多麼美好！

資料來源：翁崇凌，王澤. 當會計核算遇上人工智能［N］. 中國會計報，2017－03－24.

第十章

財務報告

【結構框架】

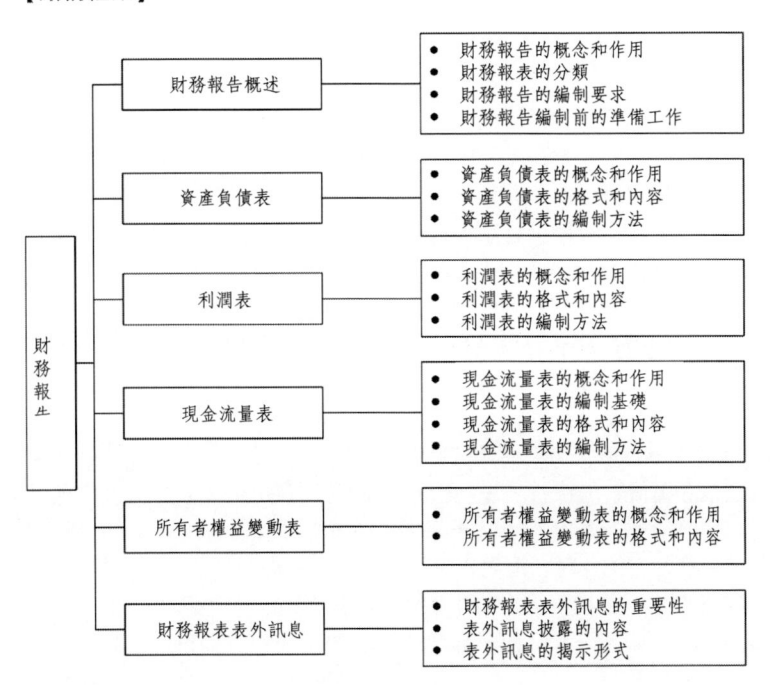

```
                            ┌─ 財務報告的概念和作用
                            ├─ 財務報表的分類
         ┌─ 財務報告概述 ───┤
         │                  ├─ 財務報告的編製要求
         │                  └─ 財務報告編製前的準備工作
         │
         │                  ┌─ 資產負債表的概念和作用
         ├─ 資產負債表 ─────┼─ 資產負債表的格式和內容
         │                  └─ 資產負債表的編製方法
         │
         │                  ┌─ 利潤表的概念和作用
財務     ├─ 利潤表 ─────────┼─ 利潤表的格式和內容
報告     │                  └─ 利潤表的編製方法
         │
         │                  ┌─ 現金流量表的概念和作用
         │                  ├─ 現金流量表的編製基礎
         ├─ 現金流量表 ─────┤
         │                  ├─ 現金流量表的格式和內容
         │                  └─ 現金流量表的編製方法
         │
         │                      ┌─ 所有者權益變動表的概念和作用
         ├─ 所有者權益變動表 ───┤
         │                      └─ 所有者權益變動表的格式和內容
         │
         │                      ┌─ 財務報表表外訊息的重要性
         └─ 財務報表表外訊息 ───┼─ 表外訊息披露的內容
                                └─ 表外訊息的揭示形式
```

【學習目標】

通過本章的學習，讓學生瞭解財務報告的含義、種類、作用和編製要求；重點掌握資產負債表和利潤表的格式、編製原理、內容和編製方法；理解現金流量表、所有者權益變動表和表外信息的基本內容。

第一節　財務報告概述

一、財務報告的概念和作用

　　財務報告（Financial Report）是對企業財務狀況、經營成果和現金流量的結構性表述的書面文件，又稱為財務會計報告。2014年1月26日，財政部發布了修訂版《企業會計準則第30號——財務報表列報》（財會〔2014〕7號），規定自2014年7月1日起在所有執行企業會計準則的企業範圍內施行，鼓勵在境外上市的企業提前執行，2006年2月15日發布的《企業會計準則第30號——財務報表列報》同時廢止。按修訂版《企業會計準則第30號——財務報表列報》和《企業財務會計報告條例》的規定，財務報告由基本財務報表和財務報表表外信息（附註、附表等）組成。編制財務報告是會計核算的基本方法之一。中國《企業財務會計報告條例》規定：企業不得編制和對外提供虛假的或隱瞞重要事實的財務報告；企業負責人對本企業財務報告的真實性、完整性負責。

　　企業等單位雖然對發生的每一項經濟業務按照會計核算的要求進行了有關會計確認、計量、記錄，填寫和審核了會計憑證，並分類登記到有關的會計帳簿中，形成了相應的分類會計信息；但是，會計帳簿中記錄的信息仍然是分散的，不能系統、直觀而又概括地提供信息資料。因此，必須定期將帳簿中的資料進行進一步的加工和處理，編制成財務報告，全面、綜合地提供企業的財務狀況、經營成果和現金流量等相關會計信息，以供其利益相關者決策使用。財務報告的作用主要體現在以下幾個方面：

1. 為企業的投資者和潛在投資者進行投資決策提供信息資料

　　企業的投資者（包括潛在投資者）需要通過財務報告來分析企業的盈利能力以及投入資本的保值增值情況。只有投資者認為企業有著良好的發展前景，企業的所有者才會保持或增加投資，潛在投資者才能把資金投向該企業。

2. 為企業的債權人進行信貸決策提供信息資料

　　企業債權人包括企業借款的銀行和一些金融機構以及購買企業債券的單位與個人等。一般而言，企業的債權人需要通過財務報告來研究企業償債能力的大小，評價對企業的借款或其他債權是否能及時、足額收回。

3. 為政府有關部門對企業進行檢查和監督提供信息資料

　　財政、稅務、審計和工商等政府相關部門通過企業財務報告提供的信息，可以檢查監督企業資金的使用是否合法、合理，利潤的計算和分配是否符合國家法律和會計制度的規定，稅金的計算和繳納是否符合稅法的規定，從而有助於相關部門對企業實施管理和監督。

4. 為企業管理當局和員工加強企業經營管理提供信息資料

　　企業管理當局通過財務報告可以瞭解企業財務狀況的好壞、經營業績的優劣以及現金的流動情況，以分析目前經營管理中存在的問題與不足並找出原因，從而採取有效措施解決這些問題，使企業不僅利用現有資源獲取更多盈利，而且使企業盈利能力保持持續增長。

二、財務報表的分類

不同行業和規模的企業，由於其反映的經濟內容和管理的要求不盡相同，所編制的財務報表的種類也各異，所以財務報表需要從不同角度進行分類。

1. 按反映的經濟內容劃分

（1）財務狀況報表。這類報表主要是用以總括反映企業財務狀況及其變動情況，主要包括資產負債表、現金流量表和所有者權益變動表等。

（2）經營成果報表。這類報表主要是用以總括反映企業一定期間經營成果，主要包括利潤表等。

（3）成本費用報表。這類報表主要是用以總括反映企業生產經營過程中有關成本費用的形成情況，主要包括製造費用表、期間費用表和單位產品成本表等。

2. 按反映的資金運動狀況劃分

（1）靜態報表。靜態報表反映的是企業在特定時點的財務狀況，如資產負債表等。

（2）動態報表。動態報表反映的是企業在一定期間內資金循環與週轉的情況，如利潤表、現金流量表和所有者權益變動表等。

3. 按編制的時間劃分

（1）中期財務報表。中期財務報表是以短於一個完整會計年度的報告期間為基礎編制的財務報表，包括月報、季報、半年報等。月報要求簡明扼要，反映及時；季報和半年報在會計信息的詳細程度方面，則介於月報和年報之間。中期財務報表一般包括資產負債表、利潤表和現金流量表。

（2）年度財務報表。年度財務報表是以一個完整會計年度的報告期間為基礎編制的財務報表，一般包括資產負債表、利潤表、現金流量表、所有者權益變動表和財務報表表外信息。年報要求揭示完整，反映全面。

4. 按編制的會計主體劃分

（1）個別財務報表。個別財務報表是指各會計主體在日常會計核算的基礎上，對帳簿記錄進行加工而編制的財務報表。

（2）合併財務報表。合併財務報表是以母公司和子公司組成的企業集團為會計主體，根據母公司和所屬子公司的個別財務報表，由母公司編制的綜合反映企業集團財務狀況、經營成果和現金流量的財務報表。

5. 按報送的對象劃分

（1）內部報表。內部報表是指為適應企業內部經營管理需要編制的、不對外公布的財務報表，一般不需要規定統一的格式，如成本費用報表。

（2）外部報表。外部報表是指為企業投資者、債權人、政府有關部門和社會公眾等外部信息使用者提供的財務報表，一般有統一的格式，如資產負債表、利潤表、現金流量表、所有者權益變動表和財務報表表外信息等。

三、財務報告的編制要求

為了使財務報告能夠最大限度地滿足信息使用者的需求，實現編制財務報告的基本目的，充分發揮會計信息的作用，企業在編制財務報告時應符合以下要求：

1. 數字真實

根據客觀性原則的要求，企業應當以實際發生的交易或者事項為依據進行會計確

認、計量和報告，如實反映符合確認和計量要求的各項會計要素及其相關信息，保證會計信息真實可靠，內容完整。因此，財務報告必須根據審核無誤的帳簿記錄和相關資料編制，不得以任何方式弄虛作假，報告中的信息必須建立在真實可靠的基礎上，以免誤導信息使用者。

2. 內容完整

企業提供的財務報告反映的會計信息必須內容完整，以滿足各類信息使用者的不同需要。對外提供的財務報告應該按照企業會計準則規定的格式和內容填報，特別是某些重要事項，應當按要求在財務報表附註中予以說明，不得漏編漏報。

3. 編報及時

財務報告必須按照規定的期限和程序，及時編制和報送，以保證報告的及時性。因此，必須加強日常會計核算工作，不能為趕編財務報告而提前結帳，更不應為了提前報送而影響報告質量。

4. 便於理解

財務報告提供的信息應該清晰明了，便於理解，需要加以說明的問題，應附有簡要的文字說明。但財務報告信息畢竟是一種專業性較強的信息產品，信息使用者若具有一定的企業經營活動和會計方面的相關知識，會更容易理解和利用財務信息。

四、財務報告編制前的準備工作

在編制財務報告前，需要完成以下工作：①嚴格審核會計帳簿的記錄和有關資料；②進行全面財產清查、核實債務，發現問題，應及時查明原因，按規定程序報批後，進行相應的財務處理；③按規定的結帳日結帳，結出有關會計帳簿的發生額和餘額，並核對各會計帳簿之間的餘額；④檢查相關的會計核算是否按照國家統一會計制度的規定進行；⑤檢查是否存在因會計差錯、會計政策變更等原因需要調整前期或本期相關項目的情況等。

第二節　資產負債表

一、資產負債表的概念和作用

資產負債表（Balance Sheet）是指反映企業某一特定時點（如月末、季末、年末）財務狀況的財務報表。它是根據「資產＝負債＋所有者權益」的會計等式，依照一定的分類標準和一定的順序，對企業一定日期的資產、負債和所有者權益項目予以適當安排，按一定的要求編制而成。由於報表中的數據反映的是特定時點的狀況，所以該表屬於靜態報表。

資產負債表屬於企業基本財務報表之一，其主要作用表現在以下幾方面：

（1）反映企業擁有的資產總額和構成狀況。通過資產負債表，可以分析企業在某一特定時點所擁有的經濟資源以及分布情況。

（2）反映企業資金的來源渠道和結構狀況。通過資產負債表，可以分析企業負債和所有者權益的構成情況，投資者和債權人據此評價其資本結構的合理性。

（3）反映企業的財務狀況和償債能力等信息。報表使用者根據資產負債表掌握企業的財務狀況，評判其償還債務的能力，從而為投資和信貸決策提供參考。

二、資產負債表的格式和內容

目前，國際上流行的資產負債表格式主要有帳戶式和報告式兩種。

（一）帳戶式資產負債表

根據中國《企業會計準則》的規定，企業資產負債表採用帳戶式格式，如表10-1所示。

表 10-1　　　　　　　　　　　　　　資產負債表

編製單位：　　　　　　　　　　　　年　月　日　　　　　　　　　　　　單位：元

資　產	期末餘額	年初餘額	負債和所有者權益	期末餘額	年初餘額
流動資產：			流動負債：		
貨幣資金			短期借款		
以公允價值計量且其變動			以公允價值計量且其變動		
計入當期損益的金融資產			計入當期損益的金融負債		
應收票據			應付票據		
應收帳款			應付帳款		
預付款項			預收款項		
應收利息			應付職工薪酬		
應收股利			應交稅費		
其他應收款			應付利息		
存貨			應付股利		
一年內到期的非流動資產			其他應付款		
其他流動資產			一年內到期的非流動負債		
流動資產合計			其他流動負債		
非流動資產：			流動負債合計		
可供出售金融資產			非流動負債：		
持有至到期投資			長期借款		
長期應收款			應付債券		
長期股權投資			長期應付款		
投資性房地產			專項應付款		
固定資產			預計負債		
在建工程			遞延收益		
工程物資			遞延所得稅負債		
固定資產清理			其他非流動負債		
生產性生物資產			非流動負債合計		
油氣資產			負債合計		
無形資產			所有者權益：		
開發支出			實收資本		
商譽			資本公積		
長期待攤費用			減：庫存股		
遞延所得稅資產			其他綜合收益		
其他非流動資產			盈餘公積		
非流動資產合計			未分配利潤		
			所有者權益合計		
資產總計			負債和所有者權益總計		

這種格式的資產負債表根據「資產＝負債＋所有者權益」這一會計等式，以等號為界，將資產項目列在表的左側，負債和所有者權益列在表的右側，且資產帳戶的餘額一般在借方，負債和所有者權益帳戶的餘額一般在貸方，從而形成了借貸記帳法下T型帳戶的基本格式。資產負債表由表頭和表體兩部分構成。表頭部分應列明報表名稱、編表單位名稱、資產負債表日和人民幣金額單位；表體部分反映資產、負債和所有者權益的內容。

帳戶式資產負債表的左方為資產項目，按資產的流動性（變現能力）大小排列，流動資產在前，非流動資產在後。在流動資產和非流動資產各項目中也是按照流動性順序排列，如「貨幣資金」「交易性金融資產」等排在前面，「長期股權投資」「固定資產」等則排在後面。

帳戶式資產負債表的右方為負債和所有者權益項目，一般按求償權先後順序排列，負債在前，所有者權益在後。負債項目的排列順序是流動負債在前，非流動負債在後，在流動負債和非流動負債各項目中也是按照流動性排列的。所有者權益項目按權益的永久程度高低排列，永久程度高的在前，低的在後，它們依次是實收資本、資本公積、盈餘公積和未分配利潤。

（二）報告式資產負債表

報告式資產負債表是上下結構，資產、負債和所有者權益項目是採用上下垂直排列的形式，使用的是「資產－負債＝所有者權益」的會計等式，突出表現的是企業所有者權益的情況。其簡化格式如表10－2所示。

表10－2　　　　　　　　　　　　資產負債表
編製單位：　　　　　　　　　　　年　月　日　　　　　　　　　　單位：元

項　　目	期末餘額	年初餘額
資產： 各明細項目…… 資產總計 負債： 各明細項目…… 負債總計 所有者權益： 各明細項目…… 所有者權益總計		

報告式資產負債表雖然便於按順序閱讀，但如果報表內容過多，會使報表顯得過長。這種格式中國一般不採用。

三、資產負債表的編制方法

資產負債表各項目的金額分為「年初餘額」和「期末餘額」兩欄，其中「年初餘額」欄內各項目金額應根據上年末資產負債表的「期末餘額」直接填列。若本年度資產負債表中規定的各項目名稱和內容與上年度不一致，應對上年年末資產負債表各項目的名稱和數字按照本年度的規定進行調整，再將調整後的金額填入表中的「年初餘

額」欄。「期末餘額」各項目金額根據有關帳戶的期末餘額直接或分析計算填列。應當說明的是，「報表項目」與「會計帳戶」不是同一個概念，資產負債表中有的項目與相關會計帳戶的內容不完全相同，因此這些項目的金額不能直接根據帳戶的期末餘額填列，而應根據報表項目的特定要求，對帳簿資料進行整理、加工、分析和計算後才能填列。具體填列方法有如下幾種：

1. 根據總帳帳戶期末餘額直接填列

資產負債表中的大部分項目，都可根據總帳帳戶的期末餘額直接填列。

在資產負債表中主要有下列項目是根據這種方法填列的：

（1）資產類項目，包括交易性金融資產、應收票據、應收股利、應收利息、可供出售金融資產、固定資產清理、開發支出、商譽和遞延所得稅資產等。其中固定資產清理帳戶的期末餘額如果在貸方，以「－」號填列，即填負數。

（2）負債類項目，包括短期借款、交易性金融負債、應付票據、應付職工薪酬、應交稅費、應付利息、應付股利、其他應付款、遞延所得稅負債等。其中應付職工薪酬、應交稅費等帳戶的期末餘額如果在借方，以「－」號填列。

（3）所有者權益類項目，包括實收資本、資本公積、盈餘公積等。如果資本公積帳戶餘額在借方，則以「－」號填列。

例如，某企業「交易性金融資產」總帳餘額借方300,000元，「應付職工薪酬」總帳借方餘額50,000元，「實收資本」總帳貸方餘額1,000,000元，那麼資產負債表中的「交易性金融資產」為300,000元，「應付職工薪酬」為-50,000元，「實收資本」為1,000,000元。

2. 根據若干總帳帳戶期末餘額計算填列

資產負債表中的某些項目，需要根據若干個總帳帳戶的期末餘額計算填列，主要包括以下一些項目：

（1）資產類「貨幣資金」項目，應根據「庫存現金」「銀行存款」「其他貨幣資金」三個帳戶的期末借方餘額合計數填列。

例如，某企業「庫存現金」帳戶餘額為2,000元，「銀行存款」帳戶餘額為300,000元，「其他貨幣資金」帳戶餘額為6,000元，那麼資產負債表中的「貨幣資金」應為308,000元。

（2）資產類「存貨」項目，應根據「在途物資（材料採購）」「原材料」「週轉材料」「生產成本」「庫存商品」「委託加工物資」「發出商品」「材料成本差異」等帳戶的期末餘額合計數減去「存貨跌價準備」帳戶的期末貸方餘額後的金額填列。

例如，某企業201×年8月份「原材料」帳戶期末借方餘額為200,000元，「庫存商品」帳戶期末借方餘額為240,000元，「生產成本」帳戶期末借方餘額為60,000元，「存貨跌價準備」帳戶期末貸方餘額為10,000元，則本月資產負債表中「存貨」項目的期末金額＝200,000＋240,000＋60,000－10,000＝490,000元。

（3）所有者權益類的「未分配利潤」項目，在月報和季報的編制中，是根據「本年利潤」和「利潤分配」帳戶餘額所在的方向合併或抵減填列。如果是編制年報，由於年末「本年利潤」帳戶的餘額已經轉到了「利潤分配」帳戶，所以資產負債表年報中的「未分配利潤」項目直接根據「利潤分配」帳戶年末的貸方餘額填列。如果「利

潤分配」帳戶年末餘額在借方，則應加「－」號再填入資產負債表中的未分配利潤項目。

例如，某企業201×年10月末「本年利潤」帳戶貸方餘額248,000元，「利潤分配」帳戶借方餘額90,000元，那麼資產負債表中所有者權益類的「未分配利潤」項目期末金額＝248,000－90,000＝158,000元。

3. 根據總帳帳戶期末餘額減去備抵帳戶或加上附加帳戶期末餘額後的淨額填列

（1）資產類「固定資產」項目，應根據「固定資產」帳戶期末借方餘額分別減去「累計折舊」和「固定資產減值準備」帳戶期末貸方餘額後的金額填列。

例如，某企業某月末「固定資產」帳戶借方餘額1,000,000元，「累計折舊」帳戶貸方餘額60,000元，「固定資產減值準備」帳戶貸方餘額100,000元，那麼資產負債表中的「固定資產」項目期末金額＝1,000,000－60,000－100,000＝840,000元。

（2）資產類「應收帳款」項目，應根據「應收帳款」帳戶的期末餘額減去「壞帳準備」帳戶餘額填列。

（3）資產類「長期股權投資」項目，應根據「長期股權投資」帳戶的期末借方餘額減去「長期股權投資減值準備」帳戶的貸方餘額後的金額填列。

（4）資產類「在建工程」項目，應根據「在建工程」帳戶的期末借方餘額減去「在建工程減值準備」帳戶的貸方餘額後的金額填列。

（5）資產類「無形資產」項目，應根據「無形資產」帳戶的期末借方餘額分別減去「累計攤銷」和「無形資產減值準備」兩個帳戶貸方餘額後的金額填列。

4. 根據明細帳戶期末餘額分析計算填列

這主要是針對「應收帳款」「預付款項」和「應付帳款」「預收款項」四個項目，其具體編制方法是：

（1）應收帳款項目。「應收帳款」項目的數據，應根據「應收帳款」總帳所屬明細帳戶的期末借方餘額合計，加上「預收帳款」總帳所屬明細帳戶的期末借方餘額合計數後的總計數填列。

（2）預付款項項目。「預付款項」項目的數據，應根據「預付帳款」總帳所屬明細帳戶的期末借方餘額合計，加上「應付帳款」帳戶所屬明細帳戶的期末借方餘額合計數後的總計數填列。

（3）應付帳款項目。「應付帳款」項目的數據，應根據「應付帳款」總帳所屬明細帳戶的期末貸方餘額合計，加上「預付帳款」帳戶所屬明細帳戶的期末貸方餘額合計數後的總計數填列。

（4）預收款項項目。「預收款項」項目的數據，應根據「預收帳款」總帳所屬明細帳戶的期末貸方餘額合計，加上「應收帳款」帳戶所屬明細帳戶的期末貸方餘額合計數後的總計數填列。

5. 根據總帳帳戶和明細帳戶期末餘額分析計算填列

有些項目，既不能按總帳帳戶期末餘額直接或計算填列，也不能按明細帳戶期末餘額直接或計算填列，而需要分析總帳帳戶和明細帳戶期末餘額後再計算填列。

（1）資產類項目中的「長期應收款」「長期股權投資」「長期待攤費用」，應根據「長期應收款」「長期股權投資」和「長期待攤費用」總帳帳戶的期末餘額減去一年內到期的長期應收款、長期股權投資和長期待攤費用後的餘額填列。一年內到期的金額

填入「一年內到期的非流動資產」項目中。

（2） 負債類項目中的「長期借款」「應付債券」「長期應付款」「預計負債」項目，應根據「長期借款」「應付債券」「長期應付款」「預計負債」總帳帳戶的期末餘額減去明細帳中一年內到期的長期借款、應付債券、長期應付款、預計負債後的餘額填列。一年內到期的金額填入「一年內到期的非流動負債」項目中。

例如，某企業 201×年 12 月「長期待攤費用」總帳帳戶的期末餘額 400,000 元，其中，將於一年內攤銷的數額為 120,000 元，那麼在資產負債表中「長期待攤費用」280,000 元，將於一年內攤銷的 120,000 元應列示在流動資產類下的「一年內到期的非流動資產」中。

例如，旭日公司 201×年 12 月 31 日全部總帳帳戶和所屬有關明細帳戶借貸方餘額（單位：元） 如表 10－3 所示。

表 10－3　　　　旭日公司總帳和有關明細帳戶餘額表　　　　單位：元

總　帳	明細帳	借方餘額	貸方餘額	總　帳	明細帳	借方餘額	貸方餘額
庫存現金		5,000		短期借款			230,000
銀行存款		300,000		應付帳款			500,000
其他貨幣資產		10,000			E 公司		520,000
交易性金融資產		100,000			F 公司	20,000	
應收票據		80,000		預收帳款			30,000
應收帳款		160,000			G 公司		70,000
	A 公司	200,000			H 公司	40,000	
	B 公司		40,000	應付職工薪酬			425,000
預付帳款		75,000		應交稅費		60,000	
	C 公司	100,000		應付股利			100,000
	D 公司		25,000	其他應付款			20,000
在途物資		250,000		長期借款			1,800,000
原材料		595,000		實收資本			3,000,000
生產成本		52,000		資本公積			80,000
庫存商品		400,000		盈餘公積			150,000
固定資產		4,260,000		利潤分配	未分配利潤		132,000
累計折舊			400,000				
無形資產		600,000					
累計攤銷			80,000				
				總計		6,947,000	6,947,000

補充說明：該公司尚未對企業的應收帳款計提壞帳準備，長期借款中有一筆去年 7 月 1 日借入的兩年期借款，該筆借款為 500,000 元。

根據上述資料編制資產負債表，見表 10－4。

表 10-4 資產負債表

編製單位：旭日公司　　　　　201×年 12 月 31 日　　　　　　　　　　單位：元

資　產	期末餘額	年初餘額	負債和所有者權益	期末餘額	年初餘額
流動資產：			流動負債：		
貨幣資金	315,000		短期借款	230,000	
以公允價值計量且其變動			以公允價值計量且其變動		
計入當期損益的金融資產	100,000		計入當期損益的金融負債		
應收票據	80,000		應付票據		
應收帳款	240,000		應付帳款	545,000	
預付款項	120,000		預收款項	110,000	
應收利息			應付職工薪酬	425,000	
應收股利		略	應交稅費	-60,000	略
其他應收款	1,297,000		應付利息		
存貨			應付股利	100,000	
一年內到期的非流動資產			其他應付款	20,000	
其他流動資產			一年內到期的非流動負債	500,000	
流動資產合計	2,152,000		其他流動負債		
非流動資產：			流動負債合計	1,870,000	
可供出售金融資產			非流動負債：		
持有至到期投資			長期借款	1,300,000	
長期應收款			應付債券		
長期股權投資			長期應付款		
投資性房地產	3,860,000		專項應付款		
固定資產			預計負債		
在建工程			遞延收益		
工程物資			遞延所得稅負債		
固定資產清理			其他非流動負債		
生產性生物資產			非流動負債合計	1,300,000	
油氣資產			負債合計	3,170,000	
無形資產	520,000		所有者權益：		
開發支出			實收資本	3,000,000	
商譽			資本公積	80,000	
長期待攤費用			減：庫存股		
遞延所得稅資產			其他綜合收益		
其他非流動資產			盈餘公積	150,000	
非流動資產合計	4,380,000		未分配利潤	132,000	
			所有者權益合計	3,362,000	
資產總計	6,532,000		負債和所有者權益總計	6,532,000	

第三節　利潤表

一、利潤表的概念和作用

利潤表（Income Statement）又稱損益表，是反映企業在一定會計期間（如年度、季度或月度）經營成果（或虧損）的財務報表。它是根據「收入－費用＝利潤」的會計等式，依照收入、費用、利潤的一定次序編制而成的，反映一定時期利潤形成過程的動態報表。其主要作用表現在如下幾方面：

1. 提供反映企業經營業績的信息

利潤指標是企業生產經營活動中管理績效的集中表現，投資者據此可以考核評價管理當局受託經營責任的履行情況，以及判斷資本保值增值情況。通過利潤表，可以瞭解企業不同業務的財務成果信息，分析評價各方面的經營業績，並與同行業企業進行對比。

2. 提供反映企業盈利能力的信息

企業盈利能力是信息使用者進行相關經濟決策的重要依據。盈利能力通常體現為企業經營業績和其相關指標之間的比率關係，利潤表為評價指標的計算提供了基礎數據，可以據此評價企業盈利能力的大小。

3. 提供反映企業經營成果分配依據的信息

現代企業是投資者等「外部」集團和管理當局等「內部」集團的共同體，股東的股利、債權人的本息、政府的稅收、員工的薪酬、管理人員的獎金等都與利潤直接相關。利潤指標在企業經營成果分配方面起著重要作用，其數額大小將直接影響到企業利益相關者的切身利益。

二、利潤表的格式和內容

利潤表的格式主要有單步式和多步式兩種。

（一）單步式利潤表

單步式利潤表的基本特點是將本期發生的所有收入匯集在一起，將所有的成本費用匯集在一起，然後將總收入減去總成本費用得出本期利潤。其格式見表10－5。

表 10-5　　　　　　　　　　　利潤表
編製單位：　　　　　　　　　　年　月　　　　　　　　　　　　單位：元

項　　目	期末餘額	年初餘額
一、收入		
營業收入		
投資收益		
公允價值變動淨收益		
營業外收入		
收入總計		
二、費用		
營業成本		
稅金及附加		
銷售費用		
管理費用		
財務費用		
資產減值損失		
營業外支出		
所得稅費用		
費用總計		
三、淨利潤		

單步式利潤表格式簡單，編制方便，讀者容易理解。但是，它不能準確反映利潤形成的過程及各種收入與相應成本費用之間的關係，不能為深入分析提供更多的信息。

(二) 多步式利潤表

多步式利潤表是分步驟地將收入與成本費用加以歸類，按利潤形成的主要環節列示一些中間性的利潤指標，如營業利潤、利潤總額、淨利潤，從而得出各步驟的利潤額。中國《企業會計準則》規定，應採用多步式利潤表格式。2014 年 7 月 1 日開始施行的《企業會計準則第 30 號——財務報表列報》規定：在利潤表中增設「其他綜合收益」和「綜合收益總額」兩個項目。其基本計算步驟如下：

1. 計算營業利潤

營業利潤 = 營業收入 − 營業成本 − 稅金及附加 − 銷售費用 − 管理費用 − 財務費用 − 資產減值損失 + 公允價值變動收益 + 投資收益

2. 計算利潤總額

利潤總額 = 營業利潤 + 營業外收入 − 營業外支出

3. 計算淨利潤

淨利潤 = 利潤總額 − 所得稅費用

普通股或潛在普通股已公開交易的企業，以及正處於公開發行普通股或潛在普通股過程中的企業，還應當在利潤表中列示每股收益信息。

多步式利潤表格式見表 10-6。

表 10-6　　　　　　　　　　　　　　利潤表

編製單位：　　　　　　　　　　　　　年　月　　　　　　　　　　　　單位：元

項　　目	本期金額	上期金額
一、營業收入		
減：營業成本		
稅金及附加		
銷售費用		
管理費用		
財務費用		
資產減值損失		
加：公允價值變動收益（損失以「－」號填列）		
投資收益（損失以「－」號填列）		
其中：對聯營企業和合併企業的投資收益		
二、營業利潤（虧損以「－」號填列）		
加：營業外收入		
減：營業外支出		
其中：非流動資產處置損失		
三、利潤總額（虧損總額以「－」號填列）		
減：所得稅費用		
四、淨利潤（淨虧損總額以「－」號填列）		
五、其他綜合收益的稅後淨額		
（一）以後不能重分類進損益的其他綜合收益		
1. 重新計量設定受益計劃淨負債或淨資產的變動		
2. 權益法下在被投資單位不能重分類進損益的其他綜合收益中享有的份額		
（二）以後將重分類進損益的其他綜合收益		
1. 權益法下在被投資單位以後將重分類進損益的其他綜合收益中享有的份額		
2. 可供出售金融資產公允價值變動損益		
3. 持有至到期投資重分類為可供出售金融資產損益		
4. 現金流量套期損益的有效部分		
5. 外幣財務報表折算差額		
……		
六、綜合收益總額		
七、每股收益		
（一）基本每股收益		
（二）稀釋每股收益		

　　多步式利潤表是通過對不同性質的收入和費用類別進行對比，列示多個層次的利潤指標，便於報表使用者正確評價企業管理當局績效和預測未來盈利能力，但其格式較單步式利潤表複雜。利潤表通常包括表頭和表體兩部分。表頭應列明報表名稱、編表單位名稱、財務報表涵蓋的會計期間和金額單位等內容；利潤表的表體，反映形成經營成果的各個項目和計算過程。

三、利潤表的編制方法

利潤表各項目的金額分為「本期金額」和「上期金額」兩欄，其中「上期金額」欄內各項目金額，應根據上年該期利潤表的「本期金額」直接填列，若本年度利潤表中規定的各項目名稱和內容與上年該期不一致，應對上年該期利潤表各項目的名稱和數字按照本年度的規定進行調整，再將調整後的金額填入表中的「上期金額」欄。「本期金額」各項目金額根據損益類帳戶的發生額直接或分析計算填列。具體填列方法有如下幾種：

（1）「營業收入」項目。本項目應根據「主營業務收入」和「其他業務收入」帳戶本期貸方發生額的合計數填列。若發生銷售退回和銷售折讓等借方發生額，則應抵減。

（2）「營業成本」項目。本項目應根據「主營業務成本」和「其他業務成本」帳戶本期借方發生額的合計數填列。若發生銷售退回和銷售折讓等貸方發生額，則應抵減。

（3）「稅金及附加」項目。本項目反映企業經營活動應負擔的消費稅、城市維護建設稅、資源稅、土地增值稅、房產稅、車船稅、土地使用稅、印花稅和教育費附加等，應根據「稅金及附加」帳戶的發生額分析填列。

（4）「銷售費用」項目。本項目反映企業在銷售過程中發生的廣告費、運輸費等，應根據「銷售費用」帳戶的發生額分析填列。

（5）「管理費用」項目。本項目反映企業發生的管理費用，應根據「管理費用」帳戶的發生額分析填列。

（6）「財務費用」項目。本項目反映企業發生的財務費用，應根據「財務費用」帳戶的發生額分析填列。

（7）「資產減值損失」項目。本項目反映企業確認的資產減值損失，應根據「資產減值損失」帳戶的發生額分析填列。

（8）「公允價值變動損益」項目。本項目反映企業確認的交易性金融資產或交易性金融負債的公允價值變動額，應根據「公允價值變動損益」帳戶的發生額分析填列。

（9）「投資收益」項目。本項目反映企業以各種方式對外投資所取得的收益，應根據「投資收益」帳戶的發生額分析填列。若為投資損失，以「－」號填列。

（10）「營業外收入」項目和「營業外支出」項目。這兩個項目是反映企業發生的與其生產經營無直接關係的各項收入和支出，應分別根據「營業外收入」帳戶和「營業外支出」帳戶的發生額分析填列。

（11）「利潤總額」項目。本項目反映企業實現的利潤總額。若為虧損總額，以「－」號填列。

（12）「所得稅費用」項目。本項目反映企業按規定從本期損益中減去的所得稅，應根據「所得稅費用」帳戶的發生額分析填列。

（13）「淨利潤」項目。本項目反映企業實現的淨利潤。若為淨虧損，以「－」號填列。

(14)「其他綜合收益的稅後淨額」項目。本項目反映企業根據企業會計準則規定未在損益中確認的各項利得和損失扣除所得稅影響後的淨額，主要包括可供出售金融資產產生的利得（或損失）、按照權益法核算的在被投資單位其他綜合收益中所享有的份額等。

(15)「綜合收益總額」項目。本項目反映企業淨利潤與其他綜合收益的合計金額。綜合收益是企業在一定時期內除所有者投資和對所有者分配等與所有者之間的資本業務之外的交易或其他事項所形成的所有者權益的變化額。綜合收益的構成包括淨利潤和其他綜合收益兩部分。前者是企業已實現並已確認的收益，後者是企業未實現但根據會計準則的規定已確認的收益。

(16)「每股收益」項目。企業應當按照屬於普通股股東的當期淨利潤，除以發行在外普通股的加權平均數計算「基本每股收益」。企業存在稀釋性潛在普通股的，應當分別調整歸屬於普通股股東的當期淨利潤和發行在外普通股的加權平均數，並據以計算「稀釋每股收益」。

例如，旭日公司201×年有關損益類帳戶的發生額資料如表10-7所示。

表 10-7　　　　　　旭日公司201×年損益類帳戶資料　　　　　單位：元

帳戶名稱	借方發生額	貸方發生額
主營業務收入		9,000,000
其他業務收入		40,000
投資收益		150,000
營業外收入		350,000
主營業務成本	5,000,000	
稅金及附加	450,000	
其他業務成本	20,000	
銷售費用	25,000	
管理費用	850,000	
財務費用	15,000	
資產減值損失	10,000	
營業外支出	180,000	
所得稅費用	747,500	

根據表10-7中的數據，編製的利潤表如表10-8所示。

表 10-8　　　　　　　　　　　利潤表

編製單位：旭日公司　　　　　　201×年　　　　　　　　　　單位：元

項　目	本期金額	上期金額
一、營業收入	9,040,000	
減：營業成本	5,020,000	
稅金及附加	450,000	
銷售費用	25,000	
管理費用	850,000	
財務費用	15,000	
資產減值損失	10,000	
加：公允價值變動收益		
投資收益	150,000	
其中：對聯營企業和合併企業的投資收益		
二、營業利潤（虧損以「－」號填列）	2,820,000	
加：營業外收入	350,000	
減：營業外支出	180,000	
其中：非流動資產處置損失		
三、利潤總額（虧損總額以「－」號填列）	2,990,000	
減：所得稅費用	747,500	
四、淨利潤（淨虧損總額以「－」號填列）	2,242,500	
五、其他綜合收益的稅後淨額		
六、綜合收益總額		
七、每股收益		
（一）基本每股收益		
（二）稀釋每股收益		

第四節　現金流量表

一、現金流量表的概念和作用

　　現金流量表（Cash Flow Statement）是以收付實現制為基礎編制的、反映企業一定會計期間內現金及現金等價物流入和流出信息的財務報表。它實際上是資金變動表的一種形式，屬於動態報表。現金流量表提供了反映企業財務變動情況的詳細信息，為分析、研究企業的資金來源與資金運用情況提供依據。其主要作用是：

　　1. 有助於掌握企業現金流入和流出信息

　　通過現金流量表可以反映企業現金和現金等價物的來源與運用的信息，掌握企業資金增減變動的具體原因，從而評價其增減的合理性，便於對企業整體財務狀況做出客觀評價。

　　2. 有助於評價企業的償債能力和週轉能力

　　借助現金流量表，並配合資產負債表和利潤表，有助於判斷企業的現金能否償還到期債務、支付股利和必要的固定資產投資等，評價企業現金流轉效率和利用效果。

3. 有助於分析企業收益質量

通過編制現金流量表，可以掌握企業經營活動產生的現金流量，將其與按權責發生制編制的利潤表中的淨利潤相對比，可以從現金流量的角度瞭解企業收益的質量；進一步分析判斷是哪些因素影響現金流入，為分析和判斷企業的財務前景提供信息。

二、現金流量表的編制基礎

現金流量表是以現金和現金等價物作為編制的基礎，按照收付實現制進行核算，揭示企業現金流量的信息。現金流量表中的現金是一個廣義的概念，它包括現金和現金等價物。

1. 現金

現金是指企業庫存現金及可隨時用於支付的存款。需要說明的是，銀行存款和其他貨幣資金中有些不能隨時用於支付的存款不屬於現金。

2. 現金等價物

現金等價物是指企業持有的期限短、流動性強、易於轉換為已知金額現金、價值變動風險很小的投資。一項投資被確認為現金等價物必須同時具備四個條件：①期限短；②流動性強；③易於轉換為已知金額現金；④價值變動風險很小。現金等價物通常包括三個月到期的短期債券投資，而權益性投資由於變現的金額通常不確定，因而並不屬於現金等價物。

3. 現金流量

現金流量是指企業現金和現金等價物的流入和流出。企業從銀行提取現金、用現金購買短期的國庫券等現金和現金等價物之間的轉換不屬於現金流量。

三、現金流量表的格式和內容

現金流量表的格式如表10-9所示。

表10-9　　　　　　　　　　現金流量表

編製單位：××企業　　　　　××年度　　　　　　　　單位：元

項　目	行次	金額
一、經營活動產生的現金流量：		
銷售商品、提供勞務收到的現金		
收到的稅費返還		
收到的其他與經營活動有關的現金		
經營活動現金流入小計		
購買商品、接受勞務支付的現金		
支付給職工以及為職工支付的現金		
支付的各項稅費		
支付的其他與經營活動有關的現金		
經營活動現金流出小計		
經營活動產生的現金流量淨額		

表10-9(續)

項　　目	行次	金額
二、投資活動產生的現金流量：		
收回投資收到的現金		
取得投資收益收到的現金		
處置固定資產、無形資產和其他長期資產收回的現金淨額		
處置子公司及其他營業單位收到的現金淨額		
收到的其他與投資活動有關的現金		
投資活動現金流入小計		
購建固定資產、無形資產和其他長期資產支付的現金		
投資支付的現金		
取得子公司及其他營業單位支付的現金淨額		
支付的其他與投資活動有關的現金		
投資活動現金流出小計		
投資活動產生的現金流量淨額		
三、籌資活動產生的現金流量：		
吸收投資收到的現金		
取得借款收到的現金		
收到的其他與籌資活動有關的現金		
籌資活動現金流入小計		
償還債務所支付的現金		
分配股利、利潤或償付利息支付的現金		
支付的其他與籌資活動有關的現金		
籌資活動現金流出小計		
籌資活動產生的現金流量淨額		
四、匯率變動對現金及現金等價物的影響		
五、現金及現金等價物淨增加額		

　　從表10-9中可以看出，現金流量表將企業現金流量按其產生的原因分為三類：經營活動產生的現金流量、投資活動產生的現金流量和籌資產生活動的現金流量。現金流量根據現金的流程，又可分為現金流入量、現金流出量和現金淨流量。

　　1. 經營活動產生的現金流量

　　經營活動產生的現金流量是指企業投資活動和籌資活動以外的所有交易和事項所導致的現金流入和流出。流入項目主要有：銷售商品、提供勞務收到的現金，收到的稅費返還，收到的其他與經營活動有關的現金；流出項目主要有：購買商品、接受勞務支付的現金，支付給職工以及為職工支付的現金，支付的各項稅費，支付的其他與經營活動有關的現金。

2. 投資活動產生的現金流量

投資活動產生的現金流量是指企業在投資活動中所導致的現金流入和流出。流入項目主要有：收回投資收到的現金，取得投資收益收到的現金，處置固定資產、無形資產等長期資產收回的現金淨額，收到的其他與投資活動有關的現金；流出項目主要有：購建固定資產、無形資產等長期資產支付的現金，投資支付的現金，支付的其他與投資活動有關的現金。

3. 籌資活動產生的現金流量

籌資活動產生的現金流量是指企業在籌資活動中所導致的現金流入和流出。流入項目主要有：吸收投資收到的現金，取得借款收到的現金，收到的其他與籌資活動有關的現金；流出項目主要有：償還債務所支付的現金，分配股利、利潤或償付利息支付的現金，支付的其他與籌資活動有關的現金。

四、現金流量表的編制方法

按照經營活動現金流量列示的不同，現金流量表的編制方法分直接法和間接法兩種。

1. 直接法

直接法是通過現金流入和流出的主要類別來直接反映企業經營活動產生的現金流量的編制方法。一般是以利潤表中的營業收入為起點，通過編制調整分錄，調整與經營活動有關項目的增減變動，從而計算出經營活動各項現金流量。

2. 間接法

間接法是指以淨利潤為起點，調整不涉及現金的收入、費用、營業外收支及有關項目的增減變動，從而計算出經營活動產生的現金流量的編制方法。其基本原理是將權責發生制下的淨利潤調整為收付實現制下的現金淨流量。

中國《企業會計準則第 31 號——現金流量表》規定，企業應採用直接法編制現金流量表的基本報表，同時要求採用間接法在補充資料中將淨利潤調整為經營活動產生的現金淨流量。現金流量表的具體編制方法將在財務會計學中講述。

第五節 所有者權益變動表

一、所有者權益變動表的概念和作用

所有者權益變動表（Statement of Changes in Equity）是反映企業一定期間（如年度、季度或月度）內，所有者權益的各組成部分當期增減變動情況的財務報表。在所有者權益變動表中，綜合收益和與所有者（或股東）的資本交易導致的所有者權益的變動，應當分別列示。2007 年以前，所有者權益變動情況是以資產負債表附表形式予以體現的。

所有者權益變動表能夠說明所有者權益變動的原因、所有者權益內部結構的變動情況，提供企業收益的全面信息，以及為資產負債表和利潤表提供輔助信息。所有者權益變動表已成為與資產負債表、利潤表和現金流量表並列披露的第四張報表。

二、所有者權益變動表的格式和內容

所有者權益變動表以矩陣的形式列報，其基本格式如表 10-10 所示。所有者權益變動表至少應當單獨列示反映下列項目信息：①綜合收益總額，在合併所有者權益變動表中還應單獨列示歸屬於母公司所有者的綜合收益總額和歸屬於少數股東的綜合收益總額；②會計政策變更和前期差錯更正的累計影響金額；③所有者投入資本和向所有者分配利潤等；④按照規定提取的盈餘公積；⑤所有者權益各組成部分的期初和期末餘額及其調節情況。該報表不僅反映了所有者權益總量的增減變動，而且揭示了所有者權益的來源各構成部分增減變動的信息。

表 10-10　　　　　　　　　　所有者權益變動表

編製單位：××企業　　　　　××年度　　　　　　　　　單位：元

項　目	本年金額							去年金額						
	實收資本（或股本）	資本公積	減：庫存股	其他綜合收益	盈餘公積	未分配利潤	所有者權益合計	實收資本（或股本）	資本公積	減：庫存股	其他綜合收益	盈餘公積	未分配利潤	所有者權益合計
一、上年年末餘額														
加：會計政策變更														
前期差錯調整														
二、本年年初餘額														
三、本年增減變動金額（減少以「-」號填列）														
（一）綜合收益總額														
（二）所有者投入和減少資本														
1. 所有者投入資本														
2. 股份支付計入所有者權益的金額														
3. 其他														
（三）利潤分配														
1. 提取盈餘公積														
2. 對所有者（或股東）的分配														
3. 其他														
（四）所有者權益內部結轉														
1. 資本公積轉增資本（或股本）														
2. 盈餘公積轉增資本（或股本）														
3. 盈餘公積彌補虧損														
4. 其他														
四、本年年末餘額														

第六節　財務報表表外信息

一、財務報表表外信息的重要性

編制財務報告的目標由於環境不同而有差異，但核心是為使用者提供有助於決策的信息。財務報表由於有固定的格式、項目和填列方法，使得表內信息並不能完整地反映一個企業的綜合素質。財務報表表外信息是指不能在法定財務報表內反映的，旨在幫助報表使用者透澈理解財務報表的內容、瞭解企業的基本情況、意外事項和經營戰略等的重要信息。凡是對財務信息使用者有用的信息而又無法在財務報表內進行確認的，都應當在表外進行披露。表外信息能彌補表內揭示信息的局限性，使表內的信息更容易理解，更加相關，能提高財務報告的總體水平和層次，突出重要財務會計信息，提升報告信息質量。表外信息的內容十分豐富，其揭示的範圍各國和國際性組織還難以做出統一的規範。就信息的生產者——企業而言，對表外信息的提供有許多疑慮，因為表外信息突破了傳統的會計觀念，過分揭示了企業的商業秘密。現行表外信息的披露不夠充分完整、隨意性強、避重就輕、報喜不報憂，這些都極大地影響了財務報告的質量。目前，中國很多企業不太重視報表表外信息的提供，或即使提供也十分粗略，這與忽視表外信息的重要性有直接關係。

二、表外信息披露的內容

一般來講，在財務報表之外，企業還應披露以下信息：①有助於理解財務報表的重要信息；②那些本來可能在報表中反映，但基於成本、效益原因而需要揭示的在其他財務報告中屬於相對次要的信息；③採用與財務報表不同基礎編制的信息；④用於補充報表信息的統計數據；⑤管理當局的分析、評價與對未來的預測。其中①、②類主要是與會計政策相關的信息，一般包括在財務報表的附註中，構成報表不可分割的組成部分。③、④類信息與報表數據沒有直接聯繫，它們涉及不同的問題，在形式上又靈活多樣，其揭示的內容帶有較大的隨意性和選擇性，因此比較適合採用其他財務報告的形式來披露這些輔助性信息。⑤類信息則是對上述各類信息的進一步分析和說明。

財務報表附註是以旁註或腳註等形式對基本報表的信息進行進一步的說明、補充或解釋，以便幫助使用者理解和使用報表信息。因為企業發生的經濟業務數量繁多、種類各異，每個企業都必須按照一定的程序、方法，把日常發生的大量的、不同性質的經濟交易和事項進行確認、分類、計量、匯總成系統的會計核算記錄，並定期編制以表格形式表現的財務報表。為了便於使用者理解，一些在報表中被高度概括、濃縮的項目需要進一步分解、解釋或補充，這樣，附註就逐漸成為財務報表的組成部分。1970 年，美國會計原則委員會在第 4 號公告中指出，報表附註是報表整體的一部分，它可說明報表的名稱、項目標題或數額，或列示未能以貨幣單位表示的信息。1984 年，美國財務會計準則委員會在第 5 號概念公告中明確指出，財務報表的附註或表上括號插入的信息，諸如重要的會計政策或資產（負債）的其他計量結果，是對財務報表上

確認的信息進一步的闡述或解釋等，它們是瞭解財務報表的組成部分。中國頒布的企業會計制度就財務報表附註應披露的內容做出了明確的規範，具體包括「不符合會計核算前提的說明」「重要會計政策和會計估計的說明」「重要會計政策和會計估計變更以及重大會計差錯更正的說明」「或有事項的說明」「資產負債表日後事項的說明」「關聯方關係及其交易的說明」「重要資產轉讓及其出售的說明」「企業合併、分立的說明」「會計報表重要項目的說明」九項內容。

其他財務報告主要向企業外界提供某些相關的但不符合全部確認標準的信息。中國企業會計準則、企業會計制度規定，這些內容要通過「財務情況說明書」的形式來表現，具體包括：①企業生產經營的基本情況；②利潤實現和分配情況；③資金增減和週轉情況；④對企業財務狀況、經營成果和現金流量有重大影響的其他事項。隨著科技的發展，經濟環境的不斷變革以及經濟活動的不斷創新，使用者的信息需求也不斷增長，現行財務報表提供的歷史成本、貨幣計量信息的局限性日漸暴露出來，報表使用者對企業披露社會責任、人力資源價值、物價變動以及預測報告等信息的要求日益強烈。目前，由於受傳統慣例的影響，加上準則等規範的形成，這些對報表使用者有用但不符合會計準則、企業會計制度要求的信息只能通過其他財務報告予以披露。

三、表外信息的揭示形式

由於表外信息內容多、範圍廣，其揭示的形式也就比較複雜。在會計實務中可採用的形式有以下幾種：

（一）旁註

旁註是指在財務報表的有關項目旁直接用括弧加註說明。旁註是最簡單的報表註釋方法，如果報表上有關項目的名稱或金額受到限制或需簡要補充時，可以直接用括弧加註說明。這種附註方式將補充信息直接納入報表主體，不易被報表使用者所忽略，但這類附註不宜過長。

（二）腳註

這種揭示方式主要是對表內項目所採用的會計政策、方法等以及表內無法反映的重要事項所做的補充說明。它只是對報表正文的補充，並不能取代或更正報表正文中的正常分類、計價和描述。腳註主要採用定性揭示並以文字表達為主，只有少量的採用定量揭示，必要時也可採取表格的形式。目前，在會計實務中報表腳註的內容日益增多，其增長幅度大大超過報表的正文。中國企業會計制度中規定了年度報表腳註應披露「不符合會計核算前提的說明」「重要會計政策和會計估計的說明」等九項內容。

目前，在會計實務中，報表腳註的內容和分量日益增多，其在財務報表中的位置越來越重要。企業在採用腳註這種揭示方式時，要注意以下幾點：①按規範的內容分類披露，根據重要性原則，做到詳略得當，便於理解；②說明要實事求是、客觀公正、符合實際；③盡量採取定性揭示和定量揭示相結合。

（三）附表

附表是指為了保持財務報表的簡明易懂而另行編制一些反映其構成項目及年度內的增減來源與金額的表格。它實際上是財務報表某些重要項目的明細表。中國企業會計制度規定的附表有：①資產減值準備明細表；②應交增值稅明細表；③應付職工薪酬明細表；④分部報表（業務分部）；⑤分部報表（地區分部）等。

(四) 其他財務報告

其他財務報告一般不受企業會計準則的限制，也不需要接受審計，可以揭示不能列入財務報表的信息，並往往採取評論、分析和預測等多種形式介紹企業的經營規劃並預測未來的發展前景。根據現行國際慣例，其內容主要包括：

1. 管理當局的討論與分析

許多國家要求企業將管理當局的討論與分析包含在年度報告中對外提供。由於管理當局與企業關係最為密切，並能影響一個企業的未來發展，通過他們對一些重要事項的討論與分析，可以提高財務報告的有用性。事實上，財務報告信息經常依賴於管理人員的假設和判斷。所以，管理當局在討論與分析中表達的觀點對使用者評估信息會大有幫助，但要注意他們提供的信息不可避免地帶有較強的主觀性。

2. 社會責任報告

世界各國企業社會責任報告披露的內容各不相同。相對而言，歐洲國家處於領先的地位。歐洲財經會計聯合會在1987年發表的一份專門研究報告中建議，企業的社會責任報告應反映：①雇傭標準，②工作條件，③健康與安全，④教育與培訓，⑤勞資關係，⑥工資與福利，⑦增值分配，⑧環境影響，⑨企業與外部集團的關係。現階段中國企業社會責任的有關信息可以從現有會計資料中分離出來，單設財務報告說明。設置社會責任報告時，應分別說明由於企業的生產經營活動對職工、產品、環境、社區等方面帶來的效益與損失以及形成的淨社會效益，並用文字說明報告中有關項目數據的來源和計算過程，以便政府部門、投資者、債權人、企業職工、顧客和社區等全面瞭解企業履行社會責任的狀況。

3. 人力資源報告

傳統會計以貨幣計量作為計量尺度，但由於人力資源價值的許多特性是貨幣所無法表現的，所以對人力資源成本和價值進行貨幣量化反映的同時，還要對其非經濟因素，如工作能力、品格、事業心和對企業的忠誠程度等進行模糊計量，將其進行數量等級化或定性化描述。設置獨立的報告來全面反映企業人力資源的價值計算過程或指標體系，充分反映企業擁有人力資源和各種軟資產的狀況。

4. 物價變動影響報告

在通貨膨脹期間，物價變動使實際成本大大低於現行重置成本，按歷史成本計價的表內信息嚴重脫離實際，使收支不能相互配比，使貨幣成為一種不統一的計量單位。為避免報表使用者誤解，有必要在表外按重置成本或可變現價值等計價方法調整表內數據，以說明物價變動對表內信息的影響程度，從而彌補表內以歷史成本為計量基礎的不足。另外，隨著資本營運、資產重組等概念的提出和業務實施，以及中國已經加入世貿組織，對外披露物價變動方面的信息，是中國對外交往的重要內容之一。因此，要充分認識披露物價變動方面信息的重要性，以促使中國在保持財務報告體系特色的前提下盡快與國際慣例融合。

5. 預測報告

預測報告是指管理當局在對未來經濟條件和行動方案進行假設的基礎上，對企業未來財務狀況和經營成果進行預測的報告。現行財務報告只重視企業盈利信息的計算與報告，比如：資產負債和損益表所提供的權責發生制下的歷史性財務信息，在總

體上與現金流量是不相關的；即使是將權責發生制信息轉換為收付實現制而編制的現金流量表，提供的也仍然是過去的現金流量，而不是未來的現金流量。經濟決策代表未來將要採取的行動，因此決策者最關心的信息自然是對未來前景的預計。正因為這樣，預測性信息雖然帶有較大的主觀性和較低的可證實性，但它對使用者仍有較高的參考價值。中國證券法中規定，上市公司應在招股說明書及上市公告中披露盈利預測信息。但由於預測信息容易導致惡意訴訟，所以要注意加強規範和監督，建議建立預測信息質量保證機制，針對揭示預測性信息制定有關條款。只要預測信息有合理的依據並且是誠實善意的，那麼即使預測與實際存在偏差，企業也不必承擔責任。

【本章小結】

借助財務報告，可以披露企業的財務狀況、經營成果及其變動情況。資產負債表是反映企業在某一特定時日的財務狀況，其根據有關帳戶的期末餘額直接或分析計算填列。具體填列方法有：根據總帳帳戶期末餘額直接填列、根據若干總帳帳戶期末餘額計算填列、根據總帳帳戶期末餘額減去備抵帳戶或加上附加帳戶期末餘額後的淨額填列、根據明細帳戶期末餘額分析計算填列、根據總帳帳戶和明細帳戶期末餘額分析計算填列。利潤表是反映企業在一定期間內生產經營成果（或虧損）的財務報表，根據損益類帳戶的發生額直接或分析計算填列。現金流量表是以收付實現制為基礎編制的，反映企業一定會計期間內現金及現金等價物流入和流出信息的財務報表。按照經營活動現金流量列示的不同，現金流量表的編制方法分直接法和間接法兩種。

【閱讀材料】

當「社群經濟」邂逅管理會計大數據報表

伴隨互聯網化轉型，大數據應用已趨於更深化、更廣泛，移動互聯網進一步打破時空局限，自媒體發展加快，網路公民個人參與度增強，在現有的社群概念下，催生了社群經濟。對現時代的企業來說，有效利用社群經濟精準營銷的特點，降低經營成本，提高社群用戶黏度，是在不斷更新的市場中立於不敗之地的關鍵。

如何準確借助數據技術促進社群經濟發展？如何精準挖掘潛在目標客戶群體？第五報表——管理會計大數據報表的有效開發、運用能滿足企業這方面的要求。當前，企業管理層最重視的四大會計報告即資產負債表、利潤表、現金流量表及所有者權益變動表，它們綜合反映了企業某一特定日期財務狀況、某一會計期間經營成果、現金流量狀況等，但用於應對互聯網時代爆炸式增長的數據就顯得滯後、單一。財政部頒發的《管理會計基本指引》第五章第二十四條指出，單位應有效利用現代信息技術；第二十六條指出，管理會計報表是管理會計活動成果的重要表現形式，旨在為報表使用者提供滿足管理需要的信息。第五報表——管理會計大數據報表能有效應對互聯網數字用戶、數字資產、粉絲效應等數據的收集和分析，進一步幫助企業進行高效決策，促進社群經濟的發展。

互聯網時代伴生的社群經濟，與工業時代經濟模式不同。社群經濟以情感為紐帶，打造社群平臺，實現資源聚集，優化顧客體驗，其中情感紐帶的非消耗性特徵還可以

第十章 財務報告

幫助企業擴展經營邊界，實現跨界經營。在社群經濟時代，數據挖掘只是瞭解用戶需求的手段，在此背景下，企業的核心競爭力是提供用戶所需要的產品或服務，只有這樣才能提高潛在顧客轉化率和用戶黏度，維繫老用戶，開發新用戶。互聯網企業通過管理會計大數據報表進行數據挖掘、分析，尋找潛在客戶，瞭解顧客的需求。在社群經濟時代，企業想要抓住社群經濟的紅利，必須重視管理會計大數據報表在社群經濟中的作用。

管理會計大數據報表促進社群構建。以企業品牌為連接點，為忠實用戶和粉絲搭建社群。首先，利用第五報表的集成數據，企業可以瞭解用戶信息反饋的熱點地帶，建立清晰的社群領域並吸引更多的用戶。其次，參考當前市場行情，結合第五報表，企業可以按照多重模塊對社群進行市場目標受眾分層，進而將用戶分流為相應的小社群，聚集對企業有相似認知的社群成員。同時，社群之間亦有著不完全封閉但清晰的邊界，在企業主營產品的小社群成員，也可以在該企業其他業務產品板塊的社群中。企業在管理會計大數據報表的幫助下構建社群、建立聯繫，同時也能通過該報表進一步檢驗社群的類型和性質是否相互融合。

管理會計大數據報表促進社群經營。經營社群的目的在於把外圍者和新手轉化為熟悉內情的人和成長的人，從而產生社群紅利。企業經營社群的第一步就是要用自己的產品、服務引發社群成員的互動。產品的更新換代、推陳出新，服務的精益求精、日臻完善都可以為社群成員策劃話題，吸引更多的外圍用戶進入社群。企業在社群用戶交換思想的同時要想完全瞭解社群，必須通過第五報表進行提取和分析。社群活動包括線上和線下的活動。線上活動沒有區域限制，企業可在第五報表反映的數據基礎上發展線上活動，實現線上和線下的互通，加速社群經濟的變現。同時，企業可以利用第五報表反映成員與成員之間、企業與成員之間、市場與成員之間的關係波動和交流內容，將用戶的智慧和專業人士的意見相結合，引導一種新的雙向互動的「OGC + UGC」模式，讓用戶成員參與產品製造過程，使產品服務得到流量和質量的雙重保證，也更加有益於用戶的購買行為。這也是社群自我管理的一種表現，它決定了社群的凝聚力，有利於使社群成員有較為明確的身分認同和社群歸屬感。據第五報表顯示，相對活躍的社群成員意味著在社群中的時間更長，參與度更高，社群其他成員對其信任度也更高。企業可以充分利用這部分成員進行有效的社群經營。

管理會計大數據報表促進社群收穫。當經營的社群可以自動運轉並具有良好的社群生態時，便是收穫社群的時候，企業則是通過第五報表的反饋知曉社群生態和運轉情況。一方面企業通過平臺渠道收穫社群。平臺渠道的價值主要體現在品牌包裝、口碑營銷、廣告傳播、電商導流等方面，這些價值的歸集和反映都呈現在第五報表中。企業可以根據報表情況選擇性側重，降低營運成本。收穫社群的另一個方面是產業生態價值鏈。企業通過社群進行低成本、高效率的行業資源整合，打通產業鏈上下游，實現 C2B 模式，甚至碰撞出新型商業模式，形成產業鏈。企業在產業鏈形成中借助第五報表，具體掌握社群的發展和變化情況，有效形成以特色產品服務為感情紐帶的產業鏈的各個環節，進一步促進社群收穫。

互聯網發展給諸多企業帶來巨大的挑戰，也帶來了社群經濟的機遇。在第五報表的助力下，企業掌握社群數據，通過平臺渠道和產業生態價值鏈的融合實現經濟效益，

推動社群經濟的發展。未來是社群經濟的時代。互聯網時代下企業以社群經濟為支點探索發展模式，通過搭建和營運社群從而收穫社群經濟效益，是企業明智的未來發展道路之一，而管理會計大數據報表在其中有著不可替代的作用。

資料來源：何雪鋒，李奇蔚．當「社群經濟」邂逅管理會計大數據報表［N］．財會信報，2017-01-09．

第十一章

會計工作的組織

【結構框架】

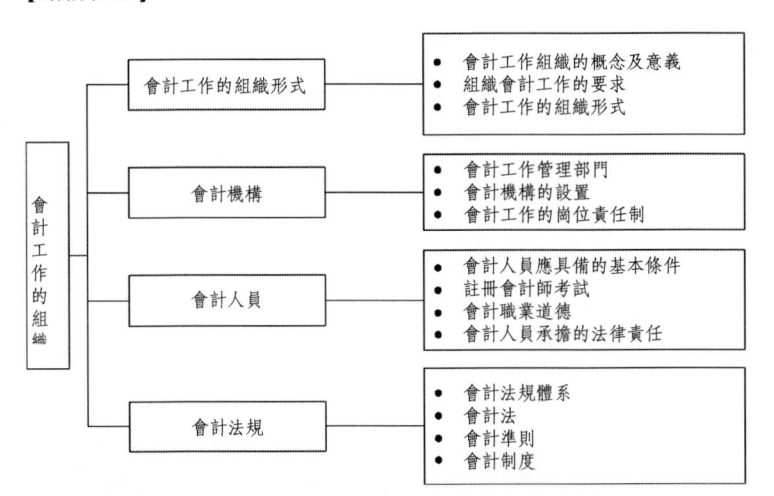

```
                    ┌─ 會計工作的組織形式 ─── • 會計工作組織的概念及意義
                    │                        • 組織會計工作的要求
                    │                        • 會計工作的組織形式
                    │
                    ├─ 會計機構 ─────────── • 會計工作管理部門
                    │                        • 會計機構的設置
會計工作的組織 ──┤                        • 會計工作的崗位責任制
                    │
                    ├─ 會計人員 ─────────── • 會計人員應具備的基本條件
                    │                        • 註冊會計師考試
                    │                        • 會計職業道德
                    │                        • 會計人員承擔的法律責任
                    │
                    └─ 會計法規 ─────────── • 會計法規體系
                                             • 會計法
                                             • 會計準則
                                             • 會計制度
```

【學習目標】

通過本章的學習，讓學生瞭解會計工作的組織形式，熟悉會計機構的設置，理解會計人員應具備的基本條件和承擔的法律責任，初步掌握會計法規體系的構成。

第一節　會計工作的組織形式

一、會計工作組織的概念及意義

會計工作組織就是對會計機構的設置、會計人員的配備、會計制度的制定與執行等各項工作所作的統籌安排。科學地組織會計工作，對完成會計任務、發揮會計在經濟管理工作中的作用，具有重要意義。科學地組織會計工作，有利於保證會計工作的質量，提高會計工作的效率；有利於單位內部會計工作同其他經濟管理工作更好地分工協作，相互配合；有利於從組織上保證貫徹執行國家經濟工作的方針政策，以及財經制度、紀律、法令等，維護所有者的權益。

二、組織會計工作的要求

科學地組織會計工作，必須做到以下幾點：

1. 會計工作的組織要在符合國家的統一規定和有關法規的基礎上結合各單位生產經營管理的特點進行

各單位必須在國家統一領導下組織會計工作，按照國家統一規定的會計準則和會計制度，處理各單位的會計事項，使各單位會計工作置於國家各職能部門的領導和監督之中。這是做好會計工作的根本保證。

此外，各單位由於經濟業務特點不同，在組織會計工作中還可結合各系統、各單位的實際情況，採取不同的組織方式。比如，各部門內部會計機構的設置、會計人員的多少及分工都可以根據需要靈活安排；至於會計核算形式、會計核算方法等，也可以根據各單位的具體情況來確定。

2. 會計工作的組織要有利於保證會計工作質量，簡約高效

組織會計工作時，機構設置、職員配備等要精簡、合理，會計核算形式也要力求簡化，使會計工作的重點從單純的事後算帳轉向以事前預測、控制為主，提高會計工作的質量。會計工作內部各環節之間以及會計與統計工作之間也要密切配合，有關指標的核算口徑和有關憑證、帳簿的設置等方面也應盡可能協調一致。

3. 會計工作的組織要有利於經濟責任制的貫徹實行

經濟責任制的核心是明確各級的責任，以責為中心，責、權、利相結合。在會計核算組織內部可以建立若干責任中心，實行責任會計，及時地記錄、反映、分析和考核各責任中心的財務收支活動和經濟效益，為正確處理各責任單位之間的利益關係提供可靠的依據。

三、會計工作的組織形式

會計工作的組織形式是指獨立設置會計機構的單位內部組織和管理會計工作的具體形式，一般可分為集中核算與非集中核算兩種。

1. 集中核算

集中核算是指會計主體的主要會計核算工作都集中在財務會計部門進行，單位其

他部門及下屬單位，只對該部門發生的經濟業務，填制原始憑證或匯總原始憑證，送交會計部門，經會計部門審核後，據以編制記帳憑證，登記帳簿，編制財務報表。

實行集中核算組織形式的優點是：可以減少核算層次，便於會計部門及時、全面地掌握本單位的會計核算資料。其不足在於：不便於各部門和下屬單位及時瞭解本部門、本單位的財務會計信息，不便於實行責任會計。

2. 非集中核算

非集中核算又稱分散核算，是將會計工作分散在各有關部門進行，各會計部門負責本單位範圍內的會計工作，單位內部會計部門以外的其他部門和下屬單位，在會計部門的指導下，對發生在本部門或本單位的經濟業務進行核算，最後由會計部門進行總分類核算和一部分明細分類核算，並編制對外財務報表。

這種核算工作組織形式的優點是：有利於各業務部門和單位及時掌握本部門或本單位的核算資料，便於進行日常考核和分析，便於實行責任會計。其不足在於：增加了核算層次，增大了核算工作量，還要多配備會計人員，會計工作成本相應增大。

一個單位是實行集中核算還是非集中核算，主要取決於企業規模大小、生產技術特點、所屬單位獨立的程度、會計人員的數量和質量等因素。一個單位也可以把兩種形式結合起來，對一些部門、單位採用集中核算，對另一些業務採用非集中核算；或者對一些業務採用集中核算，對另一些業務採用非集中核算。但一般來說，無論採取哪種組織形式，企業對外的現金收支、銀行存款往來、物資購銷和債權債務結算都應由會計部門統一辦理，集中核算。

第二節　會計機構

一、會計工作管理部門

中國《會計法》規定，各級財政部門是會計工作的管理部門，國務院財政部門主管全國的會計工作，縣級以上地方各級人民政府財政部門管理本行政區域內的會計工作。在財政部的統一領導下，地方各級財政部門實行分級管理，從而使各級單位的會計工作都納入了統一的、有效的管理之中，這樣有利於規範會計行為，保證會計信息質量。

二、會計機構的設置

會計機構是各單位組織管理本單位會計工作，辦理會計事務的職能部門。建立健全會計機構，是做好會計工作、充分發揮會計職能作用的重要前提條件。

中國《會計法》第三十六條第一款對會計機構和會計人員的設置作了如下規定：「各單位應當根據會計業務的需要，設置會計機構，或者在有關機構中設置會計人員並指定會計主管人員；不具備設置條件的，應當委託經批准設立從事會計代理記帳業務的仲介機構代理記帳。」這一規定包括以下三層含義：

1. 獨立設置會計機構

單位規模較大、經濟業務較多、財務收支量較大的單位，應獨立設置會計機構，

以保證會計工作的效率和會計信息的質量。一般來說，大中型企業和具有一定規模的行政事業單位及其他經濟組織，為了及時組織本單位各項經濟活動和財務收支的核算，實行有效的會計監督，都應獨立設置會計機構，如會計（或財務）處、部、科、室、股、組等。

2. 在有關機構中配備會計人員並指定會計主管人員

對於不具備單獨設置會計機構條件的單位，如財務收支數額不大，經濟業務比較簡單，規模很小的企業、事業、機關、團體單位和個體工商戶等，可在單位內部與財務會計工作比較接近的有關機構或綜合部門，如計劃、統計、辦公室等部門，配備專職會計人員，並指定對財務會計工作負責的會計主管人員。

3. 實行代理記帳

對於那些不具備設置會計機構、配備會計人員條件的小型經濟組織，可以實行代理記帳，委託經批准設立的、從事會計諮詢、服務的社會仲介機構（如會計師事務所）代理記帳。

三、會計工作的崗位責任制

（一）建立會計工作崗位制的意義

根據內部控製原理，進行適當的授權、分權，明確相關人員的權責利，是加強企業管理工作的一個重要內容。因此，為了搞好會計工作，在獨立設置的會計機構內部，應當按照工作內容，將單位全部會計工作劃分為若干崗位，規定每個崗位的職責和權限，建立相應的責任制度。建立會計工作崗位責任制，有利於會計工作的程序化和規範化，做到職責清楚，紀律嚴明，有條不紊，提高效率。

（二）設置會計工作崗位的原則

1. 滿足本單位會計業務的需要

各單位應根據所屬行業的性質、自身的規模、業務內容和數量以及會計核算與管理的需求，設置相應的會計工作崗位。設置會計工作崗位，要使各個崗位職責分明，便於分工，一般不應出現職責交叉的現象。

2. 符合內部控製制度的要求

設置會計工作崗位時要符合內部控製制度的要求，不相容業務要相互分開。合理的崗位設置可減少舞弊行為發生的可能性。內部會計管理制度是內部控製制度的一項重要內容。其主要包括：分工明確，職責清楚，錢物分開，錢帳分管。即出納人員不得兼管稽核、會計檔案保管，以及收入、費用、債權債務帳目的登記工作；出納、會計不能一人兼任；出納與財產物資保管不能一人兼任；採購人員不能兼做出納或財產物資的保管工作。

另外，為了不斷提高會計人員的業務素質，盡可能培養熟悉各方面業務的多面手，會計人員的工作崗位應當有計劃地進行輪換、交流。

（三）企業主要會計工作崗位

1. 企業主要會計工作崗位的設置

企業一般可設置以下主要會計工作崗位：①會計機構負責人或會計主管崗位；②出納崗位；③財產物資核算崗位；④工資核算崗位；⑤成本費用核算崗位；⑥資金核算崗位；⑦債權債務核算崗位；⑧總帳與報表崗位；⑨稽核崗位；⑩檔案管理崗

位等。

這些崗位可以一人一崗，也可一人多崗或多人一崗。會計負責人應根據各崗位工作量與工作要求，根據會計人員的配備情況合理調配、安排。

2. 電算化環境下會計工作崗位的設置

在會計電算化環境下，崗位設置與傳統的手工環境下的崗位設置有所不同。會計電算化崗位是指直接管理、操作、維護計算機及會計軟件系統的崗位。會計電算化崗位的設置除要考慮會計工作規則外，還要受單位電算化系統模式、規模的制約。具體來說，比較完善的電算化會計系統應設置如下電算化崗位：

（1）系統管理員。系統管理員負責會計電算化過程中的管理及運行工作，要求具備會計和計算機知識，以及相關的會計電算化組織管理的經驗。可由會計主管兼任。採用中小型計算機和計算機網路會計軟件的單位，必須設立此崗位。

（2）系統操作員。要求具備會計知識及上機操作知識，達到會計電算化初級知識培訓的水平。

（3）數據審核員。數據審核員要求具備會計和計算機知識，由具有會計師以上職稱的財會人員擔任。

（4）系統維護員。負責計算機硬件、軟件的正常運行。要求具備計算機和會計知識，經過會計電算化中級培訓。採用大型、小型計算機和計算機網路會計軟件的單位，應專門設立此崗位，由專職人員擔任。

（5）會計檔案管理員。負責存檔各類數據軟盤、程序軟盤、輸出的帳表和憑證，以及其他各種會計檔案資料的保管，做好軟盤、數據集資料的安全保密工作。

第三節　會計人員

一、會計人員應具備的基本條件

會計人員是指從事會計工作的專業技術人員。設置會計機構之後，配備適當的會計人員，是搞好會計工作的決定性因素。會計人員在實際工作中，一方面要做好本單位的會計工作；另一方面要嚴格執行國家的財經方針、政策，對本單位的經濟活動、財務收支實行會計監督。因此，會計人員既要具有較高的政治素質，又要求具有較強的業務素質。會計人員應具備的基本條件是：

（一）必須具備必要的專業知識和專業技能

會計工作是一項技術性很強的工作。各個會計崗位對專業知識和專業技能的要求有所不同。中國對不同專業水平的會計人員設立了不同的專業技術職務。會計專業技術職務分為高級會計師、會計師、助理會計師、會計員。高級會計師是高級職務，會計師是中級職務，助理會計師為初級職務，會計員是持有會計資格證的人員。會計師、助理會計師、會計員職務的取得採用考試形式，高級會計師職務的取得採用評審結合的方式。

（1）報名參加會計專業技術資格考試的人員，應具備下列基本條件：

①堅持原則，具有良好的職業道德品質；

②認真執行《中華人民共和國會計法》和國家統一的會計制度，以及有關的財經法律、法規、規章制度，無嚴重違反財經紀律的行為；

③履行崗位職責，熱愛本職工作。

（2）報名參加會計專業技術初級資格考試的人員，除應具備上述基本條件外，還必須具有教育部門認可的高中以上學歷。

（3）報名參加會計專業技術中級資格考試的人員，除應具備上述基本條件外，還必須具備下列條件之一：

①取得大學專科學歷，從事會計工作滿五年；

②取得大學本科學歷，從事會計工作滿四年；

③取得雙學士學位或研究生班畢業，從事會計工作滿兩年；

④取得碩士學位，從事會計工作滿一年；

⑤取得博士學位。

（4）對通過全國統一考試，取得經濟、統計、審計專業技術中、初級資格的人員，並具備上文所規定的基本條件，均可報名參加相應級別的會計專業技術資格考試。

（5）取得會計專業高級會計師資格的條件如下：

①資格標準。系統掌握會計理論知識和相關專業知識，基本瞭解國內外財會理論研究最新動態；熟悉會計及相關的法律、法規，具有較高的政策水平；有制定行業財會制度，主持一個地區、一個行業或一個大中型企業或事業單位會計工作的經歷；具有豐富的實務工作經驗，精通業務，有解決實際工作中複雜的會計問題的能力，參與本行業或單位管理決策，取得顯著的成績；有較強的會計理論水平，公開發表、出版有較高水平的論文、著作；有培養會計專業技術人員和指導會計師工作的能力；有運用外語獲取信息以及運用計算機處理有關信息的能力；具有良好的職業道德和敬業精神。

②學歷、資歷要求。必須具備下列條件之一：

博士研究生學歷（博士學位），取得會計師資格後，從事本專業技術工作兩年以上。

碩士研究生學歷（碩士學位），取得會計師資格後，從事本專業技術工作四年以上。

大學本科學歷（學士學位），取得會計師資格後，從事本專業技術工作五年以上；或者取得會計師資格後四年以上，且在大、中型企業的財務會計崗位擔任主管職務兩年以上。

取得大學專科學歷後從事本專業技術工作十五年（或取得大學專科學歷且累計從事本專業技術工作二十年）以上，取得會計師資格後，從事本專業技術工作五年以上。

省（部）級科技進步獎三等獎（及相應獎項）以上獲獎項目的主要完成人（以個人獎勵證書為準）；或獲市級以上有突出貢獻的中青年專家稱號。

（二）按照規定參加會計業務培訓，接受繼續教育

中國《會計法》規定，對會計人員的教育和培訓工作應當加強。隨著社會經濟的快速發展，會計工作面臨的新情況、新問題層出不窮，會計人員必須不斷更新知識，才能應對日益複雜的工作局面。因此，要求會計人員每年必須完成規定培訓學時，無正當理由未完成的，予以警告。

(三) 註冊會計師考試

1. 中國的註冊會計師考試

註冊會計師是指依法取得註冊會計師專業證書並接受委託從事審計和會計諮詢、會計服務業務的人員。註冊會計師考試實際上是一項執業資格考試。《中華人民共和國註冊會計師法》規定，具有高等專科以上學歷，或者具有會計或相關專業中級以上技術職稱的人，可以報名參加註冊會計師全國統一考試。按照規定，考試成績合格者，頒發由全國註冊會計師考試委員會統一印製的全科合格證書，並可申請加入中國註冊會計師協會，完成後續教育，成績長期有效；否則，其全科合格成績僅在自取得全科合格證書後的五年內有效。

中國從 1991 年開始實行註冊會計師全國統一考試製度，1993 年起每年舉行一次。註冊會計師考試分為兩個階段。第一階段，即專業階段，主要測試考生是否具備註冊會計師執業所需的專業知識，是否掌握基本技能和職業道德要求。第二階段，即綜合階段，主要測試考生是否具備在註冊會計師執業環境中運用專業知識，保持職業價值觀、職業態度與職業道德，有效解決實務問題的能力。考生在通過第一階段的全部考試科目後，才能參加第二階段的考試。兩個階段的考試，每年各舉行一次。基於第二階段的考試側重於考查考生的勝任能力，建議考生在參加第二階段考試前注意累積必要的實務經驗。第一階段的單科合格成績五年有效。對在連續五年內取得第一階段六個科目合格成績的考生，發放專業階段合格證。第二階段考試科目應在取得專業階段合格證後五年內完成。對取得第二階段考試合格成績的考生，發放全科合格證。

註冊會計師考試一般由各地財政部門組織，考生可以直接諮詢當地財政部門，報名時間一般安排在當年的 4—5 月份，專業階段考試可以同時報考 6 個科目，也可以選擇報考部分科目。

2. 世界各國註冊會計師考試簡介

美國紐約州從 1896 年開始，便以考試的方式來測試會計師的資格。隨後美國各州亦立法要求以通過考試的方式取得會計師資格。從 1917 年開始，美國會計師協會（American Institute of Certified Public Accountants，AICPA）開始提供統一會計師考試（Uniform CPA Examination），以作為各州核發會計師執照的評量工具。美國會計師（USCPA）考試可以算是會計專業考試的始祖。目前全美共有超過 40 萬人取得 USCPA 資格而擔任執業會計師或在產業界服務。由於國際高度認可，全球每年約有 12 萬人報考。

英國特許公認會計師公會（ACCA）是當今世界上規模最大、發展最快的全球性專業會計師組織，目前在全球 170 多個國家和地區擁有 32.6 萬多名學員和 12.2 萬多名會員。ACCA 的宗旨是為那些願意在財會、金融和管理領域一展宏圖的能人志士，在其職業生涯的全程提供高質量的專業機會。

在日本，要想獲得註冊會計師資格必須通過高難度的考試。考試的特點是：①考試分三步（項）進行；②任何人都可以參加第一次考試，這為自學成才的人打開了方便之門；③對過去的註冊會計師進行特別考試。三次考試的內容是：第一次考試的目的為判斷是否具有參加第二次考試的學歷，對考試資格沒有特別規定，主要是文化考試，科目為國語、數學和論文。三次考試合格，參加一定時間的實際工作，經註冊會計師審查委員會審查通過，並報大藏省以後，方可註冊登記。

二、會計職業道德

會計職業道德是會計人員進行會計工作所應遵循的、與會計職業活動密切聯繫的、具有會計職業特徵的道德規範與行為準則。會計人員在會計工作中應當遵守職業道德，具備良好的職業品質，嚴守工作紀律，努力提高工作效率和工作質量。

會計人員是企業會計工作的主要承擔者。企業應加強會計職業道德建設，加強宣傳教育，健全監督機制。會計人員應做到：愛崗敬業，忠於職守；熟悉法規，依法辦事；實事求是，客觀公正；廉潔奉公，不牟私利；精通業務，自強不息；改革創新，搞好服務；保守秘密。

會計職業道德的檢查考核部門是財政部門、業務主管部門和各個會計主體單位。會計人員違反職業道德，由所在單位進行處罰。

建立一支適應經濟發展需要的高素質的會計隊伍，加強會計職業道德教育勢在必行。加強會計職業道德建設不僅要靠宣傳教育和會計人員的自律，還應不斷完善現有的法律法規體系，健全內部和外部監督機制。

三、會計人員承擔的法律責任

會計人員在會計核算工作中要承擔一定的法律責任。

（1）中國《會計法》第四十條規定：因有提供虛假財務會計報告，做假帳，隱匿或者故意銷毀會計憑證、會計帳簿、財務會計報告，貪污，挪用公款，職務侵占等與會計職務有關的違法行為被依法追究刑事責任的人員，不得取得或者重新取得會計從業資格證書。

除前款規定的人員外，因違法違紀行為被吊銷會計從業資格證書的人員，自被吊銷會計從業資格證書之日起五年內，不得重新取得會計從業資格證書。

（2）中國《會計法》第四十二條規定，違反本法規定，有下列行為之一的，由縣級以上人民政府財政部門責令限期改正，可以對單位並處三千元以上五萬元以下的罰款；對其直接負責的主管人員和其他直接責任人員，可以處二千元以上二萬元以下的罰款；屬於國家工作人員的，還應當由其所在單位或者有關單位依法給予行政處分：

①不依法設置會計帳簿的；
②私設會計帳簿的；
③未按照規定填制、取得原始憑證或者填制、取得的原始憑證不符合規定的；
④以未經審核的會計憑證為依據登記會計帳簿或者登記會計帳簿不符合規定的；
⑤隨意變更會計處理方法的；
⑥向不同的會計資料使用者提供的財務會計報告編制依據不一致的；
⑦未按照規定使用會計記錄文字或者記帳本位幣的；
⑧未按照規定保管會計資料，致使會計資料毀損、滅失的；
⑨未按照規定建立並實施單位內部會計監督制度或者拒絕依法實施的監督或者不如實提供有關會計資料及有關情況的；
⑩任用會計人員不符合本法規定的。

有前款所列行為之一，構成犯罪的，依法追究刑事責任。

會計人員有第一款所列行為之一，情節嚴重的，由縣級以上人民政府財政部門吊

銷會計從業資格證書。

有關法律對第一款所列行為的處罰另有規定的，依照有關法律的規定辦理。

(3) 中國《會計法》第四十三條規定，偽造、變造會計憑證、會計帳簿，編制虛假財務會計報告，構成犯罪的，依法追究刑事責任。

有前款行為，尚不構成犯罪的，由縣級以上人民政府財政部門予以通報，可以對單位並處五千元以上十萬元以下的罰款；對其直接負責的主管人員和其他直接責任人員，可以處三千元以上五萬元以下的罰款；屬於國家工作人員的，還應當由其所在單位或者有關單位依法給予撤職直至開除的行政處分；對其中的會計人員，並由縣級以上人民政府財政部門吊銷會計從業資格證書。

(4) 中國《會計法》第四十四條規定，隱匿或者故意銷毀依法應當保存的會計憑證、會計帳簿、財務會計報告，構成犯罪的，依法追究刑事責任。

有前款行為，尚不構成犯罪的，由縣級以上人民政府財政部門予以通報，可以對單位並處五千元以上十萬元以下的罰款；對其直接負責的主管人員和其他直接責任人員，可以處三千元以上五萬元以下的罰款；屬於國家工作人員的，還應當由其所在單位或者有關單位依法給予撤職直至開除的行政處分；對其中的會計人員，並由縣級以上人民政府財政部門吊銷會計從業資格證書。

第四節 會計法規

一、會計法規體系

會計法規是指組織會計工作、處理會計實務應遵循的有關法律、規章、制度的總稱。健全完善的會計法規應由一系列法律、制度、規章所組成，應成為一個體系。中國的會計法規體系包括會計法、會計行政規章、會計準則和會計制度四個層次。

會計法是從事會計工作的根本大法，是各單位會計行為的最高準則。會計行政規章是國務院根據會計法頒布的關於會計管理的法規性文件。會計準則是進行會計工作的規範，是處理會計事務的準繩。它是根據會計法和會計行政規章制定的，它包括基本準則和具體準則兩部分，而基本準則又對具體準則起指導作用。根據基本準則和具體準則，制定會計制度，這是對處理會計實際工作所做的具體規定。

二、會計法

《中華人民共和國會計法》（以下簡稱《會計法》）是1985年1月21日經第六屆全國人民代表大會常務委員會第九次會議通過，並於同年5月1日開始實施的。1993年12月29日第八屆全國人民代表大會常務委員會第五次會議修改並重新頒布。1999年10月31日全國人民代表大會常務委員會第十二次會議再次對《會計法》進行了修訂，這標誌著中國會計工作法制化進入了一個重要階段。

修訂後的《會計法》突出強調了單位負責人對本單位會計工作和會計資料的真實性、完整性負責，明確了單位負責人為本單位會計行為的責任主體，抓住了規範會計行為和保證會計資料真實、完整的關鍵；強化了會計監督，完善了單位內部監督、社

會監督和國家監督三位一體的會計監督體系；強化了會計人員管理，規定會計人員必須取得從業資格證書，必須遵守職業道德，必須參加教育和培訓；增強了設置總會計師的法律強制性，規定國有和國有資產占控股地位或主導地位的大、中型企業必須設置總會計師；加大了對會計違法行為的懲治力度，懲治形式和手段包括通報、罰款、行政處分、吊銷會計人員從業資格證書等，觸犯刑律，構成犯罪的，依法追究刑事責任；增強了與國際會計慣例的協調，使會計規則成為市場經濟的基礎規則之一。修訂後的《會計法》充分借鑑和吸收了市場經濟國家的會計法律制度，在會計責任主體、會計事項處理規則、內部控製制度、社會仲介機構的監督審計、嚴懲會計違法行為等方面，都體現了與國際會計慣例的協調，體現了市場經濟對會計工作的共同性要求。

現行《會計法》於1999年修訂出抬，適應當時的經濟社會發展背景，側重於對微觀主體會計行為的規範和管理，對於會計核算等操作層面的條款著墨較多。當前，全面深化改革要求市場在資源配置中起決定性作用，政府對於微觀主體的經濟管理活動不應干預過多過細。《會計法》作為規範和調整會計行為的法律，其法律條款應更側重於會計法律關係、會計監督、會計機構和會計人員、會計法律責任等社會屬性的內容，進一步完善會計責任體系和責任追究機制，建立與經濟發展水平相適應的處罰標準，明確會計監管部門的執法地位和職責權限，為建立統一的市場規則、公平的市場環境夯實法制基礎。因此，對《會計法》的修訂已經列入《會計改革與發展「十三五」規劃綱要》。

會計行政規章主要指的是由國務院依據《會計法》頒布的一些指導會計管理工作的重要法規性文件，如《總會計師條例》《財務會計報告條例》《會計檔案管理辦法》等。

三、會計準則

會計準則是會計人員從事會計工作的規則和指南。按其使用單位的經營性質，會計準則可分為營利組織的會計準則和非營利組織的會計準則。按其所起的作用，可分為基本準則和具體準則。

2006年2月15日頒發了38項具體準則，形成了企業會計準則體系。新企業會計準則自2007年1月1日在上市公司施行，並逐步擴大實施範圍。這些具體準則的頒布和實施，規範了中國會計實務的核算，大大提高了中國上市公司的會計信息質量和增強了企業財務狀況的透明度，為企業經營機制的轉換和證券市場的發展、國際間經濟技術交流起到了積極的推動作用。

2006年2月頒布的新會計準則，包括1個基本準則、38個具體準則。這38個具體準則又可以分為五個方面：①通用業務準則（準則1～23）；②特殊業務準則（準則24～26）；③特殊行業準則（準則27）；④財務報告準則（準則28～37）；⑤新舊銜接準則（準則38）。在2006年10月30日發布的準則指南中，包括了兩套會計科目和財務報表，分別規範金融企業和非金融企業的帳務處理。

2007年1月1日，上市公司開始執行新會計準則，其他大中型企業鼓勵執行；自2009年起，所有大中型企業全面執行。小企業依然執行《小企業會計制度》。通過新會計準則的頒布實施，基本構建起一套完整的概念框架體系，基本統一了中國會計規範的法律形式。

為了適應社會主義市場經濟發展的需要，規範企業公允價值計量和披露，提高會計信息質量，根據《企業會計準則——基本準則》，財政部先後修訂發布了長期股權投資、職工薪酬、財務報表列報、合併財務報表、金融工具列報共 5 項準則，於 2014 年制定發布了《企業會計準則第 39 號——公允價值計量》等 4 項準則，要求自 2014 年 7 月 1 日起在所有執行企業會計準則的企業範圍內陸續施行，鼓勵在境外上市的企業提前執行。通過對準則的頒布和修訂，中國企業會計準則在實踐中得以逐步完善。

四、會計制度

會計制度是進行會計工作所應遵循的規則、方法、程序的總稱。國家統一的會計制度是指國務院財政部門（即財政部）根據《會計法》制定的關於會計核算、會計監督、會計機構和會計人員以及會計工作管理的制度。

根據《會計法》的規定，中國國家統一的會計制度，由國務院所屬財政部制定；各省、自治區、直轄市以及國務院業務主管部門，在與《會計法》和國家統一會計制度不相抵觸的前提下，可以制定本地區、本部門的會計制度或者補充規定。

會計制度是進行會計工作、處理會計事務的具體辦法和規定。一般包括會計科目的設置、核算內容和核算方法，以及財務報表的格式及填報方法等。會計制度是在《會計法》和會計準則的指導下制定的。中國新修訂的《會計法》規定「國家實行統一的會計制度」，並明確規定「國家統一的會計制度由國務院財政部門根據本法制定並公布」。《會計法》同時規定：「國務院有關部門可以依照本法和國家統一的會計制度制定對會計核算和會計監督有特殊要求的行業實施國家統一的會計制度的具體辦法或者補充規定，報國務院財政部門審核批准。」這些規定明確了中國實行集中統一的會計制度，是符合中國國情的。

【本章小結】

會計工作組織是對會計機構的設置、會計人員的配備、會計制度的制定與執行等各項工作所作的統籌安排，其組織形式可分為集中核算和非集中核算兩種。會計機構是各單位組織管理本單位會計工作，辦理會計事務的職能部門。會計人員是從事會計工作的專業技術人員，其進行會計工作時應遵循相關的職業道德規範。中國的會計法規體系包括會計法、會計行政規章、會計準則和會計制度四個層次。

【閱讀材料】

會計：一門科學還是藝術？

會計究竟是什麼？在 20 世紀 50 年代，美國流行的觀點是把會計視為一種「藝術（art）」。例如，美國註冊會計師協會（AICPA）所屬名詞委員會 1953 年 8 月發表的第 1 號「會計名詞公報」（ATB NO.1）中指出：「會計是對經濟活動中的財務方面進行確認、記錄、分類、匯總、報告和解釋的一種藝術。」美國會計學家詹姆士·庫萊瑟（J. Cullather）於 1959 年提出：「會計是一種實踐性藝術（practical art），因為會計主要依據執行者的個人判斷和解釋。」另一位會計學家羅伯特·斯特林（Robert Sterling）於

1979年指出:「會計作為科學的要求是對所觀察事物或現象的描述和計量達到較高水平的相同性。然而,在現實的會計實務中,不同的計量方法(如存貨計價、固定資產折舊、費用攤銷等)並用,而且對這些方法的選擇帶有較大的主觀判斷,其客觀性程度較低。因為現行實務中會計更趨向於一種藝術而非科學。」

但是,有一些西方會計學者認為:「不能因為會計事務中需要應用執行者的判斷或選擇,或者會計計量程序相對不夠嚴謹而否定會計的科學性。」沃克等人認為,縱使在自然科學中,人們往往也不可能對所觀察或計量的事物獲得統一的量化結論,而且無論是在自然科學或社會科學中,即使應用了非常嚴謹的數理模型和精確的計算,對其計量結果的解釋仍然需要應用判斷或者存在不同的理解。所以沃克認為,儘管會計計量的精確性和嚴謹性不及其他科學分支,但其仍不失為一門科學。關鍵在於,會計應通過改進計量程序和方法增進其科學性。

事實上,將會計稱為一門藝術,是由會計本身的不確定性所造成的。同一企業的經濟業務或會計事項,運用不同的計量方法,或由不同的會計師進行計量,所產生的結果往往不一致。儘管會計信息的質量特徵要求具有可證實性,但事實上,會計方法的可選擇性會使描述或計量的結果具有相當的模糊性。而將會計看成一門科學,是由於會計信息的質量特徵即真實性、全面性、可比性、相關性、有用性和時效性,決定了會計是強調精確的科學,尤其是利用先進的科學技術手段對會計對象進行定量分析,使會計信息更加精確。

關於會計是一門科學還是藝術的討論對西方會計理論和實務產生了積極的影響。相對而言,如果把會計視為一門藝術,則必然強調會計執業人員的判斷和創意而非執行既定的規則;如果堅持會計屬於一門科學,則要講求如何限制不同會計計量方法程序的判斷取捨範圍,不斷增進會計計量和報告的可比性。從西方會計實務的發展來看,認為「會計是一門藝術」的觀點在20世紀70年代前占據主導地位,在會計實務中允許有較大的「職業性判斷」空間;但是70年代之後,認為「會計是一門科學」的觀點逐漸具有支配性的影響,如80年代以來,西方各國對會計準則的制定或普及,80年代末開始的國際會計準則「可比性改進項目」,直至90年代後期推行的「高質量會計準則」(high quality accounting standards)等等,旨在加強對會計實務的人為判斷取捨,提高會計方法程序的可比性和會計信息的可靠性,這些都有助於增進會計的科學性。

資料來源:毛洪濤. 會計學原理 [M]. 北京:清華大學出版社,2012:22-23.

第十二章

會計電算化與會計訊息化基礎

【結構框架】

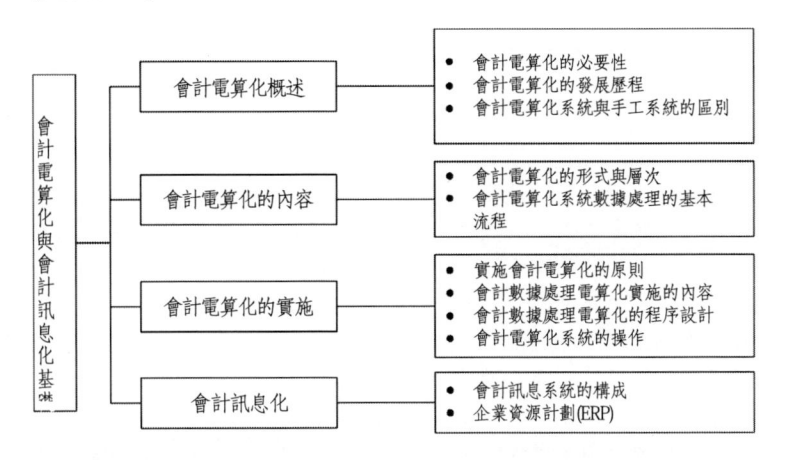

```
                          ┌─ 會計電算化概述 ──┬─ 會計電算化的必要性
                          │                    ├─ 會計電算化的發展歷程
                          │                    └─ 會計電算化系統與手工系統的區別
                          │
                          ├─ 會計電算化的內容 ─┬─ 會計電算化的形式與層次
會計電算化與會計訊息化基礎 ┤                   └─ 會計電算化系統數據處理的基本流程
                          │
                          ├─ 會計電算化的實施 ─┬─ 實施會計電算化的原則
                          │                   ├─ 會計數據處理電算化實施的內容
                          │                   ├─ 會計數據處理電算化的程序設計
                          │                   └─ 會計電算化系統的操作
                          │
                          └─ 會計訊息化 ──────┬─ 會計訊息系統的構成
                                              └─ 企業資源計劃(ERP)
```

【學習目標】

通過本章的學習，對會計電算化與會計信息化常識有一個基本的瞭解與認識。初步瞭解會計電算化的發展歷程，理解會計電算化系統與手工系統的區別。瞭解會計電算化系統數據處理的基本流程、會計數據處理電算化程序設計以及會計電算化系統的操作。瞭解會計信息系統的構成以及企業資源計劃的功能和構成。

第一節 會計電算化概述

一、會計電算化的必要性

21世紀是人類社會向信息化社會全面邁進的時代。在中國，信息化已經成為推動經濟社會發展的既定國策之一。從基礎的技術創新角度理解，信息化首先是以信息資源開發利用為核心，以網路和通信等新技術為依託的一種新技術擴散過程。從更深層次分析，信息化也帶來了經濟社會組織結構、制度規則和思維文化等全方位的變革與創新。

「信息系統論」認為，會計是一個信息系統，通過會計數據的收集、加工、存儲、輸送及利用，對企業經濟活動進行有效的控製；通過計量、分類和匯總，將多種多樣的和大量重複的經濟數據濃縮為比較集中的、高度重要的和相互聯繫的指標體系，以供各方面人員使用。在人類社會步入信息化階段的過程中，會計信息系統也必然進入信息化時代。具體而言，可以從信息增長本身的特點以及經營管理需求的變化兩個方面來理解。

1. 會計信息大量性與時效性要求會計數據處理必須電算化

根據相關資料統計，大約生產每增長1倍，信息和數據處理量就相應增長3倍，即在現代社會中信息量的增長與生產量的增長成正比關係，會計信息也是如此。面對不斷增長的會計信息和數據處理工作量，傳統的手工會計處理方式已難以勝任，要實現會計數據處理高效率、高質量和實時化，就必須實施會計電算化。

2. 企業管理工作的預測性和決策性要求會計數據處理必須電算化

現代企業管理理論認為，管理的重心在經營，經營的重心在決策。企業為了尋求外部環境、內部條件與經營目標之間的動態平衡，為了提高應變能力和競爭能力，必須對一定時期的生產經營活動進行預測和多方案評價。這種預測性和決策性的管理特徵就需要海量數據、實時數據和更複雜的決策模型工具來支撐，就要求會計信息系統轉向會計電算化系統來提供支持。

3. 會計電算化可以推動會計工作各個方面發生深刻變化

第一，會計電算化中大量的數據計算、分類、歸集、匯總和分析等工作全部由計算機完成，可以降低會計人員的勞動強度，提高會計工作效率；第二，通過會計軟件的技術控制促進會計工作更加規範，也提高了會計工作的質量；第三，實現會計電算化後，會計人員可以從繁雜的基礎和重複性事務中解放出來，使他們把主要精力用於經濟活動的分析、預測和決策支持上，促進會計工作職能的轉變，提高企業管理水平；第四，會計電算化不僅對會計工作人員的工作素質提出了更高要求，也產生了新的技術問題，例如電算化後的會計流程再造、內部控製和審計方法等，這也會促進會計理論研究和實務的發展，促進會計制度的變革；第五，企業會計電算化的發展將為社會整體的管理工作現代化和信息化奠定基礎。

二、會計電算化的發展歷程

會計電算化是以電子計算機和網路技術為主,將現代信息技術和管理信息系統技術應用到會計的簡稱,是對手工會計流程和職能的重構,提升了會計信息處理的及時性、精確性、集成性和共享性。其發展過程與電子計算機技術、管理信息系統的發展緊密相關。1954 年 10 月,美國通用電氣公司第一次用計算機來計算職工的工資,標誌著會計電算化的產生。1978 年前後,中國財政部撥款 500 萬元在長春第一汽車製造廠試點開展會計電算化工作,具體由在中國人民大學和財政科學研究院任教的王景新教授主持。1981 年 8 月,在中國財政部、機械工業部和中國會計學會的支持下,在長春一汽召開了財務、會計、成本核算管理中應用電子計算機專題學術討論會,正式把電子計算機在會計中的應用簡稱為「會計電算化」,這標誌著中國會計電算化的起步。會計電算化的含義也得到進一步的引申和發展,廣義上涵蓋了會計電子化及其相關工作,並逐漸演變為「會計信息化」概念。會計電算化在中國的發展經歷了如下幾個階段:

1. 自行研發和自行應用的 10 年(1978—1988 年)

這個階段以部分企業自行開發和應用會計電算化為特徵,而且由於處於初始階段,會計電算化以單項應用為主,最為普遍的就是工資核算的電算化。1983 年,國務院成立了電子振興領導小組(後改為電子信息系統推廣應用領導小組),在全國掀起了計算機應用的熱潮,會計電算化也有了較快的發展。1988 年,財政部作了一個較詳細的調查,結果顯示全國有 14% 的單位開展了會計電算化工作。其中按照使用的單項數目統計,已開發 1~2 個單項應用的占 73.54%,3~4 個單項應用的占 19.01%,5 個以上單項應用的占 7.45%;按照應用的項目統計,開發最多的項目仍然是工資核算,占 58.52%,其次是報表編制,占 31.41%,再次為帳務處理,占 23.79%。單項應用的一個最大缺點是低水平重複開發,同時形成會計系統內的信息交換障礙。總之,這個時期的電算化系統只是對手工系統核算的簡單模仿,眾多企業各自為政,存在著編碼不統一、核算不規範、程序簡單等問題。

2. 商品化財務軟件大發展的 10 年(1989—1999 年)

1989 年 12 月,財政部發布了《會計核算軟件管理的幾項規定(試行)》,明確了以財政部為中心的組織開發與推廣會計軟件的會計電算化宏觀管理體系,推動了會計電算化軟件開發向通用化、規範化、專業化和商品化發展。在該階段,許多商品化核算軟件專業開發單位和部門相繼成立,如先鋒、萬能、安易軟件品牌發展,王文京創立「用友」財務軟件,徐少春創立「金蝶」財務軟件。1994 年 6 月,財政部相繼頒發了《會計電算化管理辦法》《商品化會計核算軟件評審規則》《會計核算軟件基本功能規範》《關於大力發展中國會計電算化事業的意見》等法規和通知,標誌著中國會計電算化事業進入法制化階段。

該階段與前一階段相比,實現了會計電算化系統內部的信息一體化,即不同會計模塊(帳務、報表、工資等)在商品化軟件中實現了信息共享和協同。但是依然存在不足,就是該階段的會計電算化系統主要是手工會計系統的翻版,沒有與企業的整體信息系統——管理信息系統有效整合,形成了會計信息的「孤島」。

3. 會計電算化與企業管理信息系統融合的 10 年(2000—2010 年)

在企業管理信息系統發展的過程中,人們逐漸把生產、財務、銷售、工程技術、

採購等各個企業內部子系統集成為一個一體化的系統，並稱之為製造資源計劃系統（Manufacturing Resource Planning），為了與物流需求計劃（亦縮寫為 MRP）相區別而記為 MRP Ⅱ。隨著市場競爭的進一步加劇，企業競爭空間與範圍的進一步擴大，MRP Ⅱ 逐漸向 ERP（Enterprise Resource Planning）——企業資源計劃發展。如果說 MRP Ⅱ 主要側重對企業內部人、財、物等資源的管理，那麼 ERP 系統就是在 MRP Ⅱ 的基礎上把客戶需求和企業內部的製造活動和供應商的製造資源整合在一起，形成企業一個完整的供應鏈，並對供應鏈上所有環節如訂單、採購、庫存、計劃、生產製造、質量控製、運輸、分銷、服務與維護、財務管理、人事管理、實驗室管理、項目管理、配方管理等進行有效管理。

在這樣的管理發展背景下，商品化會計核算軟件開發讓位於企業 ERP 一體化軟件開發。會計電算化開始納入企業整體信息化的有機組成部分，成為其中的一個子系統，實現了會計信息與企業經濟業務的整合。如用友公司推出 UF - ERP 系列軟件，金蝶公司推出 K/3 - ERP 軟件，ERP 軟件和概念在中國也真正開始流行。

在該階段，會計電算化作為企業管理信息系統的子系統，與其他子系統之間實現了信息交換，解決了信息「孤島」問題，達到了管理一體化效果。2004 年，國家標準委員會發布了 GB/T19581 - 2004《信息技術會計核算軟件數據接口》標準。這個標準的貫徹執行，有效解決了各種會計軟件之間及其與其他相關軟件之間的數據交換問題，為管理一體化創造了條件。但是，由於 ERP 系統十分龐大，企業實施這樣的系統成本高昂、時間持久，往往要求企業的管理水平較高，甚至會出現 ERP 軟件實施失敗的案例。在這一階段，企業會計電算化的科學實施變得十分重要。

在這十年中，如果說企業內部的會計電算化以 ERP 一體化發展為特徵，那麼企業間的會計電算化發展還要涉及 XBRL 概念。XBRL（eXtensible Business Reporting Language）直譯為「可擴展商業語言報告」，是一種財務報告電子語言，通過對有關財務信息內容增加標記的方法，提供一種編製、發布公司財務報告和其他信息的標準化方法，是一個開放的、平臺獨立的、具有國際標準的數據描述語言。XBRL 的主要作用在於將財務和商業數據電子化，促進了財務和商業信息的顯示、分析和傳遞，並不取代會計準則和財務報告。企業應用 XBRL 的優勢主要有：①提供更為精確的財務報告與更具可信度和相關性的信息；②降低數據採集成本，提高數據流轉及交換效率；③幫助數據使用者更快捷方便地調用、讀取和分析數據；④使財務數據具有更廣泛的可比性；⑤增加資料在未來的可讀性與可維護性；⑥適應變化的會計準則制度的要求。

中國的 XBRL 發展始於證券領域。2003 年 11 月上海證券交易所率先實施基於 XBRL 的上市公司信息披露標準；2005 年 1 月，深圳證券交易所頒布了 1.0 版本的 XBRL 報送系統；2005 年 4 月和 2006 年 3 月，上海證券交易所和深圳證券交易所先後分別加入了 XBRL 國際組織；2008 年 11 月，XBRL 中國地區組織成立；2009 年 4 月，財政部在《關於全面推進中國會計信息化工作的指導意見》中將 XBRL 納入會計信息化標準；財政部於 2009 年 11 月就「中國 XBRL 分類標準架構規範」「中國 XBRL 分類標準基礎技術規範」「財會信息資源核心元數據標準」三個規範標準徵求意見，2010 年 1 月就「XBRL 年度財務報告披露模板（徵求意見稿）」徵求意見；2010 年 10 月 19 日，國家標準化管理委員會和財政部頒布了可擴展商業報告語言（XBRL）技術規範系列國家標準和企業會計準則通用分類標準。在未來一段時間，開發出適用於大型、中

型、小型企業的不同類型的 XBRL 財務報告自動生成系統是大勢所趨。

4. 會計電算化向標準化和國際化邁進（2011 年至今）

在這個階段，中國的會計電算化軟件企業逐漸走出國門，與國際化會計電算化軟件產業開展競爭與合作，如以 SAP、ORACLE 為首的國際管理軟件公司。從國際視野看，中國的會計電算化工作已進入參與國際競爭的高級階段。從國內視野看，中國會計電算化工作進入「會計信息化」階段，向更高層次的管理決策信息化擴展。財政部於 2013 年發布《企業會計信息化工作規範》，廢止了 1994 年前後頒布的《會計電算化管理辦法》等文件，2014 年 10 月 27 日《財政部關於全面推進管理會計體系建設的指導意見》發布，提出推進面向管理會計的信息系統建設。

這一階段中國的會計電算化發展呈現出以下特點：①進一步向「價值鏈一體化」方向擴展，不僅企業內部的人財物、供產銷實現集成化管理，而且處於同一價值鏈上的多個企業或企業集團也出現信息集成化趨勢。②單位會計電算化與行業會計電算化相互滲透、相互促進，單位會計電算化是行業會計電算化的基礎。經過多年的發展，基層單位會計電算化水平已經大大提高，如今行業內數據大集中、軟件大統一成為必然趨勢。③會計軟件技術呈現跨平臺、多種應用系統數據交換、高度集成趨勢。跨平臺和多種應用系統是指同一套會計電算化系統程序編碼可以在多種硬件平臺、操作系統和各種應用軟件系統上運行，保證企業間數據交換；而系統高度集成是指進入系統的數據能夠根據事先的設定以及管理工作的內在規律和內在聯繫，傳遞到相關的功能模塊中，達到數據處理自動智能、高度共享和高度集成。例如，軟件供應商開始在會計軟件中集成可擴展商業報告語言（XBRL）功能，便於企業生成符合國家統一標準的 XBRL 財務報告。④會計電算化應用不僅推動管理實踐持續改進，也導致會計理論向信息化變革，導致會計理論和流程出現再造甚至顛覆性革命。

尤其值得一提的是，大數據和雲計算的發展在這一時期給會計電算化帶來新的機遇和挑戰。2013 年 5 月以「雲計算大數據影響會計信息化，進而影響公司治理結構」為主題的中國會計學會第十二屆會計信息化年會在北京理工大學召開，會議總結認為會計信息系統中將出現智慧化、雲端化，並且實現國際化、多語言，從而構築會計、金融和財務的共享中心，在遠程和雲中統一處理一些基本的會計業務是大勢所趨。而從大數據出發，非結構化數據納入會計信息系統，財務數據與業務數據緊密結合也是發展的趨勢。在未來發展階段，電子原始憑證將全部替代紙質原始憑證，電子簽名將代替手寫簽名，既可以通過國家公共信息平臺進行電子原始憑證驗真，也可以直接從公共信息平臺獲取電子原始憑證，系統自動將電子原始憑證和第三方電子化票據聯動自動生成記帳憑證，從而實現財務數據和業務數據提取一體化，並最終都可以被會計信息使用者按照需求加以提取和分析。

三、會計電算化系統與手工系統的區別

會計電算化系統與手工會計系統相比，不僅帶來了處理工具的變化，也帶來了會計數據處理流程、處理方式、內部控制方式以及組織結構設置等方面的變化，體現了信息化帶來的流程再造（BPR, Business Process Re-engineering）特徵。

1. 會計數據採集、存儲、處理和傳輸方式的區別

在會計數據採集方面，會計電算化系統除了人工輸入方式，還出現了多種自動化

輸入方式，提高了處理速度、減少了會計差錯並加強了信息的實時性。這些自動化輸入方式有：①經濟業務活動現場自動化輸入設備輸入，如超級市場的條形碼掃描系統；②ERP軟件各子系統自動生成原始憑證甚至記帳憑證，如庫存管理系統根據出入庫登錄自動產生憑證傳遞到帳務系統；③遠程網路傳輸，如銀行對帳單等無紙化外來原始憑證。

在會計數據存儲方面，原來的存儲主要材料紙張仍然需要，但重要性讓位於硬磁盤、光盤等新型存儲材料。新的存儲材料體積更小、存儲量更大、易於保管、易於複製和檢查，具有紙質存儲無法比擬的優點，同時也大大縮短了數據存儲的時間週期。

在會計數據處理和傳輸方面，在電算化系統中，原始數據進入系統後，會計處理很少需要人工干預，會計人員只需要根據授權完成審核、比對以及電子簽章，系統會自動完成證、帳、表的各種處理工作，相關處理結果通過企業內部網實現內部共享，並通過國際互聯網進行跨地區傳輸和網路公開披露，並能實現實時查詢和打印。

2. 會計核算組織程序的區別

在手工會計系統中，證、帳、表的處理圍繞如何減少帳務處理的轉抄工作，特別是登記總帳的工作量產生了不同的會計核算組織程序，包括記帳憑證核算程序、匯總記帳憑證核算程序和科目匯總表核算程序等。其局限性體現為：第一，數據大量重複，記帳憑證基本包了帳簿中的所有信息，但是在手工會計系統中，由於記帳憑證零散，必須通過帳簿體系將數據整理匯總，帳簿體系才是手工會計核算處理程序的核心，其實數據登記謄抄是不產生增加值的重複性工作環節；第二，容易產生數據錯誤，在數據轉抄和匯總過程中，容易產生過帳錯誤和計算錯誤，導致帳證、帳帳不符現象。

而在會計電算化系統中，帳簿體系在會計核算組織程序中的核心地位讓位於記帳憑證，因為一旦記帳憑證錄入系統，所有信息都已經錄入數據庫，帳簿和報表不過是按照一定規則從數據庫中產生的查詢或視圖。所以，在會計電算化系統中，不需要設計不同的會計核算組織程序，統一使用記帳憑證核算程序就可以了。同時，也不需要設計帳簿登記頻率是逐日逐筆登記還是匯總登記，因為只要記帳憑證錄入及時，所有的帳簿都可以實現逐日逐筆登記、逐日匯總。因為帳簿是通過數據庫按照設定規則自動生成，也就不會產生帳證、帳帳不符現象。甚至可以認為，在會計電算化系統中已經沒有必要再繼續沿用手工會計下關於帳簿的一些概念和分類方式了。因為它完全改變了手工系統中各種帳簿的不同處理方式和核對方法，實現了數出一門（都從憑證上來）、數據共享（同時產生日記帳、特種日記帳、總分類帳、明細分類帳、報表等）。

上述變化也導致許多手工系統中的記帳規則不復存在，如手工系統下每年年初的帳簿設置工作，帳頁登記中的劃線註銷、劃線更正方法，期末帳簿結帳的「線結法」等都不再需要。但是，帳簿更正中的紅字更正法與補充登記法在會計電算化系統中依然存在。

可見，記帳憑證在會計電算化系統中具有舉足輕重的作用。在目前的會計電算化系統中，外來原始憑證多數仍為紙質，無法在系統中實現數據自動採集，所以根據紙質原始憑證手工錄入的記帳憑證需要登記比手工狀態下更多的信息，如數量、單價、成本中心、項目中心、票據號碼、往來單位等，方便會計電算化系統進行輔助核算。可以想像，在未來原始憑證實現無紙化後，記帳憑證的核心地位也會消失，將讓位於大型的業務原始數據庫。

3. 內部控製的區別

在手工會計系統中，通過職能分工與人員授權和牽制形成的內部控製體系以及通過憑證、帳簿、報表之間的鉤稽關係而形成的內部控製體系相輔相成，適合於手工會計處理方式。會計電算化以後，信息技術本身就是一種內部控製手段，電算化系統中內置了很多控製規則，如人員認證、過程記錄、額度控製、赤字控製等，提高了控製水平。但是，會計電算化的新環境也要求內部控製採用新的方式。在會計電算化下，新型內部控製按照實施環境可分為一般控製和應用控製。一般控製是普遍適用於計算機數據處理的控製，包括組織控製、計劃控製、文檔控製、硬件控製、軟件維護控製、軟件質量控製等。應用控製則是在運用計算機進行會計數據處理過程中所實施的內部控製，包括輸入控製、處理控製和輸出控製。從國內外的資料來分析，會計電算化系統對內部控製的要求更嚴密，範圍更廣泛，如果不加強會計電算化系統的內部控製，將會造成比手工系統下更大的危害。

4. 會計工作崗位設置的區別

手工會計系統中企業一般可設置以下主要會計工作崗位：①會計機構負責人或會計主管人員崗位；②出納崗位；③財產物資核算崗位；④工資核算崗位；⑤成本費用核算崗位；⑥資金核算崗位；⑦債權債務核算崗位；⑧總帳與報表崗位；⑨稽核崗位；⑩檔案管理崗位等。

在會計電算化環境下，崗位設置與以上崗位設置有所不同。財政部於1996年6月10日發布的《會計電算化工作規範》中將會計電算化後的崗位分為基本會計崗位和會計電算化工作崗位。電算化會計崗位包括：①電算主管；②軟件操作；③審核記帳；④電算維護；⑤電算審查；⑥數據分析。

可見，在會計電算化系統中出現了新的崗位，但主要還是手工系統傳統崗位的消失或歸並。這不僅使廣大財會人員從繁雜的記帳、算帳、報帳中解脫出來，也大大提高了會計工作效率，使會計人員將工作重心轉移到預測、預算、過程控製和分析、數據分析和決策支持等方面，為管理提供全面、及時和準確的會計信息。

最後需要強調的是，儘管出現上述眾多顯著變化，但是在目前會計電算化的技術水平下，會計電算化系統遵循的會計目標、會計假設和會計原則並沒有發生變化，與手工會計執行相同的會計制度，遵守著共同的基本會計理論與會計方法，會計數據處理步驟大體一致，會計檔案管理也相同。

第二節　會計電算化的內容

一、會計電算化的形式與層次

按照會計電算化發展的不同階段以及企業實施信息化的不同程度，會計電算化工作可以分為以下四種形式，這四種形式也構成了遞進的層次關係。

1. 帳務處理電算化

帳務處理電算化也稱「甩帳」，即通過配備或開發會計電算化軟件包中的「總帳系統」和「報表系統」，實現會計核算中的「證－帳－表」處理電子化，將會計人員從

繁瑣的帳務登記和報表編制中解放出來。具體而言，由會計人員審核原始憑證後，在計算機中錄入記帳憑證，審核通過後由計算機自動登記形成總帳、各級明細帳和各種匯總表，最後再由計算機根據固定格式報表的數據計算規律自動生成資產負債表、利潤表等規定報表。

因為帳務處理和報表編制是財務工作的基礎內容，這種形式的會計電算化也就構成了基本層次或初級層次，適合於會計電算化工作的開始階段或會計工作簡單、信息化基礎薄弱的小企業。

2. 會計核算工作全面電算化

由於會計工作範圍較廣，一般可以分為會計核算、會計管理和會計決策三個部分。會計核算工作全面實現電算化是企業會計電算化的第二種形式與層次。具體是指在帳務處理和報表編制實現電算化的基礎上，繼續配置或開發相關軟件系統，實現應收管理、應付管理、固定資產核算、存貨核算、成本核算、工資核算、財務分析等多項會計核算業務的電算化，使會計核算各個方面均能通過計算機以及企業內部網路進行處理。這個層次已經實現會計核算工作全面電算化，適合於會計電算化的初級階段或信息化基礎一般的中小企業。

3. 會計－業務一體電算化

在這個層次，不僅會計核算工作實現全面電算化，企業的供產銷和人財物的管理也實現全面電算化，通過企業內部網實現協同管理，也就是通常所說的「ERP」（企業資源計劃）系統。會計核算系統與企業實際業務系統有機結合，例如採購管理與應付管理、銷售系統與應收管理、庫存管理與存貨核算、生產管理與成本核算等，實現企業內部網的數據共享和自動化處理，很多會計記帳憑證、會計監督工作由計算機自動完成，實現數據實時化處理，許多會計管理和決策工作實現自動化和智能化。

因為這個層次的電算化工作將實現企業管理的全面電算化，並且實現計算機實時控制，所以也可以稱之為管理和控制層次。目前，中國的多數企業處於建立和完善該層次的會計電算化系統階段。

4. 社會經濟信息系統一體化

如果說以上幾個層次的會計電算化發展還局限於一個企業內部，那麼在一個企業實現全面電算化後，下一個層次的發展就開始突破企業的界限。首先，對於一個企業集團，通過互聯網實現不同地域甚至不同國家的子公司協同管理；其次，處於原料供應、生產加工、批發、營銷與銷售、售後服務這樣一個「價值鏈」鏈條的不同企業，為應對激烈的競爭而聯繫更加緊密、響應更加及時，於是服務於整條「價值鏈」的「URP（Union Resource Planning）」系統開始產生，被認為是超越「ERP」系統、實現「價值鏈」多企業協同和共享的電算化系統；最後，隨著整個社會的電算化和信息化不斷加強，不同經濟部門之間也慢慢實現數據實時處理和無紙化傳遞，例如企業系統與銀行系統、稅務系統、監管系統、統計系統的網上交互功能越來越豐富和安全，最終將實現整個社會經濟信息系統的全面電算化。當然，這個層次的會計電算化還只是當前發展的趨勢。

按照上述四個遞進層次的分析，可以發現一個企業的會計電算化工作是需要逐步擴展和深入的。企業應當充分重視層級升級問題，加強組織領導和人才培養，不斷推進企業應用會計電算化層次的提高和深化。處於會計核算電算化階段的企業，應當結

合自身情況，逐步實現資金管理、資產管理、預算控製、成本管理等財務管理電算化，並逐漸與企業內部經濟業務電算化相協同，形成企業一體電算化；處於財務管理電算化階段的企業，應當結合自身情況，逐步實現財務分析、全面預算管理、風險控製、績效考核等決策支持信息化，並與企業外部的相關單位電算化系統進行數據共享和交互，進一步推進經濟信息電算化。

二、會計電算化系統數據處理的基本流程

下面以「用友U8」會計電算化系統為例，介紹會計電算化系統數據處理的基本流程。該軟件系統是用友公司為中型企業開發的ERP一體化軟件包，其中會計電算化部分的數據處理基本流程可以用圖12-1表示。

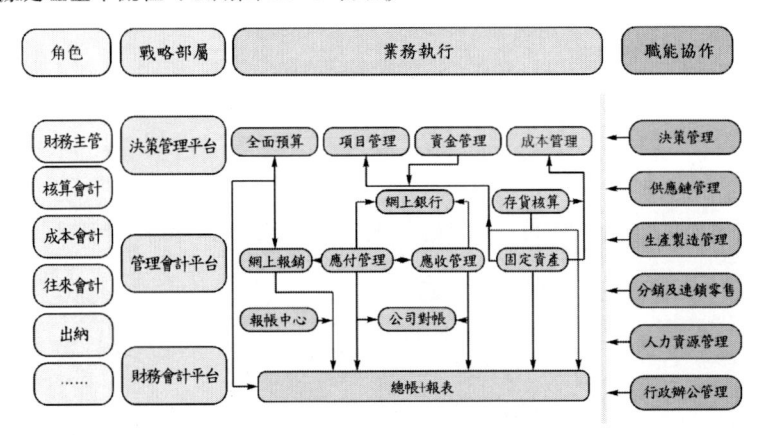

圖12-1 會計電算化數據處理流程圖

（一）業務數據匯集傳遞流程

首先，我們從圖12-1的最右端「職能協作」部分開始分析。這部分表示企業中與會計電算化系統平行的其他主要業務處理模塊，如供產銷、人財物的管理。在會計電算化系統中，即圖11-1中間「業務執行」部分，均與這些業務處理模塊建立了數據連接。這樣，在企業中每項具體事務的發生，涉及資金的信息將自動採集進入會計電算化系統，實現了業務數據匯集的自動化和實時化。例如，採購管理連接會計電算化系統的應付管理模塊、銷售管理連接會計電算化系統的應收管理模塊、倉庫管理連接會計電算化系統的存貨核算模塊、生產管理連接會計電算化系統的成本核算模塊等。隨後，經過「業務執行」部分各模塊的數據整理與匯總，形成對企業管理決策有用的財務信息。這些信息向企業的高級管理人員傳遞，用於分析和控製企業經營過程，用於預測和預算企業未來發展，用於制定企業未來的戰略部署。

（二）會計核算與管理傳遞流程

接下來我們重點分析圖12-1中間部分，「業務執行」表示該部分是會計電算化的內部傳遞流程。按照會計信息系統的數據處理流程，這部分可以分解為三個層次：第一個層次是財務會計數據傳遞流程，將自動匯集和手工輸入的業務數據轉化為會計數據，其作用等同於手工狀態下將原始憑證轉變成記帳憑證，並登記入帳編成報表的數據處理流程；第二個層次是利用財務會計數據展開管理會計流程，如進行應收帳款分

析、最佳存貨計算等；第三個層次是決策支持流程，即利用財務會計數據、管理會計數據以及其他職能系統數據開展全面預算、成本優化、持續改進、投資籌資規劃等重大決策流程。

具體而言，「業務執行」中的各個模塊是會計電算化系統的主要組成部分，通常包括總帳處理模塊、固定資產管理模塊、工資管理模塊、應收管理模塊、應付管理模塊、成本管理模塊、報表管理模塊、存貨核算模塊、財務分析模塊、預算管理模塊、項目管理模塊、其他會計管理和決策模塊。這些模塊以總帳處理模塊為核心，各自具有相對獨立的功能，一個功能模塊完成某項管理業務，是組成會計電算化系統的基本單位。與此同時，各個模塊之間存在數據傳遞關係，通過這種聯繫組成一個有機的整體去實現會計電算化的總體目標。

（三）監督和控製傳遞流程

最後我們還要分析圖 12-1 中的一種反向數據處理流程。如果說上述兩個流程構成了從基層業務部門向高層決策部門數據傳遞的正向流程，體現了會計的核算基本職能，那麼在會計電算化系統中還存在一種從高層決策部門向基層業務部門數據傳遞的反向流程。即將決策者制定的各種預算、成本控制目標、優化改進方案貫徹到具體業務部門，用以控制和考核業務部門行動是否具備合法性與合理性。這也是會計的監督職能。以預算管理為例，全面預算管理模塊編制的預算經高管審核批准後，生成各種預算申請單，再傳遞給帳務處理模塊、應收管理模塊、應付管理模塊、固定資產管理模塊、工資管理模塊，進行責任控制，同時也會傳遞到具體業務執行模塊，例如銷售管理、生產製造管理等，用於過程控制。

第三節 會計電算化的實施

一、實施會計電算化的原則

實施會計電算化要依據相關法律法規，遵循一定的會計原則，充分考慮和結合本單位的特點和管理現狀，才能使企業實施會計電算化達到預期目標。具體而言，企業在實施會計電算化時應遵循以下幾個原則：

（一）合法性原則

實施會計電算化的合法性主要包括會計電算化軟件的合法性和會計電算化操作的合法性。會計電算化軟件的合法性是指會計電算化軟件應符合中國財務會計制度、稅收制度和財經法規的要求，必須符合財政部頒發的《會計核算軟件基本功能規範》的要求，會計軟件的設計說明書、用戶操作手冊、項目開發、總結報告等軟件資料必須符合國際 GB8567-88《計算機軟件產品開發文件編制指導》的相關規定；如果是採購商品化會計電算化軟件，該軟件還必須經過財政部門的合法評審。

會計電算化操作的合法性主要包括按照財政部《關於大力發展中國會計電算化事業的意見》的有關要求，安排人員參加財政部門組織的各級培訓和考試，獲得初級、中級或高級資格證書後才能擔任會計電算化相應崗位的工作；會計電算化工作人機並行三個月以上，結果一致後，按照財政部《會計電算化管理辦法》向當地財政部門遞

交申請材料，審批通過後才可以甩帳，會計電算化系統才可以正式運行。

（二）系統性原則

系統性原則是指從整體觀、發展觀和最優觀等系統觀點進行會計電算化的實施工作。具體可以分解成以下兩點：

1. 內部與外部相聯繫

會計部門作為企業管理的重要職能部門，與其他職能部門存在密切聯繫。因此，在實施會計電算化時，應統籌考慮各職能部門在內的企業整個管理工作的電算化工作，按照信息化要求重新梳理和改革現有業務流程，在軟件中既要分清各子系統的界面，又要留好各子系統之間的接口，並在數據結構設計上做到標準一致、信息共享。

2. 局部目標與整體目標相結合

會計電算化系統可以劃分為許多子系統，實施會計電算化可能不會一次配備完成所有子系統，也可能會計電算化系統實施的時間與企業其他管理信息系統的實施時間不一致。所以，企業中的會計電算化工作必須分階段分層次進行。那麼，在各子系統實施時，必須有全局的觀點，要考慮與其他子系統的對接與互動，使逐個實施的子系統全面完成後能夠組成高質量的全面企業信息系統。

（三）可靠性原則

可靠性是會計電算化系統能否實施的重要前提。影響系統可靠性的因素眾多，主要考慮這樣三個方面：首先是數據與信息的準確性，要建立可靠的內部控製系統，保證數據和各個環節操作的準確性；其次是數據與信息的安全性，要求建立一套完善的管理制度與技術方法，防止系統被非法使用、數據丟失或被非法改動，還應建立系統被破壞時的恢復功能；最後是易擴充性，要求實施後的會計電算化系統在運行週期內能夠根據外部環境變化或內部管理要求進行升級和二次開發。

（四）易用性原則

易用性也就是易操作性。會計電算化系統應該盡量符合會計人員的手工習慣，具有友好的界面、準確簡明的操作提示、簡單方便的操作流程、響應及時的售後服務，以及人員再培訓、定期的軟件升級服務等。

（五）效益性原則

會計電算化實施的最終目的是提高企業的經濟效益。所以，在會計電算化實施前應該通過可行性研究，對於各項投入要有預算控製、預期的各項收益和效率改進要有可控的評價指標；在會計電算化實施過程中，要嚴格按照經費預算、時間計劃有序進行，堅持效益性原則，力求降低實施成本，提高實施質量和速度；在會計電算化實施成功後，要進行成本決算，並且考核會計電算系統實施的各項預期目標是否完成，堅持持續改進。

二、會計數據處理電算化實施的內容

目前，越來越多的企業意識到，要想使企業在市場上具有競爭力，就必須建立會計電算化系統和現代企業管理信息系統。那麼，基層企業應該怎樣組織和實施會計電算化呢？本小節將重點闡述這方面的問題。

（一）全面規劃

會計電算化的實施是一個龐大的系統工程，任何一個單位都需要統籌安排、全面規劃。首先，應確定系統實施的目標。目標一般有這樣幾個層次：主要會計業務電算化、全部會計業務電算化、會計全面實施電算化。需要將系統目標分解為近期、中期和長期子目標，並制定相應的規劃。在規劃制定過程中，得到企業主要領導和所涉及部門主管的支持是至關重要的。同時，要加強與涉及員工的交流和溝通，讓他們充分參與到規劃制定中來。所制定規劃的內容應包括：實現會計電算化的近期和中長期目標、基本實施步驟、時間安排、部門分工、資金預算、軟硬件配置、人員配置、責任與驗收等。

考慮到會計工作的規律，在實施的時間安排上應該選擇年初正式投入運行，這樣系統初始化工作量最小。按照規定，系統正式運行前必須與手工核算並行三個月。所以，可以選擇的一種方案是當年10月份投入試運行，第二年1月份甩帳運行，4月份再試運行業務管理系統，7月份將會計核算電算化系統與業務管理電算化系統整合運行。

（二）軟硬件配置

在為會計電算化系統配置軟硬件的過程中，最核心的問題是選配會計軟件，然後按照所選擇會計軟件的要求，在會計軟件實施顧問的參與下選配計算機和網路硬件以及相關係統軟件和其他支撐軟件。這裡我們僅分析如何選配會計電算化軟件。會計電算化軟件的取得一般有購買、定制開發、購買與開發相結合等方式。其中，購買通用會計軟件方式使用最為廣泛，它的特點是企業投入少，見效快，購置軟件質量可靠，運行效率高；但是，這類軟件的缺點是通常針對一般用戶設計，難以適應企業特殊的業務或流程。企業與外部單位聯合開發是第二種常見的獲得方式。由本單位財務部門和網路信息部門進行系統分析，外單位負責系統設計和程序開發工作。採用這種方式的優點是能夠結合企業的特殊需求，由企業內部人員參與開發，他們對系統的結構和流程更為熟悉；但是這種方式下開發週期較長，開發費用較高，所以這種方式適用於具有特殊性和保密性的行業，如銀行等金融機構。除此之外，完全自主開發、完全委託外單位開發也是獲得會計電算化軟件的方式，但是這兩種方式目前已很少使用。

由於大多數企業會採用購買通用會計軟件方式，所以這裡還要強調一下選擇和購買商品化會計電算化軟件的考察要點。

1. 會計電算化軟件的合法性

商品化會計電算化軟件必須符合中國有關財務制度、會計制度和稅收制度的要求，必須符合財政部頒發的《會計核算軟件基本功能規範》的要求。同時，該商品化軟件還必須經過財政部或省級財政部門的合法評審。最後，還要考察該商品化軟件是否已經將新的會計準則、稅法要求、公司法變革等新的制度貫徹到其中。

2. 會計電算化軟件的通用性與可擴展性

會計電算化軟件的通用性是指軟件能夠適應不同行業、不同記帳方法的企事業單位的核算需要，還能夠適應單位本身內外部環境變化的需要。在選擇會計軟件時，單位應考察其通用性。例如，在初始化中，能夠不用改變系統就能選定或設置不同的憑證、科目、帳簿和報表的體系、格式；在帳務處理過程中，對於期末的一些常用的固

定業務，如費用分配、稅金計算、提取各項費用、本年利潤和匯兌損益的結轉等，可以利用系統提供的自定義轉帳憑證來實現；通用報表處理系統中能夠提供自動生成符合會計準則要求的基本報表，同時也可以通過適當定義，生成各類內部報表。

但值得注意的是，通用性並不意味著會計電算化軟件不能體現企業的個性化特徵，通用性軟件還要保持良好的可擴展性。可擴展性是指軟件各功能模塊都應配置專門的數據接口，整個系統的數據結構清晰，功能擴展容易，方便增加新的子功能模塊，並能與原系統各模塊並行使用、數據共享。企業應至少從以下三個方面考察商品化會計電算化軟件的可擴展性：①會計軟件具有二次開發功能，方便企業根據自身需要增加特殊功能；②會計軟件可以分模塊應用，先使用的模塊與以後應用的模塊之間可以無縫連接；③會計軟件提供標準數據接口，可以與銀行、稅收系統、其他品牌商品化軟件實現數據交換，最好能夠自動生成 XBRL 財務報告。

3. 會計電算化軟件的操作方便性與安全可靠性

評價會計電算化軟件操作是否方便，主要是分析其各種屏幕輸入格式是否簡潔明瞭，是否有各種操作提示，各種提示用語是否表達準確並符合會計人員的習慣；還要分析操作過程是否簡單方便，是否符合會計人員的習慣或易於被會計人員接受，各種自定義功能是否便於操作和使用等。既先進又實用，易學易懂是衡量會計軟件操作方便的重要標準。在操作方便的同時，還要求會計軟件應安全可靠。安全性是指會計軟件防止會計信息被洩露和破壞的能力，可靠性是指會計軟件防錯和糾錯的能力。主要考察以下幾個方面：會計軟件安全可靠性措施是否完備與有效、初始設置的安全可靠性措施是否有效、數據輸入和輸出的安全可靠性措施是否有效、會計數據處理和存儲的安全可靠性措施是否有效。

4. 會計電算化軟件實施保障與售後服務的有效性

會計電算化系統的實施是一個複雜的工作，涉及計算機、網路、管理、會計等多種職能的配合，所以購買商品化軟件時要考察軟件公司實施保障如何，包括在同行業實施成功的案例、實施工程師的資歷、實施具體計劃與安排等。同時，由於計算機軟硬件更新速度快、會計等經濟制度也存在變革的可能性，所以選購會計電算化軟件還要考察軟件公司的售後服務安排，主要包括日常維護和用戶培訓是否響應並處理及時、會計軟件的產品保修和版本更新是否及時等方面。

(三) 人員培訓

會計電算化是一個系統工程，不僅需要會計、計算機專門人才，也需要既懂會計又懂計算機的複合型人才。所以，人員培訓成為企業成功實施會計電算化工作的關鍵環節。在電算化系統運行前，需要對有關人員進行培訓。按照財政部《關於大力發展中國會計電算化事業的意見》對加強會計電算化人才培訓的要求，會計電算化知識培訓可以劃分為初級、中級和高級三個層次：初級培訓使廣大會計人員能夠掌握計算機和會計核算軟件的基本操作技能；中級培訓使一部分會計人員能夠對會計軟件進行一般維護或對軟件參數進行設置，為會計軟件開發提供業務支持；高級培訓則使少部分會計人員能夠進行會計軟件的系統分析、開發與維護。會計電算化培訓具體又分為三種形式：財政部組織開展的會計電算化培訓、軟件公司提供的會計軟件培訓和單位自行組織的會計電算化培訓。

(四) 會計數據的整理與準備

在將手工核算的基礎數據輸入計算機前，為保證數據的正確性及以後電算化系統的正常運行，需要對手工數據進行整理。要做以下幾項工作：①按照國家統一會計制度的要求，結合單位具體情況和軟件功能說明，建立一套完整的會計科目體系，包括科目名稱、編碼、類型、性質、編碼長度、輔助核算功能等；②編製單位、部門、人員、資產、項目、往來單位、客戶單位等標準化代碼；③重新確定單位憑證、帳簿和報表的名稱、內容、格式和具體數據傳輸路徑，充分考慮到計算機的強大功能有所創新和增加，不是一味追求符合手工會計習慣；④整理原有的手工單據、憑證、卡片、帳簿和報表，並核對無誤，保證所有初始數據的正確性。

(五) 初始化設置

會計電算化系統在軟件、硬件、人員和手工數據等各項工作結束之後，仍不能馬上投入運行，還必須為電算化系統建立一個良好的工作環境和帳務環境。正像在手工環境下的「建帳」工作環節一樣，實施會計電算化也必須將原手工會計核算資料輸入計算機，稱為「初始化工作」。主要包括以下幾項內容：①在系統中設置操作員分工、劃分權限以及預設口令；②輸入會計核算軟件所必需的期初數據及相關資料；③輸入各輔助核算項目資料，包括部門、項目、往來、庫存等各類信息；④選擇會計核算方法和會計政策、定義自動轉帳憑證等。

為保證實施會計電算化後會計工作的質量，財政部頒發的《會計電算化管理辦法》和《會計電算化工作規範》都要求在計算機完全替代手工記帳前必須進行計算機與手工會計核算並行三個月以上，這稱為實施過程中的試運行階段。在這一過程中，計算機與手工核算的數據應相互一致，軟件運行要安全可靠，打印輸出的證帳表格式必須正確，簽名蓋章必須齊全。計算機與手工並行的主要任務是檢查已建立的會計電算化核算系統是否充分滿足要求，使用人員對軟件的操作是否存在問題，對運行中發現的問題是否還應該進行修改，並逐步建立比較完善的電算化內部管理制度。試運行的時間一般選擇年初、年末、季初、季末等特殊的會計時期，這樣才能更全面地比較手工數據與電算化數據。試運行結束後向當地財政部門申請替代手工記帳的審查驗收。

三、會計數據處理電算化的程序設計

實現會計電算化關鍵是要有一個能夠滿足企業管理要求的軟件系統。獲得會計電算化軟件的方式主要有以下幾種：單位自行開發、與技術單位聯合開發、購買商品化會計電算化軟件。如果企業沒有特殊要求，購買商品化軟件也是企業實現會計電算化的主要途徑。商品化軟件由專業的計算機軟件開發公司在國家相關標準指導下，結合大多數企業的工作實際所開發出的具有通用性和標準化的軟件系統。作為知識結構的一個組成部分，我們需要瞭解會計數據處理電算化程序設計的基礎流程。

會計電算化軟件按照軟件的生命週期規律進行設計開發，包括計劃、開發、運行和演進等不同時期，可以描述為圖12-2所示的瀑布模型。

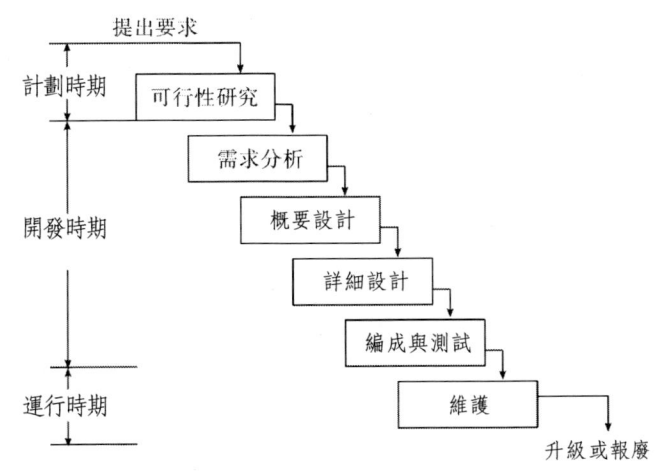

```
                    提出要求
                      ↓
   計劃時期 ┬──→ 可行性研究
           │         ↓
           │      需求分析
           │         ↓
   開發時期 ┤      概要設計
           │         ↓
           │      詳細設計
           │         ↓
           │      編成與測試
           │         ↓
   運行時期 ┴──→   維護
                      ↓
                 升級或報廢
```

圖 12-2　會計數據處理電算化程序設計的生命週期模型

在這樣的生命週期中，首先是分析用戶的需求與各種制約條件，通過細緻的調查來論證開發該系統的可能性。如果可行則制訂出初步實施計劃，進入開發階段。在開發階段，第一步進行系統分析。在瞭解清楚用戶對新系統的全部需求後用軟件工具準確無誤地畫出新系統的邏輯模型，如數據流圖、數據字典、加工邏輯說明；第二步是概要設計，也稱總體設計，對系統進行分解，由數據流圖導出並優化成由模塊組成的軟件結構圖，編寫出各模塊說明書；第三步是詳細設計，設計出每個模塊的算法和數據結構，還包括具體的數據庫設計、文件設計、界面設計與代碼設計；第四步是編程與測試，使用選定的程序語言，按照前面步驟形成了指導性文檔資料編寫程序，編寫完成後，依次經過分模塊測試、集成測試和驗收測試，完成開發的所有工作，才能將軟件系統交付運行。在交付給企業運行時，前三個月是試運行，由手工和計算機並行處理一定時期完整的會計業務來驗證會計電算化軟件是否達到設計要求並及時修改完善。當然，隨著企業的發展和環境的變化，原先科學先進的軟件也可能被更先進的軟件所取代，而更先進的軟件也是通過這樣的生命週期開發出來的。

四、會計電算化系統的操作

企業可以選擇的會計電算化軟件系統有很多品牌，甚至可以委託軟件公司為企業量身定做，但為了兼顧會計工作人員的手工操作習慣，這些會計電算化系統的操作大同小異。下面以江蘇省會計從業資格考試中涉及的會計電算化系統為例，簡單說明其操作要點。按照要求，初級會計電算化中應該掌握帳務處理、固定資產管理、工資管理、應付管理、應收管理、報表管理等模塊的操作應用。

根據會計分期處理的特點，每一個模塊的操作流程一般都包括系統初始化、日常處理和期末處理三個環節。系統初始化是系統首次使用時，根據企業的實際情況進行參數設置，並錄入基礎檔案與初始數據的過程；日常處理是指在每個會計期間內，企業日常營運過程中重複、頻繁發生的業務處理過程；期末處理是指在每個會計期間的期末所要完成的特定業務，例如各個功能模塊的月末結帳。下面重點以「初始化設置」

「帳務處理」和「報表管理」模塊為例進行分步驟講解。

（一）初始化設置

初始化設置是會計電算化系統每個子系統操作的第一步工作，就是將通用的會計電算化軟件與具體企業的管理要求、業務特點相結合，使通用的軟件專用化。

該步驟主要的操作要點是：新建帳套、用戶權限管理、輸入基礎資料、設定核算項目和各類參數、設定帳套備份與恢復等。

1. 新建帳套

使用系統管理員身分運行商品化軟件的第一步是「新建帳套」或「選擇帳套」。帳套是指存放會計核算對象的所有會計業務數據文件的總稱。建立帳套是指在會計軟件中為企業建立一套符合核算要求的帳簿體系。帳套中包含的文件有會計科目、記帳憑證、會計帳簿、會計報表等。一個帳套只能保存一個會計核算對象的業務資料，在同一會計軟件中可以建立一個或多個帳套。

點擊新建帳套後，輸入各項帳套參數。值得注意的是，這些參數一旦設定，除「帳套名稱」外均不能再進行修改。這些參數通常包括帳套編號、帳套名稱、公司名稱、公司地址、企業所屬行業性質、會計科目級數、會計期間、記帳本位幣等內容，有時還包括選擇將要開啟使用的各個具體子系統。

2. 管理用戶並設置權限

進入所建立的新帳套後，接下來的操作就是增加會計電算化系統的操作人員並分配合適的權限。具體參數包括用戶所屬組名稱（類別）、用戶編號、用戶姓名、用戶登錄名及其初始密碼、用戶角色等。

在增加用戶後，一般應該根據用戶在企業核算工作中所擔任的職務、分工來設置其對各功能模塊的操作權限。通過設置權限，用戶不能進行沒有權限的操作，也不能查看沒有權限的數據。例如，設定一個會計人員的如下權限資料：屬於會計組、為「錄入員」角色，擁有「帳務處理——憑證」中除「憑證審核」「修改其他用戶憑證或單據」以外的所有權限。

3. 設置系統公用基礎信息

設置系統公用基礎信息包括設置編碼方案、基礎檔案、收付結算信息、憑證類別、外幣和會計科目等。其中，編碼方案是指企業中部門、職員、客戶、供應商、科目、存貨分類、成本對象、結算方式和地區分類等所適用的具體的編碼規則，包括編碼級次、各級編碼長度及其含義，通過編碼符號能唯一地確定被標示的對象。有了編碼方案後，就可以依次輸入企業部門檔案、職員信息、往來單位信息、項目信息等內容，便於後續核算中使用。

接下來，設置收付結算方式、憑證類別、外幣和會計科目。會計科目是後續處理中填制會計憑證、記帳、編制報表等各項工作的基礎和重要依據。這裡詳細介紹其操作要點。與手工核算下的多層級的會計科目表相比，會計電算化系統中會計科目設置更為複雜，功能也更加強。在會計電算化系統中，每一個會計科目的屬性有了擴展，不僅包括科目編目、科目名稱、科目類型，還需要輸入帳頁格式、餘額方向、是否具有外幣核算、是否進行數量核算、是否為現金或現金等價物科目、是否開設日記帳、是否開設銀行帳、是否具備其他輔助核算等多項內容。其中，輔助核算是手工會計系統中難以實現的，在手工系統中只能依靠開設下級明細帳的方式進行，信息較為零散，

而電算化系統下的輔助核算功能較好地解決了這一問題。輔助核算的目的是實現對會計數據的多元分類核算，為企業提供專項管理所需的信息。輔助核算一般包括部門核算、個人往來核算、客戶往來核算、供應商往來核算、項目核算等。輔助核算一般設置在末級科目上，某一會計科目可以同時設置多種相容的輔助核算，例如「其他應收款」就可以同時進行往來核算、按部門輔助核算、按職員輔助核算。

（二）帳務處理模塊的操作

「帳務處理」是會計電算化系統各功能模塊的中心，輸入用戶名和密碼進入其主界面後，可以發現它也有自己的一套菜單系統，包括「初始設置」「憑證處理」「帳簿查詢打印」「輔助管理」「系統服務」「月末處理」等。

1. 帳務處理模塊初始化工作

在帳務處理模塊中，常見的初始參數設置包括憑證編號方式、是否允許操作人員修改他人憑證、憑證是否必須輸入結算方式和結算號、現金流量科目是否必須輸入現金流量項目、出納憑證是否必須經過出納簽字、是否對資金及往來科目實行赤字提示等。在這些參數設置好以後，還需要錄入會計科目初始數據，包括會計科目的初始餘額和發生額等相關數據。如果會計科目設置了數量核算，用戶還應該輸入相應的數量和單價；如果會計科目設置了外幣核算，用戶應該先錄入本幣餘額，再錄入外幣餘額；如果會計科目設置了輔助核算，用戶應該從輔助帳錄入期初明細數據，系統會自動匯總並生成會計科目的期初餘額。

2. 帳務處理模塊日常處理

帳務處理模塊日常處理主要包括憑證處理、帳簿查詢、出納管理等日常業務。其中，憑證是帳務處理的入口，是關鍵環節，其他處理都是在此基礎上自動控製的，所以這裡重點強調憑證處理的操作要點。

應該說，帳務處理模塊中多數記帳憑證是由其他功能模塊自動產生而傳遞到「帳務處理」模塊的，在帳務系統中進行審核登帳。但是也有一些業務如借款、報銷等需要會計人員直接在「帳務處理」模塊輸入記帳憑證。憑證錄入的內容包括憑證類別、憑證編號、製單日期、附件張數、摘要、會計科目、發生金額、製單人等。用戶應該確保憑證錄入的完整、準確。另外，對於系統初始設置時已經設置為輔助核算的會計科目，在填制憑證時，系統會彈出相應的窗口，要求根據科目屬性錄入相應的輔助信息；對於設置為外幣核算的會計科目，系統會要求輸入外幣金額和匯率；對於設置為數量核算的會計科目，系統會要求輸入該會計科目發生的數量和交易的單價。

自動產生和手工錄入的記帳憑證依次經過審核、登帳後形成正式的帳簿資料。如果已經登帳後的憑證發現有科目錯誤，系統還提供「紅字憑證」進行對沖修改。值得一提的是，會計電算化系統中可以選擇一天記一次帳、一天記多次或多天記一次帳，即使沒有記帳，在帳簿查詢時，也可以選擇「包含未記帳憑證」進行顯示，提高信息的實時性。帳務系統提供不可逆的記帳功能，確保對同類已記帳憑證的連續編號，不會提供對已記帳憑證的刪除和插入功能，不會提供對已記帳憑證日期、金額、科目和操作人的修改功能。

3. 帳務處理模塊期末處理

帳務處理模塊期末處理是指會計人員在每個會計期間的期末所要完成的特定業務，

主要包括會計期末的轉帳、對帳、結帳等。在會計電算化系統中，這個處理步驟的最大特點是可以設置「自動轉帳」進行自動化處理。自動轉帳是指對於期末那些摘要、借貸方會計科目固定不變，發生金額的來源或計算方法基本相同，相應憑證處理基本固定的會計業務，將其既定模式事先錄入並保存到系統中，在需要的時候，讓系統按照既定模式，根據對應會計期間的數據自動生成相應的記帳憑證。自動轉帳的目的在於減少工作量，避免會計人員重複錄入此類憑證，提高記帳憑證錄入的速度和準確度。

在帳務處理模塊期末處理中，常常設置的自動轉帳包括這樣兩類：一類是期末匯兌損益調整，在本期所有涉及外幣的記帳憑證完成過帳操作後，月末輸入新的當前外幣匯率，設置自動轉帳憑證中匯兌損益科目、憑證摘要等內容，則系統會根據科目設置中事先設定為外幣核算、需要期末調匯屬性的會計科目生成自動憑證。二是期間損益結轉，用於在一個會計期間結束時，將損益類科目的餘額結轉到本年利潤科目中，從而及時反映企業利潤的盈虧情況。用戶應該將所有未記帳憑證審核記帳後，再進行期間損益結轉，執行此功能後，系統能夠自動搜索和識別需要進行損益結轉的所有科目（即損益類科目），並將它們的期末餘額（即發生淨額）轉到本年利潤科目中。

在上述步驟產生的自動轉帳憑證也審核記帳後就可以進行帳務處理系統的「月末結帳」工作。如果企業同時使用會計電算化系統多個功能模塊，最好在其他模塊都完成月末結帳工作後再進行帳務處理系統的月末結帳處理。月末結帳主要包括計算和結轉各帳簿的本期發生額和期末餘額，終止本期的帳務處理工作，並將會計科目餘額結轉至下月作為月初餘額。結帳每個月只能進行一次。結帳只能由具有結帳權限的人進行。在結帳前，最好進行數據備份，一旦結帳後發現業務處理有誤，可以利用備份數據恢復到結帳前的狀態。

(三) 報表管理模塊的操作

1. 報表數據來源

報表中有些數據需要手工輸入，例如資產負債表中「一年內到期的非流動資產」和「一年內到期的非流動負債」需要直接輸入數據。在會計報表中，某些數據可能取自某會計期間同一會計報表的數據，也可能取自某會計期間其他會計報表的數據。會計報表數據也可以來源於系統內的其他模塊，包括帳務處理模塊、固定資產管理模塊等，這就需要設置取數公式進行數據獲取。

2. 公式設置

在會計報表中，由於各報表的數據間存在著密切的邏輯關係，所以報表中各數據的採集、運算需要使用不同的公式，主要有計算公式、審核公式和舍位平衡公式。計算公式是指對報表數據單元進行賦值的公式，是必須定義的公式。計算公式的作用是從帳簿、憑證、本表或他表等處調用、運算所需要的數據，並填入相關的單元格中。審核公式用於審核報表內或報表間的數據鉤稽關係是否正確。審核公式不是必須定義的。審核公式由關係公式和提示信息組成。審核公式把報表中某一單元或某一區域與另外某一單元或某一區域或其他字符之間用邏輯運算符連接起來。舍位平衡公式用於報表數據進行進位或小數取整後調整數據，如將以「元」為單位的報表數據變成以「萬元」為單位的報表數據，表中的平衡關係仍然成立。舍位平衡公式也不是必須定義的。

3. 利用報表模板生成報表

報表管理模塊通常提供按行業設置的報表模板，為每個行業提供若干張標準的會計報表模板，以便用戶直接從中選擇合適的模板快速生成固定格式的會計報表。用戶不僅可以修改系統提供報表模板中的公式，而且可以生成、調用自行設計的報表模板。最常使用的資產負債表、綜合損益表和現金流量表都可以利用報表模板自動生成。

第四節 會計信息化

會計信息化是在會計電算化概念的基礎上發展而來的。1999年4月，在深圳市財政局與深圳金蝶軟件科技有限公司舉辦的專家座談會上率先提出「會計信息化」概念。經過多年的發展，大家逐漸認識到會計信息化就是指企業利用計算機、網路通信等現代信息技術手段開展會計核算，以及利用上述技術手段將會計核算與其他經營管理活動有機結合的過程。相對於較為基礎的會計電算化而言，會計信息化是一次質的飛躍，它能夠為企業經營管理、控製決策和經濟運行提供充足、實時、全方位的信息。

會計信息化概念中的「有機結合」包括兩個方面：一是企業應當促進企業內部會計信息系統與業務信息系統的結合，通過業務的處理直接驅動會計記帳，減少人工操作，提高業務數據與會計數據的一致性，實現企業內部信息資源共享；二是企業應當根據實際情況，開展本企業信息系統與外部銀行、供應商、客戶等外部單位信息系統的結合，實現外部交易信息的集中自動處理。在當前技術環境下，會計信息化中這兩方面的「有機結合」可以理解為站在企業資源計劃（ERP）的高度設計企業的會計信息系統。下面重點分析這兩方面的內容。

一、會計信息系統的構成

會計信息系統（Accounting Information System，簡稱 AIS），是指利用信息技術對會計數據進行採集、存儲和處理，完成會計核算任務，並提供會計管理、分析與決策相關會計信息的系統，其實質是將會計數據轉化為會計信息的系統，是企業管理信息系統的一個重要子系統。會計信息系統根據信息技術的影響程度可劃分為手工會計信息系統、傳統自動化會計信息系統和現代會計信息系統；根據其功能和管理層次的高低，可以分為會計核算系統、會計管理系統和會計決策支持系統。

從會計信息使用者的角度分析，現代會計信息系統由相互有數據關聯的多個會計核算和管理功能部件組成。經過多年的實踐和探索，同時吸收了國外現代會計信息系統研究的一些觀點，大家對會計信息系統主要功能模塊的劃分已基本上達成共識，主要包括帳務處理模塊、工資管理模塊、固定資產管理模塊、應收應付款管理模塊、成本管理模塊、報表管理模塊、存貨核算模塊、財務分析模塊、預算管理模塊、項目管理模塊、其他決策支持模塊等。這些功能模塊之間的關係可以用圖12-3表示。

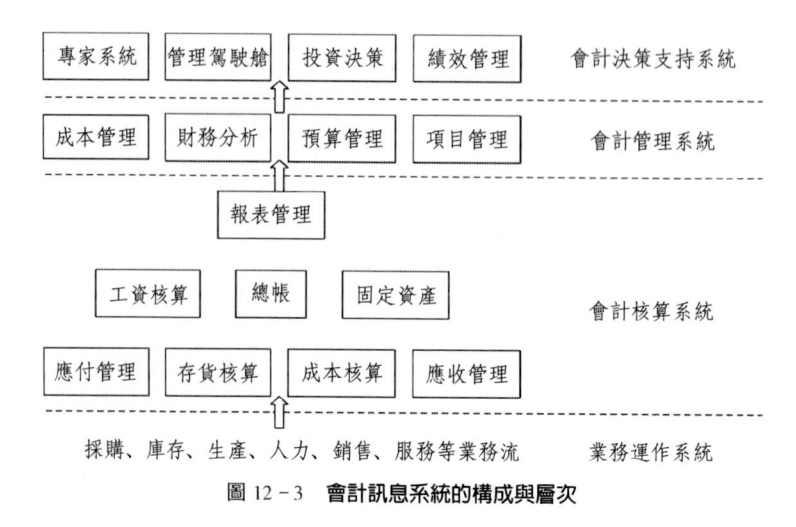

```
專家系統  管理駕駛艙  投資決策  績效管理       會計決策支持系統
---------------------------------------------------------------
         成本管理  財務分析  預算管理  項目管理       會計管理系統
---------------------------------------------------------------
                  報表管理
         工資核算  總帳  固定資產                    會計核算系統
         應付管理  存貨核算  成本核算  應收管理
---------------------------------------------------------------
    採購、庫存、生產、人力、銷售、服務等業務流    業務運作系統
```

圖 12-3　會計訊息系統的構成與層次

(一) 會計核算系統

從圖12-3可見，會計核算系統是會計信息系統中的基礎層次，負責從企業具體經營業務運作系統中匯集貨幣運動的數據，通過會計程序加以匯總整理，形成財務信息向外部報告並向上一層次的信息系統傳遞。總帳模塊是這一系統的中心。

具體而言，企業的採購業務發生導致資金與物料發生變化，資金信息進入「應付管理」模塊、票據管理、付款執行、與供應商對帳和信用維護均在該系統完成，生成應付款項相關憑證傳遞到「總帳」模塊。企業材料、半成品和庫存商品入庫出庫業務發生，相關物料的數量、單價、金額信息進入「存貨核算」模塊，在該模塊中分類登記各類材料、輔料、半成品、完工品的入庫、出庫信息，生成有關存貨的記帳憑證傳遞到「總帳」模塊，相關物料價值信息要傳遞到「成本核算」模塊。企業根據生產計劃在生產環節所發生的各項活動所涉及的資金信息進入「成本核算」模塊，在該模塊中，按照各類成本中心登記「料、工、費」，通過匯總和分配計算各類成本對象的總成本和單位成本，生成有關生產成本的記帳憑證傳遞到「總帳」模塊，需要入庫的半成品、產成品成本價值信息傳遞到「存貨核算」模塊。企業對庫存商品進行銷售，其資金運動信息進入「應收管理」模塊，在該模塊中完成單據管理、收款管理、帳齡管理、客戶信用維護、壞帳管理等具體工作，自動生成相關記帳憑證傳遞到「總帳」模塊。

企業的具體業務過程除了上述經營週期內的流動資金循環之外，還需要配置固定資產和人力資源。使用固定資產中發生的資金運動信息進入「固定資產」模塊，在其中完成固定資產增加、減少、變動，按使用部門計算分配折舊、減值和維護，相關記帳憑證自動生成並傳遞到「總帳」模塊，同時生產使用的固定資產折舊和維修費用也傳遞到「成本計算」模塊。而人力資源管理中涉及工資、福利、考核等資金信息則進入「工資核算」模塊，經過工資計算分攤，分別向「成本核算」「總帳」模塊傳遞數據。

如果企業屬於高技術行業，無形資產較為重要，也可以增設「無形資產」模塊來處理自主研究開發和購買而來的無形資產資金運動信息，否則就直接在「總帳」模塊中通過直接輸入記帳憑證的方式進行管理。同理，如果企業各類對外投資，尤其是有

大量對子公司的「長期股權投資」時，也可以單獨配置「投資核算」模塊，否則就直接在「總帳」模塊中通過直接輸入記帳憑證的方式進行管理。最終，「總帳」模塊在匯總各方面財務數據後形成財務信息，傳遞到「報表管理」模塊生成各種內部報表、外部報表、匯總報表。

（二）會計管理系統

在圖12-3中，會計管理系統是較高的第二層次，對應當前會計信息化發展中的「管理會計」信息化層次，通常包括成本管理、財務分析、預算管理和項目管理等模塊。

「成本管理」模塊直接對應成本核算模塊，主要功能是進行成本分析、成本預測、作業成本管理、目標成本設定與差異分析，以滿足成本核算中事前預測、事後核算分析的需要。「財務分析」模塊則直接對應會計核算層的報表管理模塊，從中提取數據，運用各種專門的分析方法，完成對企業財務活動的分析，實現對財務數據的進一步加工，生成各種分析和評價企業財務狀況、經營成果和現金流量的結論報告，為決策提供正確依據。「預算管理」模塊將需要進行預算管理的集團公司、子公司、分支機構、部門、產品、費用要素等對象，根據實際需要分別定義為利潤中心、成本中心、投資中心等不同類型的責任中心，然後確定各責任中心的預算方案，制定預算審批流程，明確預算編制內容，進行責任預算的編制、審核、審批，以便實現對各個責任中心的控製、分析和績效考核。「項目管理」模塊主要是對企業的項目進行核算、控製與管理，主要包括項目立項、計劃、跟蹤與控製、終止的業務處理，以及項目自身的成本核算等功能。

（三）會計決策支持系統

在圖12-3中，會計決策支持系統是最高的第三層次。根據企業管理的實際需要，會計決策支持系統一般包括管理駕駛艙、投資和融資決策支持工具、績效考核與評價、目標管理與持續改進等模塊。「管理駕駛艙」模塊可以按照領導的要求從各模塊中提取有用的信息並加以處理，以最直觀的表格和圖形顯示，使得管理人員通過該模塊及時掌握企業信息。「投融資決策支持」模塊利用現代計算機技術、通信技術和決策分析方法，內置各種現代數理決策模型，實現向企業決策者提供及時、可靠的財務和業務決策輔助信息，例如複雜的蒙托卡羅分析、大數據分析等現代管理決策模型的應用。「績效考核與評價」模塊則內置平衡記分卡，動態設定企業總體績效目標、分解部門績效指標、評價和考核績效結果，並做到持續改進。

二、企業資源計劃（ERP）

從上面的分析可以看出，現代企業會計信息系統具有較多相互數據通聯的功能模塊，但是從企業整體的管理信息系統角度分析，它還只是企業整體資源計劃的一個子系統。ERP（Enterprise Resource Planning，譯為「企業資源計劃」），是指利用信息技術，一方面將企業內部所有資源整合在一起，對開發設計、採購、生產、成本、庫存、分銷、運輸、財務、人力資源、品質管理進行科學規劃，另一方面將企業與其外部的供應商、客戶等市場要素有機結合，實現對企業的物資資源（物流）、人力資源（人流）、財務資源（財流）和信息資源（信息流）等資源進行一體化管理（即「四流一體化」或「四流合一」），其核心思想是供應鏈管理，強調對整個供應鏈的有效管理，

提高企業配置和使用資源的效率。

（一）ERP系統的功能與構成

ERP系統既整合了企業內部所有資源，也整合了企業外部利益相關人的資源，以此作為分類標準可以將ERP系統分解為基本功能和擴展功能。ERP系統的基本功能，強調「內部」價值鏈上所有功能活動的整合；ERP系統的擴展功能則是將整合的視角由企業內部拓展到企業的後端廠商和前端顧客，與後端廠商信息系統加以整合的是屬於供應鏈管理方面的功能，加強整合前端顧客信息的則是屬於顧客關係管理和銷售自動化方面的功能。

1. ERP系統的基本功能與構成

ERP系統的基本功能強調將企業「內部」價值鏈上所有功能活動加以整合。主要包括：①物料管理。協助企業有效地控管物料，以降低存貨成本。包括採購管理、倉儲管理、發票驗證、庫存控制、採購信息系統等。②生產規劃系統。讓企業以最優水平生產，並同時兼顧生產彈性。包括生產規劃、物料需求計劃、生產控製及製造能力計劃、生產成本計劃、生產現場信息系統。③財務會計系統。也就是上文的現代會計信息系統，通過它提供企業更精確和實時化的財務信息。包括間接成本管理、產品成本會計、利潤分析、應收應付帳款管理、固定資產管理、作業成本、總帳報表。④銷售、分銷系統。協助企業迅速掌握市場信息，以便對顧客需求做出最快速的反應。包括銷售管理、訂單管理、發貨運輸、發票管理、業務信息系統。⑤企業情報管理系統。為決策者提供實時有用的決策信息。包括決策支持系統、企業計劃與預算系統、利潤中心會計系統。

2. ERP系統的擴展功能與構成

ERP系統的擴展功能是將整合的觸角由企業內部拓展到企業的後端廠商和前端顧客。一般ERP軟件提供的最重要的擴展功能塊包括：①供應鏈管理（Supply Chain Management, SCM）。供應鏈管理是將從供應商的供應商、到顧客的顧客中間的物流、信息流、資金流、程序流、服務和組織加以整合化、實時化、扁平化的系統。②顧客關係管理（Customer Relationship Management, CRM）與銷售自動化（Sales Force Automation, SFA）。這兩者都是用來管理與顧客端有關的活動。銷售自動化系統是指能讓銷售人員跟蹤記錄顧客詳細數據的系統；顧客關係管理系統是指能從企業現存數據中挖掘所有關鍵的信息，以自動管理現有顧客和潛在顧客數據的系統。這兩者都是強化前端的數據倉庫技術，其通過分析、整合企業的銷售、營銷及服務信息，以協助企業提供更客戶化的服務及實現目標營銷的理念，因此可以大幅改善企業與顧客間的關係，帶來更好的銷售機會。

（二）ERP系統的先進管理思想

1. 對整個供應鏈資源進行管理

在知識經濟時代僅靠自己企業的資源不可能有效地參與市場競爭，還必須把經營過程中的有關各方如供應商、製造工廠、分銷網路、客戶等納入一個緊密的供應鏈中，才能有效地安排企業的產、供、銷活動，滿足企業利用全社會一切市場資源快速高效進行生產經營的需求，以期進一步提高效率和在市場上獲得競爭優勢。換句話說，現代企業競爭不是單一企業與單一企業間的競爭，而是一個企業供應鏈與另一個企業供應鏈之間的競爭。ERP系統實現了對整個企業供應鏈的管理，適應了企業在知識經濟

時代進行市場競爭的需要。

2. 精益生產、同步工程和敏捷製造

ERP 系統支持對混合型生產方式的管理，其管理思想表現在兩個方面：其一是「精益生產」的思想，它是由美國麻省理工學院提出的一種企業經營戰略體系。即企業按大批量生產方式組織生產時，把客戶、銷售代理商、供應商、協作單位納入生產體系，企業同其銷售代理、客戶和供應商的關係，已不再是簡單的業務往來關係，而是利益共享的合作夥伴關係，這種合作夥伴關係組成了一個企業的供應鏈，這就是精益生產的核心思想。其二是「敏捷製造」的思想。當市場發生變化，企業遇到特定的市場和產品需求時，企業的基本合作夥伴不一定能滿足新產品開發生產的要求，這時，企業會組織一個由特定的供應商和銷售渠道組成的短期或一次性供應鏈，形成「虛擬工廠」，把供應和協作單位看成企業的一個組成部分，運用「同步工程」，組織生產，用最短的時間將新產品打入市場，時刻保持產品的高質量、多樣化和靈活性，這就是「敏捷製造」的核心思想。

3. 事先計劃與事中控製

ERP 系統中的計劃體系主要包括主生產計劃、物料需求計劃、能力計劃、採購計劃、銷售執行計劃、利潤計劃、財務預算和人力資源計劃等，而且這些計劃功能與價值控制功能已完全集成到整個供應鏈系統中。另外，ERP 系統通過定義事務處理相關的會計核算科目與核算方式，以便在事務處理發生的同時自動生成會計核算分錄，保證了資金流與物流的同步記錄和數據的一致性，從而實現了根據財務資金現狀，可以追溯資金的來龍去脈，並進一步追溯所發生的相關業務活動，改變了資金信息滯後於物料信息的狀況，便於實現事中控製和實時做出決策。

【本章小結】

開展會計電算化和會計信息化工作，是促進會計基礎工作規範化與提高經濟效益的重要手段和有效措施。會計電算化的發展經歷了自行研發和自行應用、商品化財務軟件、會計電算化與企業管理信息系統融合、會計電算化向標準化和國際化邁進等階段。企業在實施會計電算化時應遵循合法性、系統性、可靠性、易用性和效益性等原則。實施會計電算化對軟件、硬件、替代手工記帳和管理制度都提出了要求。會計信息化是在會計電算化概念的基礎上發展而來的，是一次質的飛躍。在當前技術環境下，會計信息化可以理解為站在企業資源計劃（ERP）的高度設計企業的會計信息系統。

【閱讀材料】

ERP 系統內外信息共享平臺構建——以日本華歌爾公司 XBRL GL 應用為例

日本華歌爾（Wacoal）公司是日本女式內衣的知名品牌製造商，成立於 1949 年，主要從事服裝生產和銷售，已經在 13 個國家設有海外分公司。進入 2000 年以後，華歌爾公司遭遇內憂外患，國內受日本整體經濟衰退的影響，國外受到來自中國等海外市場的衝擊。所以，公司希望以信息化升級帶動整個集團決策的高效率和實時化，從而提升公司的反應速度與競爭力。

一、公司會計信息化現狀分析

2002年，華歌爾公司的會計信息化已經開展多年，公司原有信息系統包括採購系統、銷售系統、工資系統等業務系統和財務系統，儘管基本具備了ERP系統的各個功能模塊，但是信息系統所提供的財務數據不足以滿足決策者的決策需求。其信息系統架構最大的缺點在於會計信息系統中存在割裂或「孤島」現象，具體表現為以下幾個方面：

1. 公司內部業務系統與財務系統呈現「信息孤島」

各業務子系統建於不同時期的不同技術平臺，系統標準不統一，數據共享性較差。各子系統間存在數據冗餘和重複，難以實現自動對接和信息無障礙交換，易造成系統紊亂或無法容忍的錯誤。

與此同時，公司業務系統和財務系統也是原先獨立建設，由於當初缺少整體規劃和頂層設計，導致原有系統架構呈現「信息孤島」，業務子系統與財務系統間的數據傳遞只能實現部分自動化，數據無法及時共享。

2. 公司與外部供應鏈、總公司與子公司之間的信息共享困難

在公司外部，其會計信息化建設也存在信息割裂現象。第一個表現為公司供應鏈的上下游公司之間無法做到信息的及時共享，大部分上下游公司規模較小，這些公司的銷售和生產過程標準化建設不充分。第二個表現是華歌爾的母公司和子公司之間缺乏統一的信息系統平臺進行數據共享和數據管理。華歌爾32家子公司各建有獨立的信息系統，且所包含的功能模塊不盡相同，要想實現集團內部的信息集成與共享難度較大。

二、華歌爾公司的會計信息化升級與系統再造路徑選擇

從上面的現狀分析可以看出，日本華歌爾公司面臨技術升級風險，而且由於競爭壓力又必須在有限的時間和資源條件下實現會計信息化的升級再造。

這時，公司有兩條途徑可以選擇。一是用一套完整的、技術標準統一的ERP軟件包替代各個分裂的系統，例如選擇SAP、Oracle等國際知名品牌的企業應用軟件。但是這種選擇更加耗時、購置成本和操作轉換成本較高，而且不能保證上下游企業、其他子公司都能更換成統一的軟件系統，所以在解決與外部信息的集成上仍有不足，而且大型軟件包整體替換的信息技術升級風險更大。

經過反覆調研，公司放棄選擇單一大系統替換現有分割多系統的方案，轉而選擇第二條路經，只更換財務系統，並利用XML技術實現各子系統間的數據共享。也就是說，華歌爾公司在不改變原有業務系統功能的基礎上，採用新的財務系統（Oracle電子商務套件），並使用XBRL GL作為統一的標準格式進行各子系統間的數據共享，從而用一種統一的標準格式實現各系統間的無縫對接。XBRL GL建立在XML技術之上，因此具有較好的兼容性，可以方便地與各種技術平臺相連接，從而大大降低了技術升級的風險性。

三、XBRL GL的簡單介紹

XBRL（eXtensible Business Reporting Language）的概念我們並不陌生，XBRL GL與XBRL FR是XBRL標準的兩個方面。在當前的發展階段，非常強調XBRL FR（XBRL for Financial Reporting），例如中國有很多企業尤其是上市公司被要求報送XBRL格式的財務報告，通常做法是將合併財務報表的最終數據用手工錄入系統，這對企業整合、

內部控制、財務管理等都沒有實質性的幫助，它主要有利於監管方的監管。所以很多企業認為「XBRL 的實施對於提高企業管理效率來講意義不大，更多的是體現社會整體效應，滿足監管要求」。這就是對 XBRL FR 的簡單理解。

XBRL GL（XBRL for Global Ledger），可以譯為 XBRL 全球帳簿。XBRL GL 的宗旨是制定全球共用的標準，各國不應當自行定義一套標準，而應當極力趨同。如有特殊情況，則以附加模塊的形式增加內容。XBRL GL 是一種全面的標準化數據格式，可以展現明細的財務和非財務信息，可以作為不同應用系統之間數據交換的樞紐，支持從匯總報告（XBRL FR）向下鑽取到明細數據。XBRL GL 是 XBRL 應用的深化，通過數據標記，企業進行內部分析時可以追蹤到每個原始事項，這有利於企業管理者進行管理。

XBRL FR 和 XBRL GL 的共同實施才能將 XBRL 的特性發揮到財務帳簿和報表的整體處理環節，在將企業、行業乃至全國的財務數據標準化的同時，打通各行業、各主體、各系統之間的連接，從而推動企業的信息化建設向知識化、智能化發展。

四、XBRL GL 對華歌爾會計信息化的再造

XBRL GL 標準與其他技術平臺的對接是嵌入式而非其他形式，一方面可以達到與原有系統的融合，實現無縫對接，另一方面也可以保持原有業務系統的不變性，降低成本。

1. 基於 XBRL GL 標準的 ERP 系統內信息集成

XBRL GL 可以作為營運系統、業務系統和會計系統之間的標準數據交換格式，實現數據集成。嵌入 ERP 系統內的 XBRL GL 標準通過自動轉換程序可將各主要功能模塊的數據轉換為 XBRL GL 標準格式數據，通過統一的標準平臺實現系統內的信息共享。

具體過程是，首先將 XBRL GL 轉換引擎嵌入原有的系統中，從業務系統抽取數據生成 XBRL GL 文檔，保證了原有業務系統功能的不變性，從而降低了技術升級成本。XBRL GL 轉換器可以實現業務系統與財務系統間的數據無縫對接。然後將 XBRL GL 轉換的業務系統數據直接輸入新的甲骨文財務系統中，自動生成所需的 XBRL FR 格式的財務報告文檔。

2. 基於 XBRL GL 標準的供應鏈企業間、母子公司間信息集成

因為 XBRL GL 是國際標準而非一個國家或一個企業的標準，所以，如果 XBRL GL 得到推廣和應用後，也能實現原始業務級信息在不同國家、不同企業間的交換和共享。在本案例中，華歌爾公司利用 XBRL GL 標準的嵌入式特點建立共享平臺，在保持供應鏈鏈條上原企業 ERP 系統的不變性的基礎上，共享平臺不僅包括 XBRL FR 文檔的共享，而且包括上下游企業間關聯事項信息的共享。本企業與上游企業通過共享採購與庫存信息可以合理安排其各自的生產，同時又保證供應鏈高效率、智能化和實時化。同理，在不改變母子公司現有 ERP 系統的基礎上，進行 XBRL GL 標準的嵌入也能實現母子公司間信息共享。

資料來源：張超. ERP 系統內外信息共享平臺構建——以日本華歌爾公司 XBRL GL 應用為例 [J]. 財會月刊，2013（9）：86 - 88.

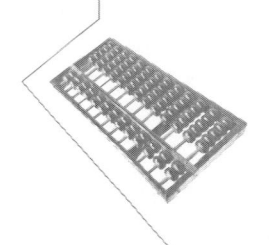

附錄

基本詞彙英漢對照表

account number 帳戶編號
account payable 應付帳款
account receivable 應收帳款
account title 會計科目
account 帳戶
accountant 會計員
accounting assumptions 會計假設
accounting cycle 會計循環
accounting documents 會計憑證
accounting elements 會計要素
accounting entity assumption 會計主體假設
accounting entry 會計分錄
accounting equation 會計等式
accounting objective 會計目標
accounting period assumption 會計分期假設
accounting policy 會計政策
accounting statement 會計報表
accounting system 會計制度
accounting 會計
accounts for settlement of claim 債權結算帳戶
accounts for settlement of claim and debt 債權債務結算帳戶
accounts for settlement of debt 債務結算帳戶
accrual basis 權責發生制
accrued payroll 應付薪酬
accumulated depreciation 累計折舊
adjunct accounts 附加帳戶
adjusting entry 調整分錄
adjustment of account 帳項調整
administration expense 管理費用
advance money 預付帳款
advertising expense 廣告費
amortization 攤銷
annuity 年金
assets 資產
audit 審計
auditor 審計員

average cost in a month 全月一次加權平均法
average cost step by step 移動加權平均法
average cost 平均成本
average 平均數
bad debt reserves 壞帳準備
bad debt 壞帳
balance sheet 資產負債表
balance 餘額
bank account 銀行帳戶
bank balance 銀行結存
bank discount 銀行貼現
bank draft 銀行匯票
bank loan 銀行借款
bank overdraft 銀行透支
bankers acceptance 銀行承兌
bankruptcy 破產
bill of exchange 匯票
bill 票據
bills discounted 貼現票據
bills payable 應付票據
bills receivable 應收票據
bonds payable 應付債券
bonds 債券
bonus 紅利
book of accounts 會計帳簿
book of chronological entry 序時帳簿
book value 帳面價值
bookkeeper 簿記員
bookkeeping methods 記帳方法
bookkeeping procedure using categorized account summary 記帳憑證匯總表核算形式
bookkeeping procedure using general journal 通用日記帳核算形式
bookkeeping procedure using vouchers 記帳憑證核算形式
bookkeeping procedures 會計核算形式
bookkeeping 簿記
brought down 接前
brought forward 接上頁
budget 預算
business entity 企業個體
business tax payable 應交營業稅
capital income 資本收益

capital outlay 資本支出

capital reserve 資本公積

carried down 移後

carried forward 移下頁

cash account 現金帳戶

cash basis 收付實現制

cash budget 現金預算

cash flow 現金流量

cash in bank 銀行存款

cash journal 現金日記帳

cash on hand 庫存現金

cash payment 現金支付

cash purchase 現購

cash sale 現銷

cash 現金

cashier 出納員

cashiers check 本票

certified public accountant 註冊會計師

charges 費用

chart of accounts 會計科目表

check 支票

clearing accounts 集合分配帳戶

closed account 已結清帳戶

closing account 結帳

closing entries 結帳紀錄

closing stock 期末存貨

closing the book 結帳

closing 結算

columnar journal 多欄日記帳

common stock 普通股

company 公司

compensation 賠償

compound entry 複合分錄

compound interest 複利

construction－in－process 在建工程

construction－in－process depreciation reserves 在建工程減值準備

consumption tax payable 應交消費稅

control account 統馭帳戶

copyright 版權

corporation 公司

correction by drawing a straight ling 劃線更正法
correction by using red ink 紅字更正法
cost accounting 成本會計
cost of manufacture 製造成本
cost of production 生產成本
cost of sales 銷貨成本
cost price 成本價格
cost principle 成本原則
cost 成本
credit 貸方
creditor 債權人
cumulative source document 匯總原始憑證
current asset 流動資產
current liabilities 流動負債
current profit and loss 本期損益
current year profits 本年利潤
debit 借方
debit－credit bookkeeping 借貸記帳法
debit－credit relationship 帳戶對應關係
debt 債務
debtor 債務人
deferred assets 遞延資產
deferred income tax assets 遞延所得稅資產
deferred liabilities 遞延負債
deposit journal 銀行存款日記帳
deposit received 預收帳款
depreciation 折舊
direct cost 直接成本
direct labor 直接人工
direct materials 直接材料
disclosure 披露
discount on purchase 進貨折扣
discount on sale 銷貨折扣
discount 折扣
dividend payable 應付股利
dividend receivable 應收股利
dividend 股利
double entry bookkeeping 復式記帳法
double entry bookkeeping 復式簿記
draft 匯票

drawing 提款
enterprise 企業
equipment 設備
estate 財產
estimates 概算
exchange loss 兌換損失
exchange 兌換
expenditure 經費
expense 費用
explanation 摘要
face value 票面價值
fair value 公允價值
finance charge 財務費用
financial accounting 財務會計
financial activities 籌資活動
financial report 財務報告
financial statement 財務報表
financial year 財政年度
finished goods 庫存商品
finished parts 制成零件
first–in first–out 先進先出法
fixed asset 固定資產
fixed assets depreciation reserves 固定資產減值準備
fixed cost 固定成本
funds 資金
gain 利益
general account 總分類帳戶
general ledger 總分類帳簿
going concern assumption 持續經營假設
goods 貨物
income 收入
income statement 損益表
income tax expenses 所得稅費用
income tax payable 應交所得稅
increase–decrease bookkeeping 增減記帳法
increment tax on land value payable 應交土地增值稅
Institute of Internal Auditors 內部審計師協會
Institute of Management Accountants 管理會計師協會
intangible assets 無形資產
intangible assets depreciation reserves 無形資產減值準備

interest receivable 應收利息

internal source document 自製原始憑證

inventories 存貨

investing activities 投資活動

investment income 投資收益

journal 日記帳

ledger 分類帳簿

ledger record 帳簿記錄

liabilities 負債

liquidation of fixed assets 固定資產清理

long－term account payable 長期應付款

long－term bond investments 長期債券投資

long－term deferred and prepaid expenses 長期待攤費用

long－term equity investments 長期股權投資

long－term investment on bonds 長期債權投資

long－term investments depreciation reserves 長期投資減值準備

long－term liabilities 長期負債

long－term loans 長期借款

loose－leaf book 活頁式帳簿

low－value consumption goods 低值易耗品

management accounting 管理會計

manufacturing overhead 製造費用

matching accounts 計價對比帳戶

materials cost variance 材料成本差異

materials in transit 在途物資

monetary unit assumption 貨幣計量假設

multiple account titles voucher 復式記帳憑證

net cash flow 淨現金流量

nominal accounts 虛帳戶

non－business expenditure 營業外支出

non－operating income 營業外收入

operating activities 經營活動

operating costs 主營業務成本

operating revenue 營業收入

other business cost 其他業務成本

other cash and cash equivalents 其他貨幣資金

other notes receivable 其他應收款

other operating revenue 其他業務收入

other payables 其他應付款

other receivables 其他應收款
owners equity 所有者權益
paid-up capital 實收資本
partnership 合夥企業
paying tax 已交稅金
payment voucher 付款憑證
periodic inventory system 實地盤存制
perpetual inventory system 永續盤存制
posting 過帳
present value 現值
prime operating revenue 主營業務收入
prior year income adjustment 以前年度損益調整
profit distribution 利潤分配
raw materials 原材料
recording rules 記帳規則
resources tax payable 應交資源稅
retained earning 留存利潤
revenue 收入
reversing entry 轉回分錄
sales allowances 銷貨折讓
sales expenses 銷售費用
sales return 銷貨退回
sales revenue 銷貨收入
Securities and Exchange Commission 證券交易委員會
service costs 勞務成本
settlement accounts 結算帳戶
short-term borrowing 短期借款
simple entry 簡單分錄
single entry bookkeeping 單式記帳法
single-record document 一次憑證
sole proprietorship 獨資企業
source document 原始憑證
source document from outside 外來原始憑證
special-purpose voucher 專用記帳憑證
stable-dollar assumption 穩定貨幣假設
statement of account 會計報表
statement of cash flow 現金流量表
statement of financial position 財務狀況表
stock 股本
stockholders equity 股東權益

stockholders 股東
straight line method 直線法
subsidiary ledger 明細帳
substituted money on VAT 銷項稅額
surplus reserves 盈餘公積
suspense accounts 暫記帳戶
tax accounting 稅務會計
tax and associate charge 主營業務稅金及附加
tax for maintaining and building cities payable 應交城市維護建設稅
tax payable 應交稅金
transfer voucher 轉帳憑證
trial balance 試算平衡
unit cost 單位成本
value added tax payable 應交增值稅
voucher 記帳憑證
wait deal assets loss or income 待處理財產損溢
withholdings on VAT 進項稅額
work in process 在產品
working paper 工作底稿
wrap－page 包裝物
written－down value 淨值

國家圖書館出版品預行編目(CIP)資料

會計學基礎教程 / 姚正海 主編. -- 第三版.
-- 臺北市：財經錢線文化出版：崧博發行，2018.11

面 ； 公分

ISBN 978-957-680-267-6(平裝)

1.會計學

495.1　　　　107018649

書　名：會計學基礎教程
作　者：姚正海 主編
發行人：黃振庭
出版者：財經錢線文化事業有限公司
發行者：崧博出版事業有限公司
E-mail：sonbookservice@gmail.com
粉絲頁　　　　　　網　址：
地　址：台北市中正區延平南路六十一號五樓一室
8F.-815, No.61, Sec. 1, Chongqing S. Rd., Zhongzheng Dist., Taipei City 100, Taiwan (R.O.C.)
電　話：(02)2370-3310　傳　真：(02) 2370-3210
總經銷：紅螞蟻圖書有限公司
地　址：台北市內湖區舊宗路二段121巷19號
電　話：02-2795-3656　傳真：02-2795-4100　網址：
印　刷：京峯彩色印刷有限公司（京峰數位）

　　本書版權為西南財經大學出版社所有授權崧博出版事業有限公司獨家發行電子書及繁體書繁體版。若有其他相關權利及授權需求請與本公司聯繫。

定價：550元

發行日期：2018年11月第三版

◎ 本書以POD印製發行